时空
本原初论

SHIKONG
BENYUAN CHULUN

刘良仁 | 著

光明日报出版社

图书在版编目（CIP）数据

时空本原初论 / 刘良仁著. -- 北京：光明日报出版社，2025.2. -- ISBN 978-7-5194-8534-4

Ⅰ.O412.1

中国国家版本馆 CIP 数据核字第 2025RK1978 号

时空本原初论

SHIKONG BENYUAN CHULUN

著　　者：刘良仁

责任编辑：杨　娜　　　　　　　责任校对：杨　茹　贾文梅
封面设计：中联华文　　　　　　责任印制：曹　诤

出版发行：光明日报出版社
地　　址：北京市西城区永安路 106 号，100050
电　　话：010-63169890（咨询），010-63131930（邮购）
传　　真：010-63131930
网　　址：http://book.gmw.cn
E - mail：gmrbcbs@gmw.cn
法律顾问：北京市兰台律师事务所龚柳方律师
印　　刷：三河市华东印刷有限公司
装　　订：三河市华东印刷有限公司
本书如有破损、缺页、装订错误，请与本社联系调换，电话：010-63131930
开　　本：170mm×240mm
字　　数：380 千字　　　　　　印　　张：21.5
版　　次：2025 年 2 月第 1 版　　印　　次：2025 年 2 月第 1 次印刷
书　　号：ISBN 978-7-5194-8534-4
定　　价：99.00 元

版权所有　　翻印必究

序 言

本书既非大众性的科普册子，亦非艰深晦涩的专业性论著，它是一部追寻宇宙本原及宇宙"前缘后世"的探索性著作。

至1981年，物理学已经历了200年的茁壮成长。层出不穷的科学发现，不断地刷新着我们对大自然的理解。新的理论不断被检验和证实，同样，新的实验发现亦得到了理论的圆满诠释。然而，在进入20世纪80年代后，物理学的脚步好像停了下来。物理学家们聚在一起，经常会问"我们发现了什么值得我们这一代人骄傲的东西吗"，比如，被实验确立并由理论解释了的新的基本发现。大家不得不承认，"没有"！物理学的发展到了瓶颈期。

在过去的30多年里，科学家们一直在为解决5个问题而倾心竭力地工作着，然而，均收效甚微。科学家们全力攻关的5个问题：

1. 完备融合量子理论与广义相对论；
2. 解决量子力学的理论基础问题；
3. 完全统一"四个"基本相互作用；
4. 更深入地解释与进一步完善量子物理标准模型；
5. 解释并验证暗物质、暗能量的存在。

笔者正是于这样的历史环境下，萌生了溯寻"宇宙本原"、追求"时空真谛"的念头。经过数十年的不懈努力，现终获小悟。

本书是一部原创性的小著。它独树一帜，自成体系，用崭新的视角为世人铺开"宇宙进变"的画卷。笔者运用了世人普知的科学哲理及自然法则，例如：宇宙是物质的；物质在永恒地运动着，运动是物质的固有属性与存在方式；运动的物质与物质的运动构成宇宙的全部；宇宙物质守恒；宇宙物质的能量守恒等作为本理论体系的立建平台。在此基础上，本书引进了三个最本原的假定。

假定一：宇宙物质最小的组分为"质素"。质素无任何内部构式，其为物质的极始结构。

假定二：质素永恒地运动着，并具有恒定不变的最大速率，且运动方向具有"惯性"。此为质素的属性运动。

假定三：质素只在极小尺度内，相互间才显有本原的耦合特性。此为质素的属性作用。

笔者还设定"宇宙物理背景"为上述"三个基本假定"所依赖的物理参考系。

自此，本书借助"宇宙大爆炸"的理论框架，开启了"自己"的宇宙演进模式。

本书从对质素的"三个基本假定"开始，然后沿着"宇宙暴胀"的时序，逻辑推论，循序演进，自然而然地得到了三个物质层次的作用"场源"，即引力源、电力源、强力源，但没有"弱力源"。因为，所谓的"弱相互作用"只不过是质素"属性作用"的一种叠加放大效应。

质素的"属性作用"是宇宙物理背景的天然之作。"属性作用"虽然微弱且超短距，其作用距离小于 10^{-18} 米，它却是宇宙万事万物发生关联的本原媒介，更是宇宙的万"力"之源。正因为有了"属性作用"这种媒介，宇宙的进变才能"聚微弱以达洪荒，积渺小以至苍穹"。

本书提出的"场环耦合"作用模式，既与量子理论提出的"交换力"作用模式不同，亦与广义相对论提出的"时空几何化"作用模式有别。"场环耦合"不存在"交换载力子"的过程，不需要力的传递时间，与"宇宙物理背景"更无直接关联。

人们常说的"超距作用"，实为引力作用、电力作用及强力作用这三个基本相互作用的本质特征，亦是"场环耦合"作用模式的机理所在。"场环耦合"模式的作用规律与"牛顿第三定律"的描述完全一致。

人们目前所认识的弱相互作用、磁力作用及电磁辐射作用，均不是基本的相互作用，它们皆是由所对应的基本相互作用衍生出的次级作用形式。

笔者在开篇设定了物质的本原实在——质素。质素是最原始，没有内部结构的物质极限。然而，质素就真的没有任何形式的内部结构了吗？答案是否定的。我们假定质素无内部结构，只是根据人类目前对宇宙的认知能力及质素在我们宇宙中的实在意义，而做出的一个相对性的极限平台假设。

本书认为：质素的真实内部结构应与更宽泛、更广义的宇宙物理背景相融合，由更深刻、更超出我们人类想象形式的客观实在所组成。总之，物质就是一种客观实在，即使把它分得再小、再细，它亦不会变成虚无。只是随着人类对物质层次认识的不断加深，所获得的物质新特征、新内涵，与人们现有物质观的差异将会变得越来越大罢了。

笔者在尊重物理实验事实的前提下，无惧相对论与量子理论这两大理论戒律的束缚，成功创建了粒子"视在效应"模型。本书在"视在效应"模型的引导下，找出了"质量随物体运动速度增加而变大"的真相所在，并纠正了狭义相对论的部分错误观点。

本书从自己的理论体系出发，重新论述了能及能量的物理本质，并对能量守恒的内在机制进行了深入的分析。本书还对能及能量进行了较详细的形式分类。

本书在论述"时间与空间的关联"问题上，大胆追寻空间和时间的物理背景及运行机制，深入探索时空关联的内在渊源。"质素时空锥"是本书为初略描述"宇宙事件集合"而构建的一个"时空关联"模型。"质素时空锥"内的所有旋进曲线，即所有质素的"时空线"，是对所有质素在宇宙演进过程中产生的各种事件轨迹的最全面的描述。

过去的几十年，对物理学来讲是一段令人茫然且焦虑的发展困境期。然而，在一般人看来，物理学的发展仍然是欣欣向荣，日新月异。例如，人们成功地把确立的理论越来越广泛地应用于化学、材料的性质、生物的分子物理学、巨大星团的动力学领域等。殊不知，物理学的两大理论支柱——量子理论与相对论，已危机四伏。因为，有越来越多的实验事实及物理现象在不断地冲击着"两大理论"的立建基础。

笔者运用自创理论体系的观点，深入解析了惯性质量与引力质量相等的原因，重新论述了惯性力与重力的物理本质，有力地揭露了"等效原理"的虚伪性，从而彻底动摇了"广义相对论"的立建根基。当然，这少不了对广义相对论"三大实验验证"之真实物理意义的还原归真。

笔者依据本书创建的"粒子电环球"模型，对光量子结构及物质的"波粒二象性"给予了新的诠释，对"物质波"的真实面目亦进行了深刻的分析。笔者还指出了量子力学的"症结"及"病根"之所在，并为量子力学如何突破发展困局提出了自己的几点思考。其中包含对"量子纠缠"机制的物理解析。

笔者依据自己的理论体系推理论证，对反物质、暗物质、黑洞、引力波及宇宙的发展归宿等问题，均提出了自己的独特见解。特别是在"暗物质"问题上，笔者运用自创的"引力"模型，对"星系旋转曲线反常"现象、"星系引力透镜"现象及"宇宙网络结构"现象，均给出了自洽的解释。这些见解并非笔者标新立异、哗众取宠，它是本书思想体系演绎的必然结果。

本书或许会被看作一部不受"约束"的杂谈怪论，但它若能为物理学突破当前的发展困境起到一点点的参考作用，笔者即感足矣！

目 录
CONTENTS

作用篇　论"基本相互作用"的循序进变 …………………………………… 1
 第一章　物质的属性作用 ………………………………………………… 3
 第二章　引力作用 ………………………………………………………… 6
 第三章　电、磁作用 ……………………………………………………… 20
 第四章　强力作用 ………………………………………………………… 41
 第五章　弱相互作用及轻子结构 ………………………………………… 52

质能篇　论质量与能量的关系 …………………………………………… 59
 第六章　物质及质量 ……………………………………………………… 61
 第七章　功与能（能量）………………………………………………… 70
 第八章　质能关系 ………………………………………………………… 81

时空篇　论时间与空间的物理关联 ……………………………………… 107
 第九章　古代时空观 ……………………………………………………… 109
 第十章　经典时空观 ……………………………………………………… 116
 第十一章　狭义相对论时空观 …………………………………………… 121
 第十二章　广义相对论时空观 …………………………………………… 138
 第十三章　时空观新论 …………………………………………………… 151

探讨篇　关于相对论、量子力学及天体物理学若干理论问题的讨论 … 197
 第十四章　关于相对论若干问题的再解析 ……………………………… 199
 第十五章　关于量子力学若干问题的讨论 ……………………………… 240

第十六章 关于反物质、暗物质、引力波、黑洞及宇宙的发展结局等
问题的看法 ·· 302

参考文献 ·· 330

01 作用篇

论"基本相互作用"的循序进变

现代物理学的主流观点认为：宇宙中总共存在着四种"基本相互作用"，即引力相互作用、电磁力相互作用、强相互作用、弱相互作用。引力的作用媒介是时空几何背景，电磁力的作用媒介是光子，强力的作用媒介是胶子，弱力的作用媒介是 W+、W−、Z_0 粒子。引力与电磁力均为远程作用，其作用距离理论上讲为无限远；强力为短程作用，其作用距离为 10^{-15} 米；弱力为超短距作用，其作用距离为 10^{-18} 米。

虽然，人类对宇宙中的"基本相互作用"进行了艰辛而漫长的科学探索，但到目前为止，仍然没有弄清楚几种"基本相互作用"的物理本质及它们之间的内在联系。对此，笔者另辟蹊径，独树一帜，尝试着用一个崭新的视角为人们打开"宇宙进变"的画卷，而这"画卷"前幅的精彩内容即是"基本相互作用"的循序进变。

第一章

物质的属性作用

第一节 关于宇宙质素的基本假定

宇宙是物质的；物质在永恒地运动着，运动是物质的固有属性与存在方式；运动的物质与物质的运动构成宇宙的全部；宇宙物质守恒；宇宙物质的能量守恒。这些最基本的自然法则与哲理，是人类经过了无数次的实践验证与总结思考析晶而得出的。这几条基本的自然法则与哲理是本论的基石及平台，本论的几个"基本假定"即从这里开始。

假定一：宇宙物质最小的组分为"质素"。质素无任何内部构式，其为物质的极始结构。

假定二：质素永恒地运动着，并具有恒定不变的最大速率，且运动方向具有"惯性"。此为质素的属性运动。

假定三：质素只在极小尺度内，相互间才显有本原的耦合特性。此为质素的属性作用。

我们的宇宙不是完全自洽的，它存在于一种神秘的物理背景之中。这种宇宙物理背景，非我们人类现代的时空理念所能表述。然而，这种宇宙物理背景仍为一种客观存在，它使质素获得了如"三个基本假定"所表述的几个固有属性。此宇宙物理背景是本论建立上述"三个基本假定"所依赖的物理参考系。

"假定"毕竟是假定。若按照人类常规的思维逻辑，人们不禁要问：这宇宙质素真的没有任何内部结构吗？本论的回答：应该有。只不过要真正破解质素的内构之谜，人们还须越出物质固有属性对人类常规思维所构成的某些天然桎梏。

"质素究竟有没有内部结构"这个问题，目前对人类探索现实的宇宙暂还没有什么直接的意义。好在宇宙质素与宇宙物理背景的作用效应，均已集中地反映在对质素固有属性的几个"基本假定"上。因此，我们完全可以暂把人类探索宇宙本原的基点就定位在宇宙质素上。

当完成了对宇宙质素的"三个基本假定"之后，我们即可以说：宇宙是完全自洽的。这一结论适用于质素及由质素衍生的所有物质体系。

宇宙完全自洽，即指：一、我们的宇宙是一个独立闭合的保守系统；二、宇宙诞生、演变及消亡全过程的运行机制均源自宇宙本身；三、宇宙的物质守恒；四、宇宙物质的能量守恒；五、构架宇宙及支撑宇宙演进的五大要素"质、能、时、空、力"，均归统于质素及质素的"属性运动"与"属性作用"。

第二节 质素的属性作用

本论赞同"宇宙暴胀"理论的基本观点。宇宙的诞生始于一个"奇点"。宇宙有可能在完成一个膨胀、收缩周期后又归于"奇点"，亦有可能无限膨胀至所有物质解体，归原为"质素"，并融于更广义的物理循环。笔者倾向于后一种可能。

笔者认为：

宇宙"奇点"的产生，先是由巨量的质素在宇宙物理背景的某种作用下形成宏观聚集。质素的宏观聚集，为突破其"属性作用"所需的极限尺度提供了条件。质素在其"属性作用"的聚集下，不断地紧缩内收，以至"奇点"的内域空间趋于零，质素密度趋于无穷大。

"奇点"形成初期，其内只存在质素的"属性运动"与质素间的"属性作用"。质素在其"属性运动"与"属性作用"的双重制合下，瞬间完成了最原始的结对、聚团组合。由于质素在宇宙物理背景中做的是恒速率运动，所以，质素间的"属性作用"只能改变质素的运动方向，而改变不了其运动速度的大小。

在一定的作用条件下，两质素耦合结对形成一个稳定的组合态，我们把这种最原始的物质组合称为"质元"。质素在耦合结对形成"质元"时，严格遵循一定的作用条件，即满足一特定的"空间耦合角"（如图1-1所示）。

在图1-1中，质素A、B的"属性运动"速率均恒等于V_j（V_j是质素以宇宙物理背景为参照系的恒定极大速率）。质素A、B在极微尺度内发生耦

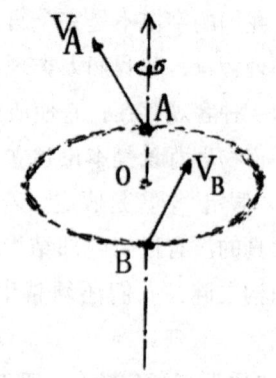

图1-1 质素空间耦合角

合，并形成稳定的组合态。此状态下，两速度矢量 V_A 与 V_B 所构成的夹角（实为两速度矢量空间平移后的夹角），即为质素"空间耦合角"。

特定的"空间耦合角"是自然对质素形成"质元"的唯一许可，其他状态下均不可能形成稳定的"质元"组合态。因为，质素间的耦合作用强度，支持不了处在同一平面内的两恒极速度矢量所构成的圆周运动，质素间只能以特定的"空间耦合角"形成左旋进动组合或右旋进动组合。稳定的"质元"组合态具有固定的质心速度与自旋速度。"质元"的质心运动速度与自旋速度的分解比例，由"空间耦合角"决定，而"空间耦合角"又由质素耦合作用的属性所确定。

本论把右旋进动的质元称为"右旋质元"，把左旋进动的质元称为"左旋质元"。"右旋质元"的质心速度方向与其角动量方向相同，"左旋质元"的质心速度方向与其角动量方向相反。质素形成"右旋质元"与"左旋质元"的概率相同，并且所有质元相对宇宙物理背景具有相同的质心运动速率与自旋运动速率。

"右旋质元"与"左旋质元"在随后的宇宙演化中将分道扬镳，身处两个宇宙。因为，这两种"质元"不可能聚在一起演进出新的物质结构。若把我们的宇宙设定为由"右旋质元"构成的宇宙，并称之为"正宇宙"，那么，由"左旋质元"构成的宇宙则被称为"反宇宙"。本论认为，演进的"正宇宙"与"反宇宙"，在宇宙物理背景中无论是并处还是天各一方，它们均不会感受到对方的存在。因为，正、反宇宙的物质能产生相互作用的极端条件，将随"宇宙暴胀"的发生而消失掉。

第二章

引力作用

第一节 引力场模式初构

一、三维基元

前一章提到，质素在其"属性运动"与"属性作用"的双重制合下，产生了最基本、最原始的物质组合——质元。然而，质元的形成在宇宙"奇点"形成过程中只是一个短暂的过渡，无数的质元在质素的"属性作用"支持下继续聚团，越聚越多。能够聚团的质元必须是相同的手征类型，且质元的角动量方向与聚团的角动量方向之间的夹角皆相等并恒定。否则，质元不可能稳定聚团(反宇宙的"左旋质元"与正宇宙的"右旋质元"不可能稳定聚团)。如图2-1所示。

质元的质心速率虽远小于质素的速率，但亦是个常量。质元越靠近聚团中心，其角速度则越大。当质元越聚越多，聚团的"属性作用"强度越来越大时，在内层旋转的质元即会越来越向聚团的螺旋中心趋近，其角速度趋向于无穷大。当靠近螺旋中心的质元高速旋转产生的离心惯势大于聚团的整体吸合作用时，质元即会依次沿聚团的角动量轴线从聚团的进动方向喷射而出(可以证明，质元沿聚团角动量轴线方向出射所受阻力最小)。然而，在宇宙"奇点"内，由聚团进动方向射出的质元，并不能逃出质元团整体聚合的"属性作用"范域。聚团射出的质元只能沿着

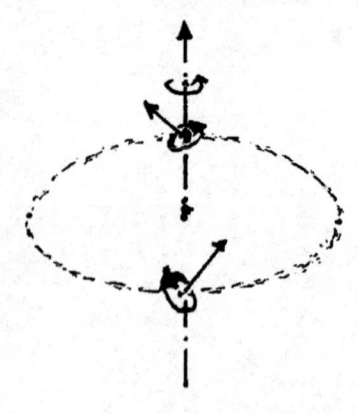

图2-1 质元聚合示意图

与其旋转盘面正交的环线回到旋转盘面的另一侧,并与团内的质元链合,从而构成一种闭合且稳定(动态稳定)的最原始的三维组合。本论把这种物质组合暂称为"三维基元"(如图2-2所示)。

"三维基元"形成于宇宙暴胀的前端时刻,是宇宙"奇点"内主要的物质组合形式。"三维基元"的核心密度非常之高,所产生的"属性作用"强度亦非常之大,使沿角动量轴线方向喷出的质元不能逃逸,而只能紧绕其核心链合回旋。

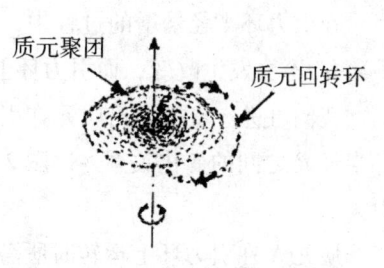

图2-2 三维基元组合示意图

在宇宙"奇点"的内部,由质素的"恒极速率"与"属性作用"构成的动态平衡,终在"奇点"收缩的极限处被量子涨落打破,"三维基元"的外绕环链半径随之暴增,其核心密度相应暴减,宇宙"奇点"大爆炸由此而生。

二、引力源

三维基元是"引力源"的前身,随着三维基元外绕环链半径的激增,每个三维基元便转换成了一个"引力源"(如图2-3所示)。

图2-3中的引力源核为原三维基元核;核外扩增的环链为"引力环";引力环中的质元,与"标准模型"理论要寻找的"引力子"相近。

可以证明,"引力源"在引力环半径暴增的情况下仍能保持稳定的结构(如图2-4所示)。

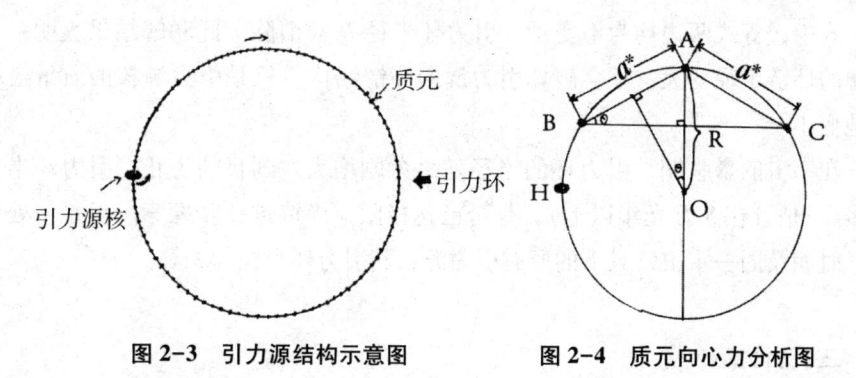

图2-3 引力源结构示意图

图2-4 质元向心力分析图

在图2-4中,圆周线代表引力环,A、B、C三点分别代表引力环上相邻的三个质元,H代表引力源核,a^*表示相邻的质元间距(实际距离非常之微小),

R 表示引力环半径。

在引力环半径暴增的过程中，因质素间的"属性作用"约束，相邻质元间的距离 a^* 不会发生改变，而引力环上新增加的质元均由引力源核给予补充。

我们可进一步推导出质元在引力环链上高速运转时所需的向心力 f_o 与引力环半径 R 之间的变化关系。以图 2-4 中的质元 A 在引力环上运转时所需的向心力为例。

质元 A 在引力环上运转时所需的向心力 f_o，由质元 A 与相邻两质元 B、C 间的"属性作用"共同给出。暂且假定质元间"属性作用"f^* 的大小与之间距离 a^* 的平方成反比，即有

$$f^* = k^*/a^{*2} \tag{2-1}$$

k^* 为比例常量。从而有

$$\begin{aligned} f_o &= 2f^* \sin\theta \\ &= 2k^*/a^{*2} \cdot a^*/(2R) \\ &= k^*/(Ra^*) \end{aligned} \tag{2-2}$$

另，根据向心力公式可得

$$f_o = m_{y0}V_{y0}^2/R \tag{2-3}$$

其中，m_{y0} 代表单个质元的质量，是个常量；V_{y0} 代表质元在环链上的运转速度，实际上等于质元在宇宙物理背景中恒定的运动速度，亦是个不变量。

联解式 (2-2)、(2-3) 得

$$k^*/(Ra^*) = m_{y0}V_{y0}^2/R$$

$$k^*/a^* = m_{y0}V_{y0}^2 \tag{2-4}$$

式中，等式两边均为不变量，引力环半径 R 被消除。此联解结果表明：引力源的环链半径变大，不会破坏引力源的环链结构，只是引力源核的质量会相应地变小。

在宇宙的暴胀期，引力环的半径随之急剧增大。到目前为止，引力环半径是多少（估计在 5 万光年以上），是否已达极限，尚待进一步探索。但是，处在同一时期及同一宇宙背景下的所有引力源，其引力环半径均相等。

三、引力场

单个的引力源不能形成"引力场"。"引力场"是由巨量的、高密度聚在一几何点的引力源所带引力环，而共同构成的一个"球形"空间范围。我们把这种类型的"引力场"，称为"点粒子引力场"（如图 2-5 所示）。

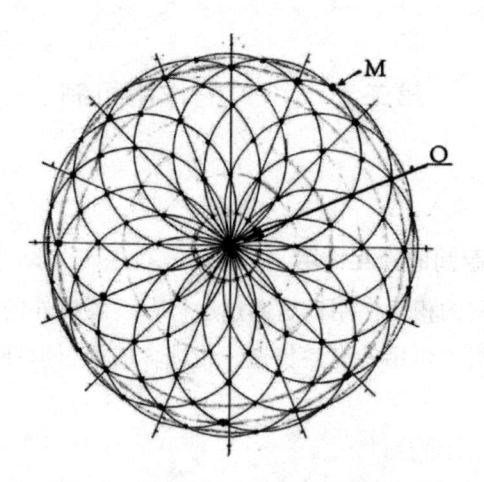

图 2-5　点粒子引力场径向切面示意图

"点粒子引力场"是一个球对称性的闭合空间，引力环链是场的作用介质，引力环的直径高度近似等于"引力场"的半径。

在图 2-5 中，O 点是引力源的高密聚集点，亦是引力源所带引力环的交切点，更是"点粒子引力场"的核心。各引力源角动量方向的轴线，实为其引力环在 O 点的切线。在中心点 O 处，高密聚集的引力源虽说是巨量的，但毕竟有限。为方便研究引力场的结构，我们把中心聚集点中相邻的两引力源角动量轴线所夹角的平均值，称作"引力微分角"，并表示为 θ_v。从理论上讲，"引力微分角"的大小，与聚集在中心点 O 处的引力源的数量成反比。

在"点粒子引力场"中，密布着极高速运转的质元环链。引力环虽纵横交错，但并非杂乱无章，由引力环编织的"网格结点"遵循着一定的分布规律。图 2-5 中的 M 点，代表的是引力场中巨量的"网格结点"之一。虽然图中显示经过 M 点的引力环线只有两条，但实际上却有很多很多条。因为，图 2-5 所代表的只是"点粒子引力场"的一个径向切面示意图。

引力环"网格结点"的分布情况，是引力场"场强"大小的重要标志。我们从图 2-5 中可以看出，分布在各层球面上的引力环"网格结点"（以下简称"引力环结点"）均相等，进而可以推得："引力环结点"的面密度与其所在的球面半径的平方成反比。不过，有"引力环结点"分布的球面并不是连续的，而是按照一定的间隔规律出现的。

在"引力环结点"处，虽有无数的环链交叉穿梭，但它们之间互不干扰。因为，引力环之间发生作用，还必须满足几个特殊条件（详细论述见下节）。

第二节　引力的作用机制

一、单个引力源间的相互作用

两单个引力源间的相互作用，是通过运行在场源核外的质元环链瞬时耦合而实现的。要实现引力作用的有效传递，相耦合的两引力环链，理论上必须满足下列三个条件：

(1) 两引力环完全重合；
(2) 两引力环运转相对静止；
(3) 两引力环上的质元自旋方向相同。

上述的三个作用条件，是为了保证两环上的质元均能充分地接近，并保持相对静止，进而使质素的"属性作用"有效地转变为引力环的整体作用。

在宇宙暴胀的初始，由质元构成的引力源单质，具有很大的质心运动速度与自旋运动速度。引力源质心速度方向与其源核的角动量方向相同或相反，两者概率均等。本论将质心运动方向与自旋角动量方向相同的引力源称为"右旋引力源"，把质心运动方向与自旋角动量方向相反的引力源称为"左旋引力源"。然而，无论是"左旋引力源"还是"右旋引力源"，质元的出射及回进方向总是与引力源的进动方向保持一致。

可以证明，对所有的引力源而言，只要两场源所带的引力环满足第一个、第二个条件，则第三个条件亦会同时满足。

两引力环链间的瞬时耦合，转换为两引力源核间的相对运动，其转换原理分析如图2-6所示。

图中，A、B分别代表两引力源核，两引力源核所带的引力环完全重合。完全重合的环链上，质元间产生瞬时耦合作用f_s，致使环链半径变小，从而对两引力源产生了一个沿引力环半径向内的瞬时作用f_{so}。此作用在沿两引力源连线方向上的分量，即为两源产生的万有引力f_r。

我们可把两引力环有效耦合时质元间的瞬时耦合作用f_s看作一个常量，那么，对引力源产生的一个沿引力环半径向内的瞬时作用f_{so}即为

$$f_{so} = 2f_s \sin\theta$$
$$= 2f_s \cdot a^* / (2R)$$

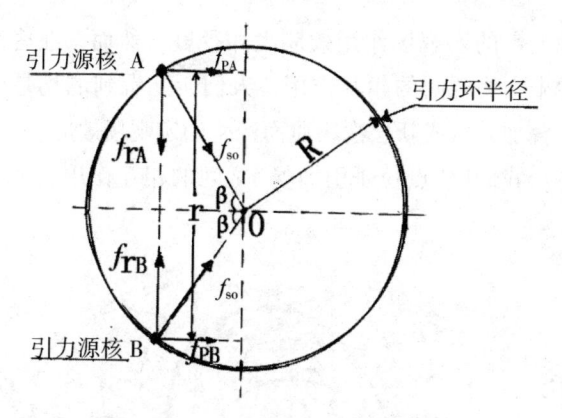

<<< 作用篇 论"基本相互作用"的循序进变

图 2-6 单引力源相互作用分析图

$$= a^*/R \cdot f_s \tag{2-5}$$

其中，$\sin\theta = a^*/(2R)$，可从图 2-4 "质元向心力分析图"中得出。

在图 2-6 中，f_r 与 f_p 是 f_{so} 的一对正交分量。f_{so} 的方向不是"万有引力"的方向，"万有引力"的方向应在两引力源核 A、B 的连线上，即 f_r 的方向上。若只就两个引力环耦合所产生的作用效果来看，A、B 两引力源核在弧线上离得越远，则它们在 AB 弦线方向上获得的作用分量越大，即 f_r 越大。当两引力源核处在同一径线两端时，则它们获得的 f_r 最大。反之，A、B 两引力源核在弧线上离得越近，它们在 AB 弦线方向上获得的作用分量越小，即 f_r 越小。

可以得出，两单个引力环一次瞬时耦合，两引力源核在 AB 弦线方向上获得的作用分量为

$$f_r = f_{so}\sin\beta$$
$$= a^*/R \cdot f_s \cdot r/(2R)$$
$$= a^* r/(2R^2) \cdot f_s \tag{2-6}$$

其中，r 为 A、B 两引力源核间的距离；R 为引力环链的半径；a^* 为环链上质元之间的距离；f_s 为环链耦合时，质元间产生的瞬时耦合作用。

单引力源的相互作用，给我们留下了这样两个问题。一是如何平衡与 f_r 分量正交的另一个分量 f_p。若是不能平衡消除 f_p 分量，那么，万有引力的方向即不会在两引力源核中心的连线上。二是两单个引力环耦合产生的引力效果，与两源间的距离成正比，这与牛顿万有引力定律中"与两物体间距离的平方成反比"的表述完全相悖。这两个问题均在下面"多源引力场的宏观效应分析"中得到解决。

二、引力场的宏观效应分析

前面，我们讨论的是单个引力源间一次瞬时交合下的量子引力作用，其效

11

果与巨量引力源产生的宏观场作用效应大相径庭。然而，在客观现实中，人们并不能观测到单个引力源间的相互作用，人们所能看到的均是由巨量引力源经过多层次组合、叠加并构成新层次物质而产生的宏观场效应。

为方便理解，我们以"点粒子引力场"之间的相互作用为例进行分析。如图2-7所示。

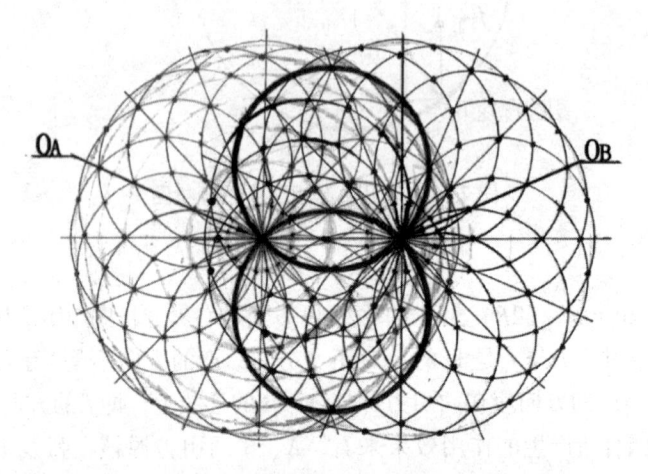

图 2-7　点粒子引力场相互作用分析图

图中，为便于区别，我们将结构完全一样的两个引力场分别标出。以 O_A、O_B 分别代表两个引力场的中心，并互置于对方场中。弧线 $\overset{\frown}{O_AO_B}$ 是作用场中完全重合的引力圆环的一部分。由"点粒子引力场"的球对称性可知，弧线 $\overset{\frown}{O_AO_B}$ 对称分布在以 O_AO_B 连线为中心轴的旋转曲面上。

我们在前面"单引力源相互作用"的论述中，谈到如何平衡另一个正交分量"f_p"，这个问题在"点粒子引力场"的相互作用中可以得到解决。因为"f_p"分量在弧线 $\overset{\frown}{O_AO_B}$ 以连线 O_AO_B 为转轴的对称分布中，会被完全平衡掉。

(一) 单引力源与"点粒子引力场"的作用

在前面的分析中我们已经得出，两单个引力环一次瞬时耦合，两引力源核在其连线方向上所获得的引力分量为

$$f_r = a^* r/(2R^2) \cdot f_s$$

而在单个引力源与"点粒子引力场"的相互作用中，单个引力环在单位时间内，与场中的引力环即会发生 n 次耦合。若将单个引力源在"点粒子引力场"中获得的引力记为 f'，则有

$$f' = m_0 dv/dt$$
$$= m_0 n dv^*/dt = n dp^*/dt$$

$$= nf_r = na^* r/(2R^2) \cdot f_s \qquad (2\text{-}7)$$

式中，m_0 为单个引力源的质量，dv 为引力源在单位时间内的速度改变总量，dv^* 为引力源在引力环一次瞬时耦合中的速度改变量，dp^* 为引力源在引力环一次瞬时耦合中的动量改变量，dt 为单位作用时间。

在上一节中，我们通过对引力场结构的分析得知，"引力环结点"在引力场中的分布情况是引力"场强"的重要参量。在引力场中，参与作用的单引力源核处于"引力环结点"密度越大的地方，引力环发生耦合的概率越大，引力环耦合的次数 n 值亦越大。所以有

$$n = k_j \rho_j \ (k_j \text{ 为比例常量}) \qquad (2\text{-}8)$$

由于有"引力环结点"分布的球面并不是连续的，而是按照一定的间隔规律重复出现，所以只能以"引力环结点"在场中的体密度为分析变量，来对引力环耦合的次数 n 进行描述。即有

$$n = k_j \rho_j = k_j N_j / \Delta V \qquad (2\text{-}9)$$

式中，N_j 表示各"引力环结点"分布球面层上的"引力环结点"数，ΔV 代表两相邻"引力环结点"分布层之间的空间体积。

我们通过对引力场的结构分析还得知，"点粒子"引力场中的"引力环结点"在各分布球面上的数目是相等的，且与"点粒子"核心所聚集的引力源数目正相关，即与"点粒子"的质量 M 成正比。所以有

$$n = k_j N_j / \Delta V$$
$$= k_j M m_0^{-1} / \Delta V \qquad (N_j = M m_0^{-1}) \qquad (2\text{-}10)$$

将式(2-10)代入式(2-7)，并整理得

$$f' = nf_r$$
$$= na^* r/(2R^2) \cdot f_s$$
$$= k_j M m_0^{-1} / \Delta V \cdot a^* r/(2R^2) \cdot f_s$$
$$= k_j a^* M r/(2R^2 m_0 \Delta V) \cdot f_s \qquad (2\text{-}11)$$

（二）"点粒子引力场"间的相互作用

式(2-11)只是单引力源在"点粒子引力场"中所获引力的一个过渡表达式，而"点粒子引力场"间相互作用所产生的引力应为

$$f = N_m f' \qquad (2\text{-}12)$$

其中，N_m 代表替换单引力源的"点粒子引力场"所含引力源的个数，并有

$$N_m = m/m_0 \qquad (2\text{-}13)$$

式中，m 为替换上的"点粒子"质量，m_0 为单个引力源的质量。

将式(2-11)、式(2-13)代入式(2-12)得

$$f = N_m f'$$
$$= mm_0^{-1} k_j a^* Mr/(2R^2 m_0 \Delta V) \cdot f_s$$
$$= k_j a^* Mmr/(2R^2 m_0^2 \Delta V) \cdot f_s \tag{2-14}$$

为方便分析，可将上式稍加整理，得

$$f = k_j a^* f_s/(2R^2 m_0^2) \cdot Mmr/\Delta V \tag{2-15}$$

式(2-15)等号右边的前半部分，均为比例系数或物理常量，可暂以 G' 代之，$G' = k_j a^* f_s/(2R^2 m_0^2)$。则有

$$f = G'Mmr/\Delta V \tag{2-16}$$

式(2-16)中，G' 是一个综合物理常量，M、m 分别代表两"点粒子"的质量，r 表示两"点粒子"间的距离。式中，ΔV 代表两相邻"引力环结点"球面分布层之间的空间体积，并且有

$$\Delta V = 4/3 \cdot \pi[(r+\Delta r)^3 - r^3] \tag{2-17}$$

将式(2-17)代入式(2-16)得

$$f = G'Mmr/\Delta V$$
$$= G'Mmr/\{4/3 \cdot \pi[(r+\Delta r)^3 - r^3]\}$$
$$= G'Mmr/\{4/3 \cdot \pi r^3[(1+\Delta r/r)^3 - 1]\}$$
$$= 3/(4\pi) \cdot G'Mm/\{r^2[(1+\Delta r/r)^3 - 1]\} \tag{2-18}$$

如图 2-8 所示。

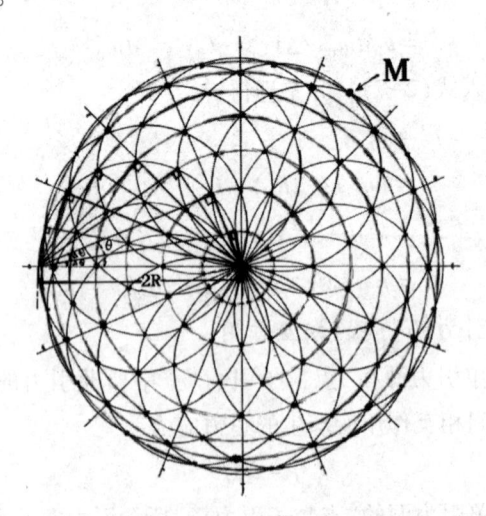

图 2-8 "引力环结点"分布规律解析图

从图2-8中可以看出："引力环结点"分布于以"点粒子"为中心的各球面层上，并且，离"点粒子"引力场中心越远，相邻"引力环结点"球面层间的距离会越小。即有

$$r = 2R\sin\theta \tag{2-19}$$

$$\Delta r \approx 2R\cos\theta \Delta\theta \tag{2-20}$$

上式中，Δr 表示距场源中心 $r+\Delta r$ 处的"引力环结点"球面层与距场源中心 r 处的"引力环结点"球面层之间的距离；R 表示引力环的半径（等于"点粒子"引力场的二分之一半径）；$\Delta\theta$ 在图中表示与 Δr 边相对的夹角，其大小等于"引力微分角" θ_v 的一半，是一极小量。在点粒子质量不变的情况下，θ_v 为定值（引力质量 M 越大的场，θ_v 值会越小）。

当 $\theta < \Delta\theta$ 时，即 $r<R\theta_v$ 时，有

$$\begin{aligned}\Delta V &= V_2 - V_1 \\ &= 4/3 \cdot \pi r^3 - 0 = 4/3 \cdot \pi r^3\end{aligned} \tag{2-21}$$

将式(2-21)代入式(2-16)得

$$\begin{aligned}f &= G'Mmr/\Delta V \\ &= 3/(4\pi) \cdot G'Mmr/r^3 \\ &= 3/(4\pi) \cdot G'Mm/r^2 \\ &= GMm/r^2\end{aligned} \tag{2-22}$$

其中

$$\begin{aligned}G &= 3/(4\pi) \cdot G' \\ &= 3k_j a^* f_s/(8\pi R^2 m_0^2)\end{aligned} \tag{2-23}$$

（三）万有引力定律全域关系表示式及变化曲线图

式(2-22)

$$f = GMm/r^2$$

是万有引力的近场非矢量形式的数学表达式，其适用范围是 $r<R\theta_v$。

当 $\theta \geq \Delta\theta$ 时（$\Delta\theta = 1/2 \cdot \theta_v$），$\Delta\theta$ 为一定值，则有

$$\Delta r = 2R\cos\theta \cdot \Delta\theta = R\cos\theta \cdot \theta_v \tag{2-24}$$

对"点粒子"引力场而言，在点粒子质量一定的情况下，θ_v 是个恒量（引力质量 M 越大的场，θ_v 值会越小）。

将式(2-19)、式(2-24)代入式(2-18)得

$$\begin{aligned}f &= 3/(4\pi) \cdot G'Mm/\{r^2[(1 + \Delta r/r)^3 - 1]\} \\ &= 3/(4\pi) \cdot G'Mm/\{4R^2\sin^2\theta[(1 + \cot\theta \cdot \theta_v/2)^3 - 1]\} \\ &= 3/(16\pi R^2) \cdot G'Mm/\{\sin^2\theta[(1 + \cot\theta \cdot \theta_v/2)^3 - 1]\}\end{aligned}$$

$$= G_\theta Mm / \{\sin^2\theta [(1 + \cot\theta \cdot \theta_v/2)^3 - 1]\} \tag{2-25}$$

其中

$$G_\theta = 3G'/(16\pi R^2)$$
$$= 3k_j a * f_s / (32\pi R^4 m_0^2) \tag{2-26}$$

若将式(2-25)以自变量 r 的形式呈现出来，则有

$$f = 3/(4\pi) \cdot G'Mm / \{r^2[(1 + \Delta r/r)^3 - 1]\}$$
$$= 3/(4\pi) \cdot G'Mm / \{r^2[1 + (4R^2/r^2 - 1)^{\frac{1}{2}}\theta_v/2]^3 - r^2\}$$
$$= GMm / \{r^2[1 + (4R^2/r^2 - 1)^{\frac{1}{2}}\theta_v/2]^3 - r^2\} \tag{2-27}$$

其中

$$G = 3G'/(4\pi)$$
$$= 3k_j a * f_s / (8\pi R^2 m_0^2) \tag{2-28}$$

式(2-27)是万有引力的远场非矢量形式的数学表达式，其适用范围是 $R\theta_v \leq r < 2R$。

式(2-22)与式(2-27)，是"点粒子"引力场的全域作用表达式。我们根据式(2-22)、式(2-25)及式(2-27)式，可作出引力与作用距离的全场域关系变化示意图，即"$f-r$ 关系变化示意图"（图 2-9），及其辅图"$f-\theta$ 关系变化示意图"（图 2-10）。

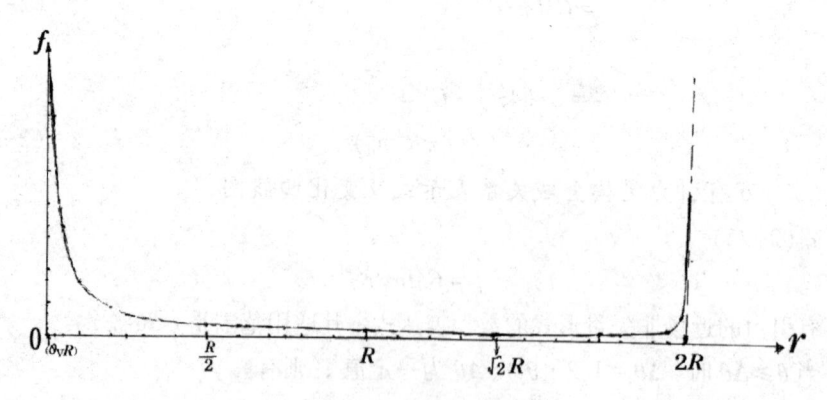

图 2-9 $f-r$ 关系变化示意图

$r = R\theta_v$ 是万有引力偏离"牛顿引力"预期的拐点。即当 $r < R\theta_v$ 时，引力值符合牛顿引力公式

$$f = GMm/r^2$$

的计算；当 $r \geq R\theta_v$ 时，引力值开始偏离牛顿引力公式计算预期，实际值减速变缓。并且，在 r 略小于 $\sqrt{2}R$ 的某个点，引力值开始随 r 的增加而增大。

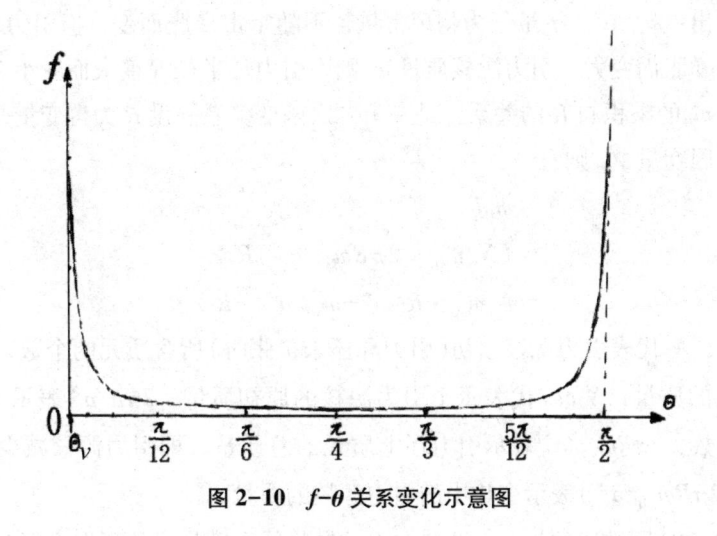

图 2-10　f-θ 关系变化示意图

三、引力常量

牛顿万有引力公式

$$f = GMm/r^2$$

是一个经验性公式，式中的引力常量 G 由实验确定。然而，对于引力常量 G 的深层物理内涵，人类至今还不太清楚。

本论在前面已经介绍了引力场的初构模式，对单源引力环及多源引力场的作用机制做了初步的分析，并推导出了宏观场全域引力公式(2-22)及(2-27)。为简单起见，我们仍以牛顿的万有引力公式(2-22)

$$f = GMm/r^2$$

为例，来分析引力常量 G 的真实意义。G 是个综合的物理常量，即有

$$G = 3k_j a^* f_s / (8\pi R^2 m_0^2)$$

在宇宙暴胀后期，引力源结构趋于相对稳定，即引力源核质量与引力环半径发生的变化微乎其微。在这种宇宙环境下，引力源核的质量 m_0、引力环的半径 R，环链上质元之间的距离 a^*，以及两环质元间的瞬时耦合作用量 f_s，均为常量。还有引力环耦合次数与"引力环结点"密度成正比关系的比例系数 k_j，亦都是常量。所以说，在一般的宇宙环境下，经典的万有引力常量 G 确实为一个不变量，它不随物体质量 M、m 及物体间的距离 r 而变化。

然而，在宇宙暴胀初期，"引力常量" G 并非常量。从"引力常量"表达式

$$G = 3k_j a^* f_s / (8\pi R^2 m_0^2)$$

17

中可以看出：k_j、a^*、f_s 虽仍为物理常量，不随宇宙暴胀而变，但引力环半径 R 会随宇宙暴胀而变大，引力源核质量 m_0 则因引力环半径 R 变大而变小。

R 跟 m_0 的乘积与 R 的关系，是一个二次函变关系。设 R 为自变量，R 与 m_0 的乘积为因变量 y，则有

$$\begin{aligned} y &= m_0 R \\ &= (N_y m_{y0} - 2\pi R m_{y0}/a^*) R \\ &= N_y m_{y0} \cdot R - 2\pi m_{y0}/a^* \cdot R^2 \end{aligned} \quad (2\text{-}29)$$

式中，N_y 代表引力源核原初（引力环还未扩张时）所含质元的个数，m_{y0} 代表每个质元的质量，$N_y m_{y0}$ 代表每个引力源核的原初质量；$2\pi R/a^*$ 表示引力环上质元的个数，$2\pi R m_{y0}/a^*$ 表示引力环上质元的总质量，即引力源核减少的质量；$(N_y m_{y0} - 2\pi R m_{y0}/a^*)$ 表示变化中的引力源核的质量 m_0。

式(2-29)所描述的是一个开口向下的抛物线，抛物线的顶点坐标为$(N_y a^*/4\pi, N_y^2 a^* m_{y0}/8\pi)$。计算表明：在引力源核质量 m_0 减小至其原初质量的一半以前，R 跟 m_0 的乘积是随 R 的增加而变大的。在引力源核质量 m_0 减小至其原初质量的一半以后，R 跟 m_0 的乘积却是随 R 的增加而变小的。也就是说，经典的引力常量 G，在引力源核质量 m_0 减小至其原初质量的一半以前是逐步变小的，而在引力源核质量 m_0 减小至其原初质量的一半以后却是逐步变大的。

这的确是一个令人惊讶的结论！难道宇宙的膨胀真会在引力源核质量 m_0 减小至其原初质量的一半以后，由于引力常量 G 的变大而又逐步转向收缩吗？事实并非如此。因为，我们在分析引力常量 G 时，漏掉了一个非常重要的因素，即相互作用的物体的质量 M 与 m。

我们须将万有引力公式式(2-22)全部展开，只有这样才能获得对引力常量 G 的全面认识。即有

$$\begin{aligned} f &= GMm/r^2 \\ &= 3k_j a^* f_s/(8\pi R^2 m_0^2) \cdot Mm/r^2 \\ &= 3k_j a^* f_s/(8\pi R^2 m_0^2) \cdot N_j m_0 N_m m_0/r^2 \\ &= 3k_j a^* f_s/(8\pi R^2 m_0^2) \cdot N_j N_m m_0^2/r^2 \\ &= 3k_j a^* f_s/(8\pi R^2) \cdot N_2 j^2 N_2 m^2/r^2 \end{aligned} \quad (2\text{-}30)$$

其中，N_j 表示"引力环结点"分布层面上的"引力环结点"数，其与点粒子所聚集的引力源数目相等，且有点粒子质量 $M = N_j m_0$；N_m 代表相互作用的另一个点粒子所含的引力源数目，且有 $m = N_m m_0$。

从式(2-30)中可以看出，引力常量 G 的变化只与引力环的半径 R 有关，而

与引力源核质量 m_0 的变化无关。因此说，式(2-29)表示的二次函变关系是片面的、不完整的。所以说，只要引力环半径变大，引力常量 G 即会一直减小。

目前，引力常量 G 的变化究竟处在什么阶段？是在持续变小，还是保持相对稳定？我们尚不得知。

引力常量是万有引力在宇宙不同膨胀时期强弱表现的关键参量。引力常量越大，引力越强；引力常量越小，引力越弱。引力环直径($2R$)是引力场的半径，引力场半径的倒数为引力场的曲率。因此说：引力环半径越小，引力场的曲率则越大，引力常量亦越大，引力亦更强。反之，引力环半径越大，引力场的曲率则越小，引力常量亦越小，引力亦更弱。

第三章

电、磁作用

第一节 电力场(库仑场)的初构模式

一、电力源

"电力源"的形成与质元形成"引力源"的过程十分相似。

在宇宙暴胀的初始，宇宙空间甚小，物质密度极大，巨量的"引力源"单质在质素的"属性作用"下，瞬间又结环聚团。在"引力源"的聚团中，越靠近聚团中心的"引力源"角速度越大。当"引力源"越聚越多，聚团的"属性作用"强度越来越大时，内层旋转的"引力源"会越来越向聚团的螺旋中心趋近，其角速度亦越来越大。当靠近螺旋中心的"引力源"，其高速旋转产生的离心惯势大于聚团的整体吸合作用时，"引力源"即会依次沿聚团的旋转轴线从聚团的进动方向喷射而出。然而，在宇宙暴胀的始期，由聚团进动方向射出的"引力源"，并不能逃出聚团整体聚合的"属性作用"范域，所射出的"引力源"只能沿着与聚团旋转环面正交的环线，回到旋转环面的另一侧，并与聚团内的"引力源"链合，从而构成了第二层次的"三维基元"组合。

第二层次"三维基元"是"电力源"的前身。随着宇宙暴胀的继续，第二层次"三维基元"的外绕环链半径迅即暴增，其核心密度相应暴减，每个第二层次"三维基元"便转换成了一个"电力源"。由此，原第二层次"三维基元"核变成了"电力源"核，其核外扩增的环链成了"电力环"，电力环上的"引力源"即成为"电力子"(亦可称为"库子")。如图3-1所示。

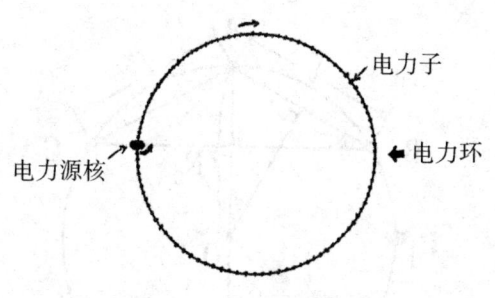

图 3-1　电力源结构示意图

巨量的"引力源"在聚团形成"电力源"时，会产生左旋进动与右旋进动两种组合模式。所谓"左旋进动"是指"电力源"的质心运动方向与其角动量方向相反，"右旋进动"是指"电力源"的质心运动方向与其角动量方向相同。我们把质心运动方向与其角动量方向相反的"电力源"称为"左旋电力源"，把质心运动方向与其角动量方向相同的"电力源"称为"右旋电力源"。然而，无论是"左旋电力源"还是"右旋电力源"，电力子的出射或回进方向总是与"电力源"的进动方向保持一致。

在"左旋电力源"与"右旋电力源"中，我们还须进一步将它们分类。因为，无论是"左旋电力源"还是"右旋电力源"，它们均是由"左旋"或"右旋"两类"引力源"聚团而成。为了便于称谓及类别区分，我们把由"左旋引力源"构成的"电力源"统称为"正电力源"，把由"右旋引力源"构成的"电力源"统称为"负电力源"。由此，我们便可列出四类"电力源"，即"左旋正电力源""右旋正电力源""左旋负电力源""右旋负电力源"。

像证明引力环半径增加不会导致"引力源"解体那样，同样可以证明"电力源"在电力环半径暴增的情况下仍能保持稳定的结构。如图 3-2 所示。

在图 3-2 中，圆周线代表"电力环"，A、B、C 三点分别代表电力环上相邻的三个"电力子"，H_d 代表"电力源"核，l^* 表示相邻的"电力子"间距（实际距离非常之微小），R_d 表示电力环半径。

在电力环半径暴增的过程中，因质素间的"属性作用"约束，相邻"电力子"间的距离 l^* 不会发生改变，而电力环上新增加的"电力子"均由"电力源"核给予补充。

我们可进一步推导出电力子在电力环链上高速运转时所需的向心力 f_{do} 与电力环半径 R_d 之间的变化关系。以图 3-2 中的电力子 A 在电力环上运转时所需的向心力为例。

21

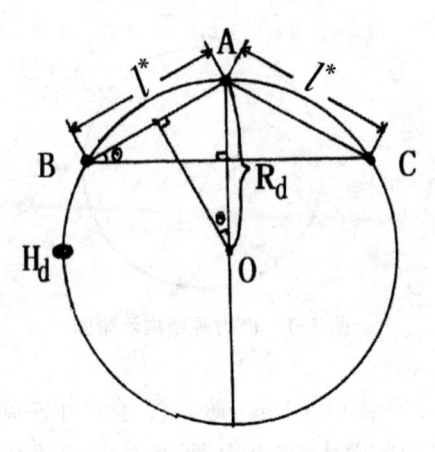

图 3-2 电力子向心力分析图

电力子 A 在电力环上运转时所需的向心力 f_{do}，由电力子 A 与相邻两电力子 B、C 间的"属性作用"共同给出。暂且假定电力子间"属性作用" f_d^* 的大小，与之间距离 l^* 的平方成反比，即有

$$f_d^* = k_d^*/l^{*2} \tag{3-1}$$

k_d^* 为比例常量。从而有

$$\begin{aligned} f_{do} &= 2f_d^* \sin\theta \\ &= 2k_d^*/l^{*2} \cdot l^*/(2R_d) \\ &= k_d^*/(R_d l^*) \end{aligned} \tag{3-2}$$

另，根据向心力公式可得

$$f_{do} = m_{do} V_{do}^2/R_d \tag{3-3}$$

其中，m_{do} 代表单个电力子的质量，是个常量；V_{do} 代表电力子在环链上的运转速度，实际上等于"引力源"在宇宙物理背景中恒定的运动速度，亦是个不变量。

联解式(3-2)、(3-3)得

$$k_d^*/(R_d l^*) = m_{d0} V_{do}^2/R_d$$

$$k_d^*/l^* = m_{do} V_{do}^2 \tag{3-4}$$

式中，等式两边均为不变量，电力环半径 R_d 被消除。此联解结果表明："电力源"的环链半径变大，不会破坏"电力源"的环链结构，只是"电力源"核的质量会相应地变小。

在宇宙的暴胀期，电力环的半径急剧增大。到目前为止，电力环半径是多少，是否已达极限，尚待进一步探寻。不过，在宇宙暴胀后的相对稳定期，电力环半径要远比引力环半径小，并且，处在同一时期及同一宇宙背景下的所有"电力源"，其电力环半径均相等。

二、电力场

单个的电力源不能形成"电力场"。"电力场"是由巨量的、高密度聚集在一起的"净余"电力源所带的电力环，共同构成的一个球形空间范域。我们把这种类型的"电力场"，称为"点电荷电力场"。

"电力场"的构成不像"引力场"那样单纯，它充满着"正电力源"与"负电力源"所带的两种不同类型的电力环。这是因为，同种电性的"电力源"(指同为"正电力源"或同为"负电力源")不能够直接结环或聚团。"电力源"若要结环或聚团，必须先由"正电力源"与"负电力源"结成"电偶对"，然后再以"电偶对"为基本组元结环、聚团。电力源以"电偶对"这种方式结环聚团，是物质进变的自然选择。因为，电力源具有"同性"相斥、"异性"相吸的特性，其若不以"电偶对"的形式交合结环聚团，所产生的物质组合就不可能是一个稳定结构。

以"电偶对"为基本组元的"电力源"结环或聚团，对外并不显"电性"，外界亦感受不到"电力场"的存在。但是亦有几种特殊的聚团方式可以容留一个(且只能一个)破偶的"电力源"存在，从而使其成为一个"带电"的电力源聚团，如带电轻子、带电夸克等。

在宇宙演进的过程中，"电力源"成为构建一切基本粒子(如光子、轻子、夸克)的亚结构物质，而由正、负"电力源"组成的"电偶对"，则是这亚结构物质的基本"模块"。在由"电偶对"聚团形成的每个带电基本粒子中，如电轻子或带电夸克，它们皆有且只可能有一个"电偶对"被破偶。也就是说，含有破偶"电力源"的基本粒子具有一个净余电荷(一个净余正电力源或负电力源)，这个净余电荷即为"元电荷"。

带电基本粒子产生的"电场"范域，是破偶的电力环在空间的一种动态概率分布，它等效于一定强度的"静态电力场"。因此，我们仍能以"点电荷电力场"模型来建立电力的计算表示式。如图3-3所示。

"点电荷电力场"是一个球对称性的闭合空间，电力环链是场的作用介质，电力环的直径近似等于"电力场"的半径。电力子环链半径的大小，是电力场曲率大小的表征。电力环半径越小，电力场曲率越大；电力环半径越大，电力场曲率越小。电力场曲率在宇宙暴胀初始阶段最大，后随宇宙暴胀而急剧变小。

在图3-3中，O_d点是"电力源"的高密聚集点，亦是电力环的交切点，更是

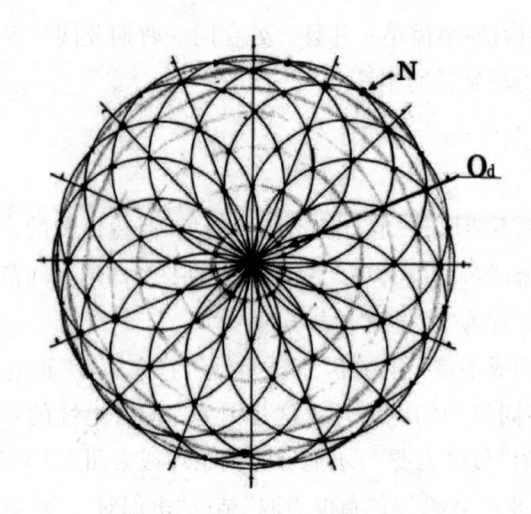

图 3-3　点电荷电力场径向切面示意图

"点电荷电力场"的核心。各"电力源"角动量方向的轴线,实为其电力环在 O_d 点的切线。在 O_d 点,高密聚集的"电力源"虽说是巨量的,但毕竟有限。为方便研究电力场的结构,本论把相邻的两"电力源"角动量轴线所夹角的平均值称作"电力微分角",并表示为 θ_{dv}。从理论上讲,"电力微分角"的大小,与聚集在 O_d 点的"电力源"的多少成反比。

这里要特别强调的是,在建立"点电荷电力场"模型中所涉及的"电力源",均为"电偶对"中和后的净余"电力源"。

在"点电荷电力场"中,密布着极高速运行的电力子环链。电力环虽纵横交错,但并非杂乱无章,由电力环"编织"的网格结点仍遵循着一定的分布规律。图 3-3 中的 N 点,代表的是电力场中无数的网格结点之一。虽然,图中显示经过 N 点的电力环线只有两条,但实际上有很多很多条。因为,图 3-3 所代表的只是"点电荷电力场"的一个径向切面示意图。

电力环网格结点的分布情况,是电力场"场强"大小的重要标志。我们从图 3-3 中可以看出,分布在各层球面上的"电力环网格结点"(以下简称"电力环结点")均相等,进而可以推得:"电力环结点"的面密度,与其所在的球面半径的平方成反比。然而,有"电力环结点"分布的球面并不是连续的,而是按照一定的间隔规律出现的。

在"电力环结点"处,虽有无数的环链交叉穿梭,但它们之间互不干扰,因为,电力环之间发生作用还必须满足几个特殊条件(详细论述见下节)。

第二节　电力的作用机制

一、单个电力源间的相互作用

两单个电力源间的相互作用，是通过运行在两源核外的电力子环链瞬时耦合而实现的。同引力场作用机制类似，要实现电力作用的最有效传递，相耦合的两电力子环链亦必须满足三个条件：

(1)两电力环完全重合；
(2)两电力环运转相对静止；
(3)两环链上电力子的自旋必须同相或反相。

在上述3个条件(以下简称"条件")中，前两条与"单个引力源间相互作用"的条件相同，但第3条有区别。两单个引力源相互作用时，若符合其"条件"的前1、2条，则在第3条中即只有一种情况存在，即"两引力环链上的质元自旋同相"；两单个电力源相互作用时，若符合其"条件"的前1、2条，则在"条件"的第3条中就会出现电力子自旋同相与反相两种情况。

我们在前面介绍"电力源"时谈道，巨量的"引力源"在聚团形成"电力源"时，产生了"左旋电力源"与"右旋电力源"两种组合模式。并且，"左旋电力源"还可分为"正电左旋电力源"与"负电左旋电力源"两种，"右旋电力源"还可分为"正电右旋电力源"与"负电右旋电力源"两种，共四种类型。这就是说，"电力源"所带的环链可分为"正""负"两种类型，而这两种类型电力环的存在，正是导致"单个电力源相互作用条件"与"单个引力源相互作用条件"有所不同的关键所在。

电力源的场质"电力子"，其内部结构要比引力源的场质"质元"结构复杂。电力子内部自由度的增加，使其自旋的内禀运动形式进一步升级。场物质在从"质元"进变到"电力子"时，其自旋的"全耦合相位"已由360度演进到720度。

同"电性"的电力源相互作用，其核外环链上电力子自旋的耦合相位只有360度(半位耦合)。两环链发生"半位耦合"时，环链上电力子的内禀自旋速率变小，而整个环链运行的速率则变大，并导致环链的半径外扩，从而对两源产生一个沿电力环半径向外的瞬时作用。此作用在沿两电力源连线方向上的分量，即为两源产生的电斥力。

相反电性的电力源相互作用，其核外环链上电力子自旋的耦合相位达到720

度(全位耦合)。两环链发生"全位耦合"时，环链上电力子的内禀自旋速率变大，而整个环链运行的速率则变小，并导致环链的半径内缩，从而对两源产生一个沿电力环半径向内的瞬时作用。此作用在沿两电力源连线方向上的分量，即为两源产生的电引力。

电力相互作用，是电力源通过其核外环链的瞬时交合来实现的。电力源核体的内禀自旋速度与其整体质心速度之间的转换，类似于万有引力作用的转换过程。如图3-4所示。

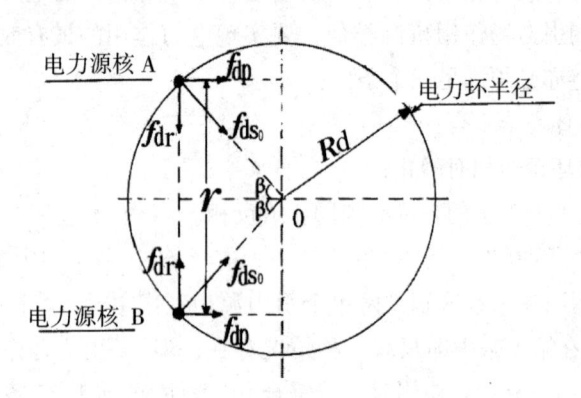

图3-4 单电力源相互作用分析图

图中，A、B分别代表两电力源核，两电力源核所带的电力环完全重合。若重合的两电力环是同电性(反电性)的，则环链上电力子间产生瞬时的半位耦合(全位耦合)作用 f_{ds}，致使环链半径变大(变小)，从而对两电力源产生一个沿电力环半径向外(向内)的瞬时作用 f_{ds0}。此作用在沿两电力源连线方向上的分量，即为两源产生的电斥力(电引力) f_{dr}。

我们暂把两环电力子间的瞬时耦合作用 f_{ds} 作为常量，那么，对电力源产生的一个沿电力环半径向外(或向内)的瞬时作用即为

$$f_{ds0} = 2f_{ds}\sin\theta$$
$$= 2f_{ds} \cdot l^* / (2R_d)$$
$$= l^* / R_d \cdot f_{ds} \tag{3-5}$$

若只就两个电力环耦合所产生的作用效果来看，A、B 两电力源核在弧线上离得越远，则它们在 AB 弦线方向上获得的作用分量越大，即 f_{dr} 越大。当两电力源核处在同一径线两端时，则它们获得的 f_{dr} 最大。反之，A、B 两电力源核在弧线上离得越近，它们在 AB 弦线方向上获得的作用分量则越小，即 f_{dr} 越小。

可以得出，两单个电力环一次瞬时耦合，两电力源核在 AB 弦线方向上所获

得的作用分量为

$$f_{dr} = f_{dso}\sin\beta$$
$$= l^*/R_d \cdot f_{ds} \cdot r/(2R_d)$$
$$= l^* r/(2R_d^2) \cdot f_{ds} \quad (3-6)$$

其中，r 为 A、B 两电力源核间的距离；R_d 为电力环链的半径；l^* 为环链上电力子之间的距离；f_{ds} 为环链耦合时，电力子间产生的瞬时耦合作用。

电力子(引力源，亦可称库子)质量要比引力环上的质元质量大 20 个数量级以上，电力环半径比引力环半径要小 10 个数量级左右。因而，电力源单环之间的耦合作用强度自然要比引力源单环间的耦合作用强度大几十个数量级。

二、多源电力场宏观效应

前面，我们讨论了单个电力源间一次瞬时耦合所产生的电力作用，其效果与巨量电力源产生的宏观场效应大不相同。

为方便理解，我们以"点电荷电力场"之间的相互作用为例进行分析。如图 3-5 所示。

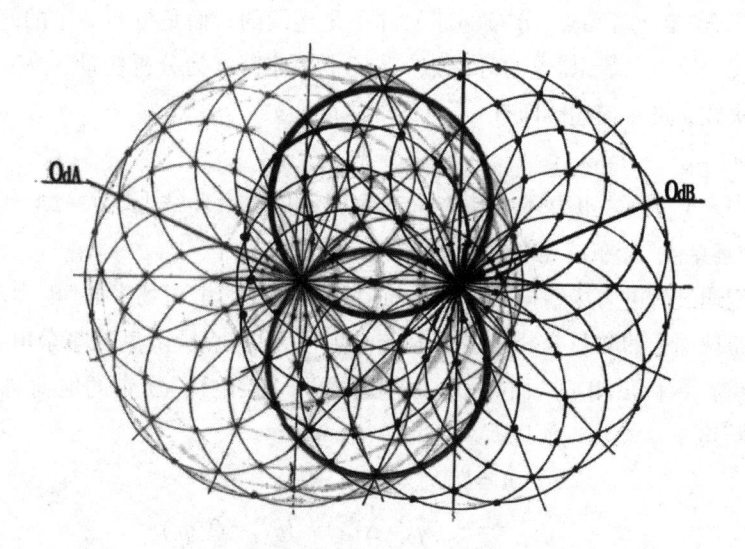

图 3-5　点电荷电力场相互作用分析图

图中，为便于区别，我们将结构完全一样的两个电力场分别用红色与黑色标出。以 O_{dA}、O_{dB} 分别代表红色电场与黑色电场的中心，并互置于对方场中。弧线 $\overparen{O_{dA}O_{dB}}$ 是作用场中完全重合的电力环的一部分。由"点电荷电力场"的球对称性可知，弧线 $\overparen{O_{dA}O_{dB}}$ 对称分布在以 $O_{dA}O_{dB}$ 连线为中心轴的旋转曲面上。

(一)单电力源与"点电荷电力场"的作用

从前面的分析中我们已经知道，两单个电力环一次瞬时耦合，在两电力源核连线方向上所获得的电力分量为

$$f_{dr} = l^* r/(2R_d^2) \cdot f_{ds}$$

而在单个电力源与"点电荷电力场"的相互作用中，单个电力环在单位时间内，与场中的电力环会发生 n 次的瞬时耦合。若将单个电力源在"点电荷电力场"中受到的电作用力记为 f_d'，则有

$$\begin{aligned} f_d' &= nf_{dr} \\ &= nl^* r/(2R_d^2) \cdot f_{ds} \end{aligned} \quad (3-7)$$

在上一节中，我们通过对电力场结构的分析知道，"电力环结点"在电力场中的分布情况是"电力场强"的重要参量。在电力场中，单电力源核处于"电力环结点"密度越大的地方，电力环发生耦合的概率即会越大，电力环耦合的次数即越多，n 值即越大。所以有

$$n = k_{dj}\rho_{dj} \quad (3-8)$$

式中，ρ_{dj} 为"电力环结点"密度，k_{dj} 为比例系数。

由于有"电力环结点"分布的球面并不是连续的，而是按照一定的间隔规律重复出现，所以只能以"电力环结点"在场中的体密度为分析变量，来对电力环耦合的次数 n 进行描述。即有

$$n = k_{dj}\rho_{dj} = k_{dj}N_{dj}/\Delta V \quad (3-9)$$

式中，N_{dj} 表示"电力环结点"分布层面上的"电力环结点"数；ΔV 代表两相邻"电力环结点"分布层之间的空间体积。

我们通过对电力场结构的分析还知道，"点电荷"电力场中的"电力环结点"在各分布球面上的数目是相等的，且与"点电荷"核心所聚集的净余电力源数，即"元电荷"数目正相关。而"元电荷"数目等于"点电荷"所带的电荷总量 Q 与"元电荷"电量 q_0 之比。所以有

$$\begin{aligned} n &= k_{dj}N_{dj}/\Delta V \\ &= k_{dj}Qq_0^{-1}/\Delta V \end{aligned} \quad (N_{dj} = Q/q_0) \quad (3-10)$$

将式(3-10)式代入式(3-7)，并整理得

$$\begin{aligned} f_d' &= nf_{dr} \\ &= nl^* r/(2R_d^2) \cdot f_{ds} \\ &= k_{dj}Qq_0^{-1}/\Delta V \cdot l^* r/(2R_d^2) \cdot f_{ds} \\ &= k_{dj}l^* rQ/(2R_d^2 q_0 \Delta V) \cdot f_{ds} \end{aligned} \quad (3-11)$$

(二)"点电荷电力场"间的相互作用

式(3-11)只是单电力源在"点电荷电力场"中所获电力的一个过渡表达式,而"点电荷电力场"之间的相互作用所产生的电力应为

$$f_d = N_d f_d' \tag{3-12}$$

其中,N_d代表替换单电力源的"点电荷电力场"所具有的净电力源个数,即"元电荷"的个数,并有

$$N_d = q/q_0 \tag{3-13}$$

式中,q代表替换上的"点电荷"所具有的电荷总量,q_0为"元电荷"的电量。将式(3-11)、(3-13)代入式(3-12)得

$$\begin{aligned} f_d &= N_d f_d' \\ &= q/q_0 \cdot k_{dj} l^* rQ/(2R_d^2 q_0 \Delta V) \cdot f_{ds} \\ &= k_{dj} l^* Qqr/(2R_d^2 q_0^2 \Delta V) \cdot f_{ds} \end{aligned} \tag{3-14}$$

为方便分析,我们可将上式稍加整理,得

$$f_d = k_{dj} l^* f_{ds}/(2R_d^2 q_0^2) \cdot Qqr/\Delta V \tag{3-15}$$

式(3-15)等号右边的前半部分,均为比例系数或物理常量,可暂以 K' 代之,$K' = k_{dj} l^* f_{ds}/(2R_d^2 q_0^2)$。则有

$$f_d = K' Qqr/\Delta V \tag{3-16}$$

在式(3-16)中,K'是一个综合物理常量,Q、q分别代表两"点电荷"所带的电量,r表示两"点粒子"间的距离。式中 ΔV 代表两相邻"电力环结点"球面分布层之间的空间体积,并且有

$$\Delta V = 4/3 \cdot \pi [(r+\Delta r)^3 - r^3] \tag{3-17}$$

将式(3-17)代入式(3-16)得

$$\begin{aligned} f_d &= K' Qqr/\Delta V \\ &= K' Qqr/\{4/3 \cdot \pi [(r+\Delta r)^3 - r^3]\} \\ &= 3/(4\pi) \cdot K' Qq/\{r^2 [(1+\Delta r/r)^3 - 1]\} \end{aligned} \tag{3-18}$$

如图3-6所示。

从图中可以看出:"电力环结点"分布于以"点电荷"为中心的球面层上,并且,离"点电荷电力场"中心越远,相邻"电力环结点"球面层间的距离会越小。即有

$$r = 2R_d \sin\theta \tag{3-19}$$

$$\Delta r = 2R_d \cos\theta \Delta\theta \tag{3-20}$$

式(3-20)中,Δr表示离场源中心r处的两相邻"电力环结点"球面层之间的

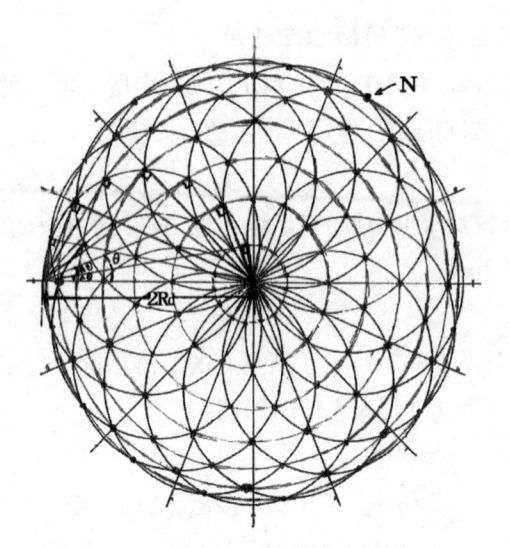

图 3-6 "电力环结点"分布规律解析图

距离；R_d 表示电力环的半径（等于"点电荷电力场"的二分之一半径）；$\Delta\theta$ 在图中表示与 Δr 边相对的夹角，其大小等于"电力微分角" θ_{dv} 的一半，是一极小量。θ_{dv} 在点电荷电量不变的情况下为一定值。

当 $\theta < \Delta\theta$ 时，即 $r < R_d \theta_{dv}$ 时，有

$$\Delta V = V_2 - V_1$$
$$= 4/3 \cdot \pi r^3 - 0 = 4/3 \cdot \pi r^3 \tag{3-21}$$

将式(3-21)代入式(3-16)得

$$f_d = K'Qqr/\Delta V$$
$$= 3/(4\pi) \cdot K'Qq/r^2$$
$$= KQq/r^2 \tag{3-22}$$

其中

$$K = 3K'/(4\pi)$$
$$= 3k_{dj}l^* f_{ds}/(8\pi R_d^2 q_0^2) \tag{3-23}$$

(三)库仑定律全域关系表示式及变化曲线图

式(3-22)

$$f_d = KQq/r^2$$

是库仑定律的非矢量形式的数学表达式，其适用范围是 $r < R_d \theta_{dv}$。R_d 与 θ_{dv} 均是待确定的常量。

当 $\theta \geq \Delta\theta$ 时，$\Delta\theta$ 为一定值。则有

<<< 作用篇 论"基本相互作用"的循序进变

$$\Delta r = 2R_d\cos\theta \cdot \Delta\theta = R_d\cos\theta \cdot \theta_{dv} \tag{3-24}$$

对"点电荷电力场"而言，在点电荷电量不变的情况下，θ_{dv}是个恒量。

将式(3-19)、(3-24)代入式(3-18)得

$$\begin{aligned}
f_d &= 3/(4\pi) \cdot K'Qq/\{r^2[(1+\Delta r/r)^3-1]\} \\
&= 3/(4\pi) \cdot K'Qq/\{4R_d^2\sin^2\theta[(1+\cot\theta \cdot \theta_{dv}/2)^3-1]\} \\
&= 3/(16\pi R_d^2) \cdot K'Qq/\{\sin^2\theta[(1+\cot\theta \cdot \theta_{dv}/2)^3-1]\} \\
&= K_\theta Qq/\{\sin^2\theta[(1+\cot\theta \cdot \theta_{dv}/2)^3-1]\}
\end{aligned} \tag{3-25}$$

其中

$$\begin{aligned}
K_\theta &= 3K'/(16\pi R_d^2) \\
&= 3k_{dj}a^*f_s/(32\pi R_d^4 q_0^2)
\end{aligned} \tag{3-26}$$

若将式(3-25)以自变量 r 的形式呈现出来，则有

$$\begin{aligned}
f_d &= 3/(4\pi) \cdot K'Qq/\{r^2[(1+\Delta r/r)^3-1]\} \\
&= 3/(4\pi) \cdot K'Qq/\{r^2[1+(4R_d^2/r^2-1)1/2 \cdot \theta_{dv}/2]^3 - r^2\} \\
&= KQq/\{r^2[1+(4R_d^2/r^2-1)^{1/2} \cdot \theta_{dv}/2]^3 - r^2\}
\end{aligned} \tag{3-27}$$

其中

$$\begin{aligned}
K &= 3K'/(4\pi) \\
&= 3k_{dj}a^*f_s/(8\pi R_d^2 q_0^2)
\end{aligned} \tag{3-28}$$

式(3-27)的适用范围是 $R_d\theta_{dv} \leqslant r < 2R_d$。

式(3-22)与式(3-27)，是"点电荷电力场"的全域作用表达式。我们根据式(3-22)、(3-25)及式(3-27)，可作出电力与距离的全场域关系变化示意图，即"f_d-r 关系变化示意图"(如图3-7所示)，及其辅图"f_d-θ 关系变化示意图"(如图3-8所示)。

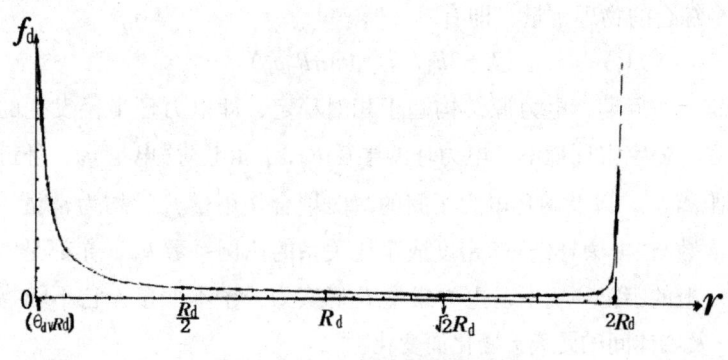

图 3-7 f_d-r 关系变化示意图

图3-8 f_d-θ 关系变化示意图

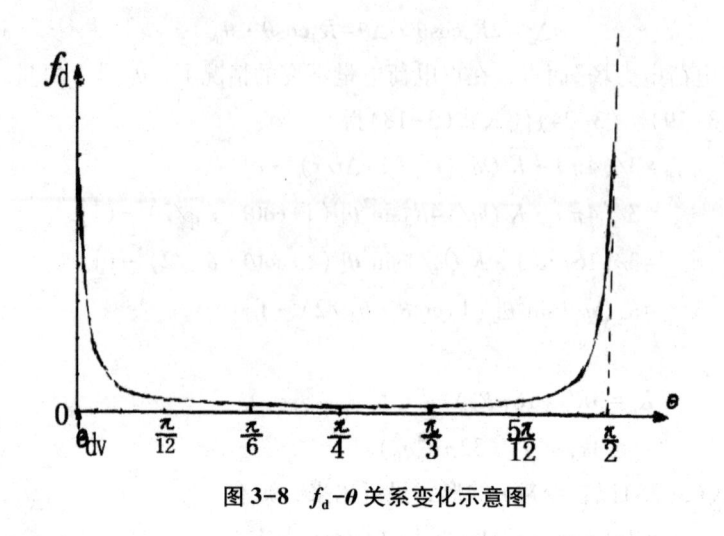

三、电力常量

库仑定律公式

$$f_d = KQq/r^2$$

亦是一个经验性公式,式中的电力常量 K 由实验确定。然而,对于电力常量 K 的物理意义,人类还在不断地探索。

本论在前面已经初步介绍了电力场的结构,对单源电力环及多源电力场的作用机制做了初步的分析,并导出了宏观场全域电力公式(3-22)及(3-27)。在式(3-22)

$$f_d = KQq/r^2$$

中,K 是个综合的物理常量,即有

$$K = 3k_{dj}l^* f_{ds}/(8\pi R_d^2 q_0^2)$$

在宇宙暴胀后期,电力源结构趋于相对稳定,即电力环半径发生的变化微乎其微。在这种宇宙环境下,电力环的半径 R_d,"元电荷"电量 q_0,环链上电力子之间的距离 l^*,以及两环电力子间的瞬时耦合作用量 f_{ds},均为常量。还有电力环耦合次数与"电力环结点"密度成正比关系的比例系数 k_{dj},亦都是常量。所以说,在一般的宇宙环境下,电力常量 K 确实为一个不变量,它不随物体所带电荷 Q、q 及物体间的距离 r 变化而变化。

然而,在宇宙暴胀的初期,"电力常量"K 并非常量。从"电力常量"表达式

$$K = 3k_{dj}l^* f_{ds}/(8\pi R_d^2 q_0^2)$$

中可以看出：k_{dj}、l^*、f_{ds}虽仍为物理常量，不随宇宙暴胀而变，但电力环半径R_d会随宇宙暴胀而变大。而"元电荷"q_0的变化，则要与物体所带的总电荷Q及q连在一起分析，才能看清其变化本质。

我们须将电力公式(3-22)全部展开，只有这样才能获得对电力常量K的全面认识。即有

$$\begin{aligned}f_d &= KQq/r^2 \\ &= 3k_{dj}l^*f_{ds}/(8\pi R_d^2 q_0^2) \cdot Qq/r^2 \\ &= 3k_{dj}l^*f_{ds}/(8\pi R_d^2 q_0^2) \cdot N_{dj}q_0 N_d q_0/r^2 \\ &= 3k_{dj}l^*f_{ds}/(8\pi R_d^2 q_0^2) \cdot N_{dj}N_d q_0^2/r^2 \\ &= 3k_{dj}l^*f_{ds}/(8\pi R_d^2) \cdot N_{dj}N_d/r^2 \end{aligned} \qquad (3-29)$$

其中，N_{dj}表示电力环结点分布层面上的"电力环结点"数，与点粒子所含的"元电荷"数相等，即有$Q=N_{dj}q_0$；N_d代表相互作用的另一个点粒子所含的"元电荷"数，即有$q=N_d q_0$。

从式(3-29)中可以看出，电力常量K的变化只与电力环的半径R_d有关，而与"元电荷"q_0是否变化无关。即是说，只要电力环半径变大，电力常量K即会不断减小。

目前，电力常量K的变化究竟处在什么阶段？是在持续变小，还是保持相对稳定？我们尚不得知。

电力常量是电场力在宇宙不同膨胀时期强弱表现的关键参量。电力常量越大，电力越强，电力常量越小，电力越弱。电力环直径($2R_d$)是电力场的半径，电力场半径的倒数为电力场的曲率。因此说：电力环半径越小，电力场的曲率则越大，电力常量亦越大，电力更强。反之，电力环半径越大，电力场的曲率则越小，电力常量亦越小，电力更弱。

第三节　磁力场

一、磁场的本质

（一）"洛伦兹力"是打开磁力迷宫大门的关键钥匙

人们从发现大自然的磁现象，到建立研究磁现象的模型——"磁场"，所形成的一套磁学理论，只是我们对磁现象的一种表观诠释。如人们在做研究"磁场

方向"的实验时，将"小磁针"置于磁体周围的某空间点上，"小磁针"受到磁力的作用，待"小磁针"稳定后，其北极所指的方向被定义为该点的磁场方向。"小磁针"亦是磁体，用磁体与磁体之间的作用定义磁场的性质，只是一种表象研究，揭示不了磁场的物理本质。经典正统的电磁理论在一定程度上揭示了磁现象的电本质，但在磁场与电场之间仍然没能建起一个微观机理比较明确的转换模型。

我们知道，无论是从宏观角度分析验证，还是在微观层面追根溯源，得知一切磁现象皆是源于电荷的运动、电场的变化及电场间的相互作用。如电子的自旋产生微观状态下的磁矩，大量旋向一致的分子电流使物质材料显现磁性，用通电线圈制造的人控磁体，发电机、电动机的工作原理，等等。电与磁之间存在着千丝万缕的联系，在一定条件下互依互存、互激互变。磁与电之间究竟存在着怎样的联系？本论认为，"洛伦兹力"应该是打开磁力迷宫大门的一把关键钥匙。

（二）"洛伦兹力"的微观动力机制

"洛伦兹力"既是磁现象的本质内涵，亦是磁力作用的重要表征。人类在探寻产生"洛伦兹力"微观机制的过程中，有科学家提出"磁是电的相对论效应"观点，并采用一定的数学方法对其进行变换、推导求证。笔者认为，磁场不是由电荷简单的相对运动即能形成，"洛伦兹力"亦不是由电荷之间的直接作用即能产生。例如，两带电粒子在同一条直线上相对运动，它们之间产生不了"洛伦兹力"效应。

"洛伦兹力"不是一种简单的力学现象，它是电场之间产生的一种动变作用效应。产生洛伦兹力的微观机制可简化为两种形式：一种是带电运动粒子与稳态非球性对称电场发生的作用，另一种是带电粒子与动变非球性对称电场发生的作用。请注意：带电粒子的"运动"，是指电荷与非球形对称电场之间的"相对运动"。

恒压直流通电导体周围的电场是稳态非球性对称电场，如图 3-9 所示。

此图是恒压直流通电导体周围的电场沿导体轴线方向的切面示意图。

正电荷绕心旋转，所产生的是动变非球性对称电场，如图 3-10 所示。

图中 v_{+e} 表示正电荷绕心运转的速度。

以上两种非球性对称电场模式，均属于二次曲线分布类型。当带电粒子在二次曲线分布型电场中从一个场点近似直线运动到相邻的另一个场点时，带电粒子所受电场力的方向即会发生相应的改变。这个改变量可正交分解到两个方向：一个是沿带电粒子运动的方向，另一个是与带电粒子运动垂直的方向。根

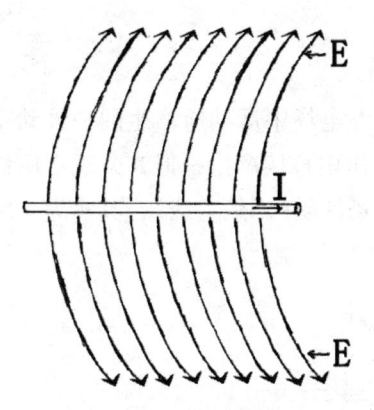

图 3-9 稳态非球性对称电场分布示意图

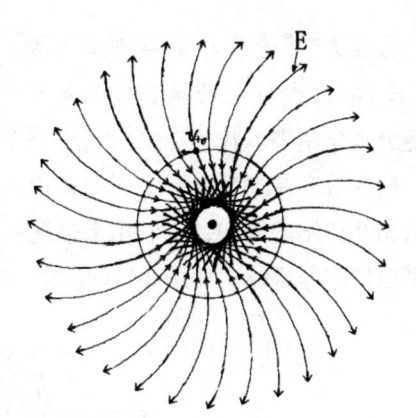

图 3-10 动变非球性对称电场分布示意图

据二次曲线型电场分布的特点分析可知，在此类电场中运动的带电粒子，沿直线方向得不到连续的加速作用，但在与带电粒子运动垂直的方向上，却始终存有一个场矢改变量。这个场矢改变量即为带电粒子受到的所谓"洛伦兹力"的微观动力源。此力的大小与带电粒子的电荷量、运动速度及电场的强度成正比，其方向改变规律与"左手定则"判定相符。

如图 3-11 所示。

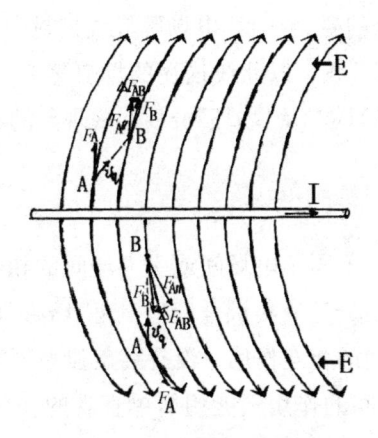

图 3-11 洛伦兹力产生示意图

图中的 v_q 表示带正电粒子的运动速度，F_A 表示带正电粒子在恒压直流通电导体周围电场 A 点所受的电场力，F_B 表示带正电粒子在恒压直流通电导体周围电场 B 点所受的电场力，$F_{A//}$ 表示 F_A 的平移矢量，ΔF_{AB} 表示带正电粒子从电场 A 点运动到电场 B 点时产生的一个场矢改变量。ΔF_{AB} 在垂直于带电粒子运动方向上的分量为"洛伦兹力"的微观动力源。

(三)磁力线与电场等势线的关系

磁力现象是带电粒子在二次曲线分布型电场中运动所产生的一种动变力学效应。这种效应在宏观上看来不是由电力作用直接产生，但其微观本质仍属电场间的相互作用。例如，人们用来描述磁场性质的"磁力线"，其实为二次曲线分布型电场的等势线。如图 3-12 所示。

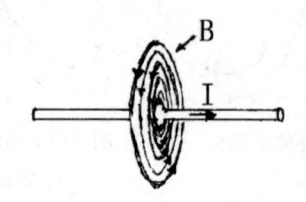

图 3-12　磁力线与电场等势线关系图

此图为恒压直流通电导体周围电场一个断面的部分电位等势线所对应的磁力线。

带电粒子沿磁场的磁力线运动，实为沿电场的等势线运动。带电粒子沿电场的等势线运动，由于没有电势差，所以产生不了"洛伦兹力效应"。若要使带电粒子在运动中不断地得到电势差，则带电粒子必须不断地"切割"(或称跨越)该型电场的等势线(磁场的磁力线)。电场等势线是封闭曲线，以此曲线构建的磁力线自然是"有旋无源"线，以此线描述的场自然亦是"有旋无源"场，即磁场。磁场没有实际的"场源核"及"场环"介质，磁现象的本质实为电现象。

二、磁场间的作用

磁场间的相互作用，不同于电场间或引力场间的相互作用。电场或引力场间的相互作用，靠的是"场环"直接耦合发生，两"场源"间的作用力与反作用力相互对称依存。而磁场间的相互作用，没有真正独立的"场源"，亦没有相应的"磁力环"直接耦合，之间的作用不能用简单直观的作用力与反作用力模型去示解。

如图 3-13 所示。

图中，两平行直导线通有同向的直流电，通电导线之间发生引力作用(若两平行直导线电流方向相反，则两导线之间发生斥力作用)，这种作用是"洛伦兹力"的宏观叠加效应，人们称其为"安培力"。"安培力"并非两通电直导线周围的"磁场"直接交合而产生，而是两通电直导线产生的"磁场"(实为非球性对称

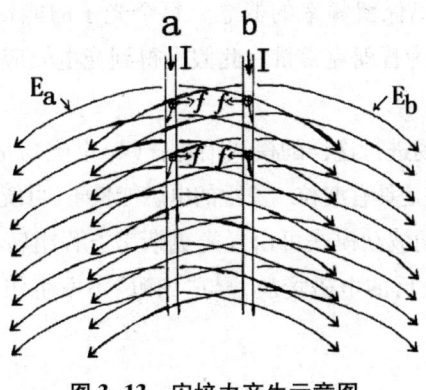

图 3-13　安培力产生示意图

电场)分别对进入其中的运动电荷产生的"洛伦兹力"。所以说,"安培力"亦不能用简单直观的作用力与反作用力模型去示解。

总之,"磁力"不是基本作用力,它只是电力场间相互作用的一种特殊表现形式,是电场力的一种自然扩展与演进。

第四节　电磁场

一、近代电磁理论下的电磁场模式

麦克斯韦电磁理论认为：(1)变化的电场激发涡旋磁场,变化的磁场激发涡旋电场；(2)动变的"电磁场源",在一定的条件下可产生与向外发射电磁能量,并形成电磁辐射场；(3)"电磁场源"向外辐射的电磁能量以波的形式传播,且在真空中的传播速率为光速；(4)电磁波是横波,电磁波的电矢量 E 与磁矢量 B 相互垂直,且均与传播方向垂直；(5)电磁波的电矢量 E 与磁矢量 B 同相位,且电矢量 E 与磁矢量 B 的幅值成正比。

近代电磁理论与大量的实验事实还告诉我们：自然界所有的电磁辐射均以波的形式传递能量,不同的电磁能量对应着不同的电磁波长。现已得出的电磁波谱覆盖了无线电波、热辐射、可见光、紫外线及其他各种高能射线。亦即是说,可见光是电磁波,可见光以外的各种频率的电磁辐射均是电磁波。

1905 年,爱因斯坦在普朗克能量子概念的基础上提出光子假设：当光与物质相互作用时,其光能不是连续分布的,而是集中在一些叫作光子(或光量子)

的粒子上，但这光子仍保留频率的概念，每个光子的能量与光的频率成正比，即有 $E=h\nu$。式中，h 为普朗克常量。此假设得到光电效应与康普顿效应两个著名实验的有力支持。

我们亦可对电磁场进行这样的模式描述：(1)电磁场是辐射场，有"场源"；(2)电磁场的"场质"，是具有波粒二象性的电磁能量子(可统称为光量子)；(3)频率一定的电磁波，空间波动模式可由经麦克斯韦方程组转化的亥姆霍兹波动方程确定；(4)辐射出去后的电磁场质，与"场源"不发生作用，电磁场质之间亦不发生相互作用。

二、电磁场的属性归类及作用机制

笔者认为：从本质上讲，电磁场不同于前面已经论述过的引力场及电力场模式，亦不同于后面将要谈到的强力场。引力场、电力场及强力场皆为定域的保守力场。它们的场介质(场环)与场核(场源中心)，通过物质的"属性作用"及"属性运动"构建出了不同层次的作用场，它们均为基本作用场。基本作用场只能转化能量的形式，但不能传递转移能量。而所谓的"电磁场"则是一种非定域性的"弥散场"，并非基本作用场，它是宇宙在演化过程中形成的一种开放的，并伴有物质转移的能量传递场。

开放的、非定域性的电磁场，其微观作用机制不同于保守力场。保守力场间的相互作用是通过场环间的瞬时耦合而实现的，其作用速度近乎(或可看作是)"超距作用"。而电磁场则是通过辐射的电磁能量子(光量子)传递能、动量，其作用速度限定于"光速"。接收电磁能量的物体与"电磁场源"之间不发生直接的作用，即不能像保守力场间发生作用时那样，严格遵循作用与反作用定律(牛顿第三定律)。物体在接收电磁能量子(光量子)时，与之发生直接的电力作用，有的还发生直接的物质"属性作用"，但这些作用均遵循作用与反作用定律。

三、电磁能量子——光子

电磁场是有别于引力场、电力场及强力场等基本作用场的另类。若要真正弄清电磁场的物理本质，关键还在认清电磁能量子(以下简称光子)本身。

(一)光子的经典物理性质

到目前为止，人类还没有能力从实验上来解析光子的内部结构，只能根据光子的一些表象得到部分物理性质。权威理论认为：光子是电磁能量子，是物质间传递能、动量的一种媒介粒子，是目前人们已探知到的最基本物质；光子是中性粒子，不带净电荷，但具有交变的电磁场；光子在与物质发生作用时，显粒子性，在传播过程中显波动性，光子具波粒二象性；光子的静止质量为零，光子的能量与其波动的频率成正比；光在真空中的传播速率为常量 c (c = 299792458 米/秒)。

然而，人们对光子的这些物理特性尚充满着许多疑惑。如光子既然是中性粒子，不带电，怎么又会产生电磁场？光子的波粒二象性究竟是一幅怎样的统一物理图景？光子的静质量究竟为不为零？等等。对光子这些物理特性的疑惑，我们只能求解于光子的内部结构。

(二) 光子结构模式初探

宇宙暴胀初期，单个的电力源相对于宇宙物理背景还具有很大的运动速度，电力源在宇宙物质团的强聚作用下，以"电偶对"为基元快速结环、聚团。宇宙物质团的温度与聚合力由高到低、由强变弱，"电偶对"在此期间交合结环、聚团，先后产生出不同的物质结构。如强力源、电轻子、中微子、光子等。

光子实为一个电偶环结构，且电偶环的角动量方向与环的质心运动方向相互垂直。如图 3-14 所示。

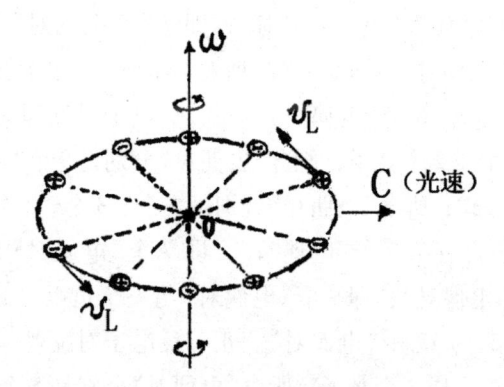

图 3-14 光子电偶环结构示意图

光子的电偶环半径，由构成光子的"电偶对"的多少决定，即由光子质量的大小决定。构成光子的"电偶对"越多，光子的质量越大，其内部的属性聚合作用即越强，光子电偶环半径则越小。反之，构成光子的"电偶对"越少，光子的质量越小，其内部的属性聚合作用即越弱，光子电偶环半径则越大。或说，光波频率越高的，光子的电偶环半径越小，光波频率越低的，光子的电偶环半径越大。(关于此段的进一步解释，请见后面相关章节)

光子同其他基本粒子一样，是宇宙物质进变的一种自然产物，是一种稳定的物质结构。光子结构的稳定得益于电偶环的一种特殊的组成机制，即构成光子电偶环的"电偶对"数目必须是奇数(表示为2n+1，n为正整数)。不然，所形成的电偶环即不能同时满足"环直径两端正、负电力源相偶合，环周上正、负电力源间隔链合"双重有利于结构稳定的条件。(如图3-14所示)

构成光子电偶环的"电偶对"数目必须是奇数(表示为2n+1，n为正整数)的这种内构机制，决定了光子的"奇性能态"(量子力学叫"奇性宇称")性质。它是"原子在发射或吸收光子时，能级的跃迁只能发生在奇性与偶性能态之间"的直接原因。

光子的"奇性能态"性质还表现在正、负电子对撞产生的光子数目上。在相关实验中，有正、负电子湮灭产生2个或多于2个光子实验结果的，亦有正、负电子湮灭产生3个或多于3个光子的实验结果。本论认为，其实验结果决定于对撞的正、负电子所含有的"电偶对"数目总和。即当构成正、负电子的"电偶对"相加为偶数时，所放出的光子数≥2个；当构成正、负电子的"电偶对"相加为奇数时，所放出的光子数≥3个。(本论设定：正电子由n个"电偶对"与一个正电力源组成，电子由n个"电偶对"与一个负电力源组成。关于电子结构的详细论述请见后面相关章节)

上述实验结果可用一组简化的数字(实际数字非常大)来帮助说明。

(1)假设正电子含有7.5个"电偶对"，即7个"电偶对"与一个正电力源；设电子含有8.5个"电偶对"，即8个"电偶对"与一个负电力源。正、负电子所含"电偶对"合在一起为16个"电偶对"。正、负电子对撞湮灭后，根据光子的"奇性能态"性质可生成2个光子，所含"电偶对"分别是9个与7个(还可以有产生4个光子的分配方式，所含"电偶对"分别是3个、3个、3个与7个)。

(2)假设正电子含有7.5个"电偶对"，即7个"电偶对"与一个正电力源；设电子含有9.5个"电偶对"，即9个"电偶对"与一个负电力源。正、负电子所含"电偶对"合在一起为17个"电偶对"。正、负电子对撞湮灭后，根据光子的"奇性能态"性质至少生成3个光子，所含"电偶对"分别是5个、5个与7个(还可以有另一种分配方式，即所含"电偶对"分别是7个、7个与3个)。

光子虽由"电偶对"结环而成，对外不显电性，但由于"光子的角动量方向与其质心运动方向垂直"等因素，使光子电偶环的电场平衡被打破，从而产生出伴随光子直线运动的交变电磁场。对于光的能量、质量、波粒二象性、普朗克常量及量子纠缠等问题，笔者将在后面有关章节进行专门讨论。

第四章

强力作用

第一节 强力源的初构模式

本论于前一章已经提到,在宇宙暴胀初期,单个的电力源相对于宇宙物理背景还具有很大的质心运动速度,电力源在宇宙物质团的强聚作用下,以"电偶对"为基元,继续结环、聚团,并产生出第三层次的场源结构——强力源。

强力源的物理形成过程同引力源、电力源的形成有相似之处,但在形成的时期、条件及结构等方面又有很大区别。强力源与引力源、电力源相比共同之处:均有场源核心及场环介质,均属保守作用场源。强力源与引力源、电力源相比不同之处:引力的场源与场环均是由同一物质——质元组成,电力的场源与场环均是由同一物质——引力源(电力子)组成,而强力的场源与场环则是由正、负两类电力源间隔链合组成。如4-1图所示。

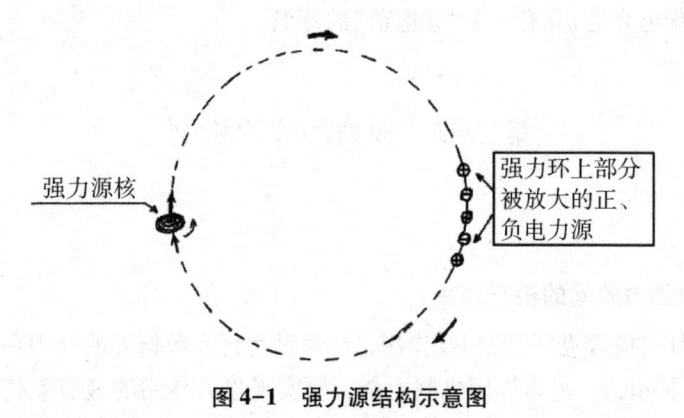

图 4-1 强力源结构示意图

强力源是人们正在探索的一种核子亚结构物质。强力源的源核,对应着"标准模型理论"中称之为"夸克"的物质结构;强力环上的强力子,对应着"标准模

41

型理论"中称之为"胶子"的物质结构。

强力源是由四类电力源按照一定的组合规则构成的。构建强力源的四类电力源分别是"正电左旋电力源""正电右旋电力源""负电左旋电力源""负电右旋电力源"。虽说这四类电力源在构成强力源时在数学组合形式上有 8 种，但其在实际中只可能有两种形式的组合产生。其一即是由"正电左旋电力源"与"负电左旋电力源"交合的环链；其二即是由"正电右旋电力源"与"负电右旋电力源"交合的环链；而其他六种形式的交合，如"正电右旋电力源"与"正电右旋电力源"，"负电右旋电力源"与"负电右旋电力源"，"正电左旋电力源"与"正电左旋电力源"，"负电左旋电力源"与"负电左旋电力源"，"正电右旋电力源"与"负电左旋电力源"，"正电左旋电力源"与"负电右旋电力源"等，皆因"电性同种相斥"或"电力源核手性方向相反"而无法实现。这表明：强力源有且只有两类不同性质的场质(此场质与标准模型理论中的胶子相对应)存在。

电力源在形成强力源核时，亦会像引力源核、电力源核形成时那样，产生左旋进动与右旋进动两种模式。不仅如此，它还形成了带有三种不同电性的源核结构。这三种不同电性的源核结构：核内含有一个"破偶"的正电力源，核内含有一个"破偶"的负电力源，核内不含"破偶"的电力源。笔者要特别强调的是，电力源"破偶"不是特指某一个固定的电力源，它是相对于源核所含的整个正、负电力源的代数和而言之。

一个"破偶"电力源即相当于一个"元电荷"。"元电荷"在强力源的源核中绕角动量轴旋转的速度是迅疾的，其产生的电场范域是所带电力环在空间的一种动态扫掠分布，它等效于一定强度的"静态电力场"。此"静态电力场"是带电强力源(或说带电夸克)具有一个"元电荷"的标识。

第二节　强力的作用机制

一、单强力源间的相互作用

强力源(对应夸克)间的相互作用，是通过运行在源核外的强力环瞬时耦合而实现的。同引力、电力作用机制类似，要实现强力作用的最有效传递，相耦合的两强力环亦必须满足三个条件：

(1)两强力环完全重合；

(2)两强力环运转相对静止；

<<< 作用篇　论"基本相互作用"的循序进变

(3) 两强力环上的强力子自旋(电力源自旋)同相。

强力的作用媒介强力子(电力源)，较电力的作用媒介电力子(引力源)，不仅在质量上要大很多数量级，其内禀自旋的组合亦更加复杂。场介质从"电力子"进变到"强力子"时，其自旋耦合相位再次发生变化，导致像电力场中电力子自旋反相的"半位耦合"不再形成，即不会有类比于电斥力那样的"强斥力"发生。

在能发生作用的两强力源之间，两环发生的是"全位耦合"。两环"全位耦合"时，半径瞬时缩小，从而对两源核产生一个沿环链半径向内的瞬时作用。此作用在两源核连线方向上的分量，即为强引力。强力相互作用实质上是以强力环的瞬时交合为"桥梁"，来实现源核的内禀自旋速度与其质心运动速度之间的转换，其微观的物理机制类似于万有引力作用与电力作用。如图 4-2 所示。

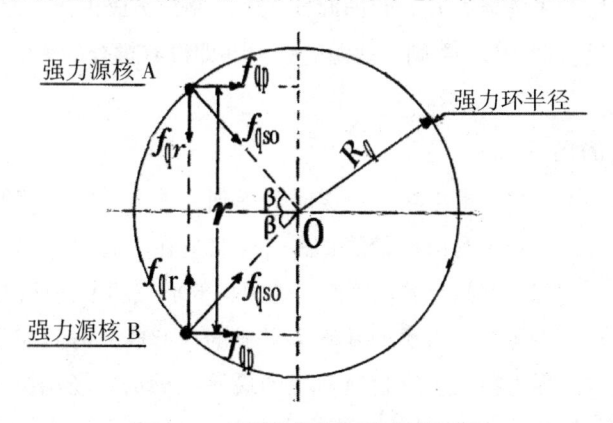

图 4-2　单强力源相互作用分析图

图中，A、B 分别代表两强力源核，两源核所带的强力环完全重合。重合的两环产生瞬时的"全位耦合"作用，我们将它表示为 f_{qs}。此作用使强力环收缩，并对两源核产生一个沿强力环半径向内的瞬时作用，我们将它表示为 f_{qso}。从图中可以看出，f_{qso} 在沿两源核连线方向上的分量，即为两强力源产生的强力，表示为 f_{qr}。

我们仍可把两强力环上强力子之间的瞬时耦合作用 f_{qs} 当作常量。那么，对两源核产生的沿强力环半径向内的瞬时作用可表示为

$$\begin{aligned} f_{qso} &= 2f_{qs}\sin\theta \\ &= 2f_{qs} \cdot d^*/(2R_q) \\ &= d^*/R_q \cdot f_{qs} \end{aligned} \quad (4\text{-}1)$$

式中，d^* 表示强力环上两强力子之间的距离，是个常量；R_q 表示强力环的

43

半径，亦可看作常量。进而可以得出，两单个强力环一次瞬时耦合，两强力源核在 AB 弦线方向上所获得的作用分量为

$$\begin{aligned}f_{qr} &= f_{qso}\sin\beta \\ &= d^*/R_q \cdot f_{qs} \cdot r/(2R_q) \\ &= d^*r/(2R_q^2) \cdot f_{qs}\end{aligned} \quad (4-2)$$

其中，r 为 A、B 两强力源核间的距离。

从图 4-2 与式(4-2)中可以看出：两强力环耦合，A、B 两源核在弧线上离得越远，则它们在 AB 弦线方向上获得的作用分量越大，即 f_{qr} 越大。当两强力源核处在同一径线两端时，则它们获得的 f_{qr} 最大。反之，A、B 两强力源核在弧线上离得越近，它们在 AB 弦线方向上获得的作用分量越小，即 f_{qr} 越小。总之，两强力源相互作用产生的强力 f_{qr}，与两源核之间的距离 r 成正比。然而，r 不能大于强力环的直径，即 $2R_q$，否则，两源的强力环即没有耦合的可能。

二、强力的场

我们在论述引力场、电力场的形成时曾提到，单个的"力源"是形成不了宏观作用场的，宏观作用场是由巨量的、高密度聚集在一起的"力源"所带的介质环共同构成的一种球形空间范围。然而，强力场的形成却不是这样的。

强力源是在引力源、电力源的基础上形成的，形成的时间应是在宇宙暴胀初始的稍晚时刻。强力源是宇宙物质演变的最后一种保守场源结构，其亚结构物质"强力子"（电力源）相对宇宙物理背景的速度已较质元、电力子小了很多很多，加之强力子质量远远大于质元质量及电力子质量，因而导致强力环的半径远远小于引力环、电力环的半径。

依据相关数据估算，引力环的直径（引力场半径）应在 10^{20} 米的量级以上，电力环的直径（电力场半径）应在 10^8 米的量级以上，强力环的直径（强力场半径）应小于 10^{-14} 米的量级。然而，强力源核的半径已增大至 10^{-18} 米附近（与电子半径相近），与强力环的半径（小于 10^{-14} 米）相比亦不是非常悬殊了。强力源已不可能再像引力源或电力源那样，能巨量地、高密度地聚集在一几何点上，并由其所带的介质环构成一种较为密集的球形场域空间。

强力的场不是由巨量的强力环"编织"而成，它的场空间里没有强力环形成的"强力结"，它只是一个由单强力环高速随机扫掠而形成的一种"云"场。强力场没有像引力场、电力场那样的宏观叠加效应，单强力源之间的作用机制实质上即是强力场之间的作用机制。

第三节 强力源的组合

一、强力的分类

我们在前面曾经谈道,当电力源形成之后,正、负电力源又迅速以"电偶对"的形式结环、聚团,直至形成强力源(或称夸克)。强力源是由四种类型的电力源按照一定的组合规则构成的。构建强力源的四类电力源分别是"正电左旋电力源""正电右旋电力源""负电左旋电力源""负电右旋电力源"。这四类电力源在进行自由组合时,只有两种形式的环链组合能够实现。其一即是由"正电左旋电力源"与"负电左旋电力源"交合的环链,其二则是由"正电右旋电力源"与"负电右旋电力源"交合的环链。而其他六种形式的组合,皆因"电性同种相斥"或"电力源核手性方向相反"而无法实现。不言而喻,这两种不同类型的环链,标志着强力源有两类不同性质的场质(此场质与标准模型理论中的胶子相对应)。

巨量的"电偶对"在聚团形成强力源时,不仅产生了左旋进动与右旋进动两类组合模式,还形成了三种不同形式的源核结构。这三种源核结构:源核中存有一个"破偶"的正电力源,源核中存有一个"破偶"的负电力源,源核中不存在"破偶"的电力源。

我们把"源核中存有一个破偶正电力源"的强力源称为"正电强力源",把"源核中存有一个破偶负电力源"的强力源称为"负电强力源",把"源核中不存在破偶电力源"的强力源称为"中性强力源"。"正电强力源"带一个单位正电荷,"负电强力源"带一个单位负电荷,"中性强力源"不带电荷。对这三种强力源来说,不管是带电荷还是不带电荷,运转在其源核外的强力环均不会显电性。因为,环链上的正、负电力源均是间隔链合,对外总呈电中和状态。

为了方便对强力源组合的分析与表述,本论将各种强力源按照一定的规则进行标注、编制。我们以"Q"代表强力源,以"Q^+""Q^-""Q^0"分别代表正强力源、负强力源及中性强力源。我们将强力源源核的"两类"自旋模式及质量的"代"称,用字母"Q"的右下角标数字来表示。若以"Q"右下角标的前一位数字表示强力源核质量的"代"称,后一位数字表示强力源核的"自旋态",则有"Q_{11}""Q_{12}""Q_{21}""Q_{22}""Q_{31}""Q_{32}"六种表示。这6种符号分别表示"1代左旋强力源""1代右旋强力源""2代左旋强力源""2代右旋强力源""3代左旋强力源"

"3代右旋强力源"。若再将源核的三种不同电性的结构编制在一起，即得到"Q_{11}^+""Q_{12}^+""Q_{11}^-""Q_{12}^-""Q_{11}^0""Q_{12}^0""Q_{21}^+""Q_{22}^+""Q_{21}^-""Q_{22}^-""Q_{21}^0""Q_{22}^0""Q_{31}^+""Q_{32}^+""Q_{31}^-""Q_{32}^-""Q_{31}^0""Q_{32}^0"等18种形式的表示。这18种符号分别表示"1代左旋正强力源""1代右旋正强力源""1代左旋负强力源""1代右旋负强力源""1代左旋中性强力源""1代右旋中性强力源""2代左旋正强力源""2代右旋正强力源""2代左旋负强力源""2代右旋负强力源""2代左旋中性强力源""2代右旋中性强力源""3代左旋正强力源""3代右旋正强力源""3代左旋负强力源""3代右旋负强力源""3代左旋中性强力源""3代右旋中性强力源"。

然而，这18种符号还不能够完整地描述强力源的物理性质，因为它漏掉了对强力源两种不同性质场环的分类。我们若以AQ表示由"正电右旋电力源"与"负电右旋电力源"交合的环链构成的强力源，以BQ表示由"正电左旋电力源"与"负电左旋电力源"交合的环链构成的强力源，则强力源即有36种类型（包括正、反类型）。截至目前，人类所发现的各类"重子"与"介子"，均可由这36种强力源按照一定的方式组合而成。

二、强力源的组合

本论提出的"强力源模型"，参考了"标准模型"理论关于夸克结构的部分观点，如夸克的"三元重子"及"二元介子"结构，还有对源核质量"三代"分级的做法。然而，"强力源模型"与"夸克模型"相比，又有其本质上的区别。

(1)"夸克模型"以"六味""三色"及"正反对称"为模型骨架，创设了36种形式的夸克结构。而"强力源模型"则是以"三种荷电模式""两类自旋手征""两类场环"及"三代质量划分"为模块，建立了36种形式的强力源结构。

(2)"夸克模型"中，设定夸克的荷电量值有四个，即+2/3e、-1/3e、+1/3e、-2/3e，均为分数电荷。而强力源的荷电量值只有+e、0、-e三个，均为整数。

(3)夸克间的作用形式与强力源间的作用形式不同。夸克间的强力作用是通过交换胶子来实现的，而强力源间的强力作用则是通过"单环强力场"的耦合获得的。

若单从构成物质粒子这个意义上讲，36种形式的强力源与36种形式的夸克相比，其功能完全是等效的。因为，36种形式的强力源同样能像36种形式的夸克那样，依据自然法则构建出自然界中所有的重子及介子（统称为强子）。如表4-1所示。

表 4-1 部分粒子(反粒子)的夸克组合与强力源组合对比

	强子	夸克组合	强力源组合
重子	质子 p	$u\ u\ d$	$Q_{11}^+ Q_{12}^+ Q_{11}^-$
	反质子 $\bar{p}$	$\bar{u}\ \bar{u}\ \bar{d}$	$Q_{11}^- Q_{12}^- Q_{12}^+$
	中子 n	$u\ d\ d$	$Q_{12}^+ Q_{11}^- Q_{12}^0$
	反中子 $\bar{n}$	$\bar{u}\ \bar{d}\ \bar{d}$	$Q_{12}^+ Q_{12}^- Q_{11}^0$
	Λ^{++}	$u\ u\ u$	$Q_{11}^+ Q_{12}^+ Q_{11}^0$
	Λ^-	$d\ d\ d$	$Q_{11}^- Q_{11}^+ Q_{12}^0$
	Ω^-	$s\ s\ s$	$Q_{21}^- Q_{21}^0 Q_{22}^0$
	Σ^{*+}	$u\ u\ s$	$Q_{11}^+ Q_{12}^+ Q_{21}^-$
	Σ^{*-}	$d\ d\ s$	$Q_{11}^- Q_{12}^- Q_{21}^-$
	Σ^{*0}	$u\ d\ s$	$Q_{11}^+ Q_{12}^- Q_{21}^0$
介子	π^0	$u\ \bar{u}\quad d\ \bar{d}$	$Q_{11}^+ Q_{12}^-\quad Q_{12}^+ Q_{11}^-$
	π^+	$u\ \bar{d}$	$Q_{11}^+ Q_{12}^0$
	π^-	$d\ \bar{u}$	$Q_{11}^- Q_{12}^0$
	K^0	$d\ \bar{s}$	$Q_{11}^- Q_{22}^+$
	K^+	$u\ \bar{s}$	$Q_{11}^+ Q_{22}^0$
	K^-	$s\ \bar{u}$	$Q_{11}^- Q_{22}^0$
	$\bar{K}^0$	$s\ \bar{d}$	$Q_{12}^+ Q_{21}^-$

第四节 强力的几个基本特性

我们从前面对强力源结构的论述可知,强力源是宇宙四个"基本相互作用"中最晚形成的一种作用场源。强力环与强力源核的半径之比,已不像电力源、引力源场环与其源核半径相比那样特别悬殊;强力子与强力源核的质量之比,亦不像电力源、引力源那样相差巨大。强力所具的"短程性""渐近自由性""禁闭性""饱和性"及"电荷无关性"等特性,均由强力源的特殊结构所致。

一、强力的短程性

强力的"短程性",是由强力环的微小性所决定的。根据相关实验的数据分析,强力环的直径应小于 10^{-14} 米,而由强力环形成的强力场,其半径亦应小于 10^{-14} 米。即是说,两强力源之间的作用距离不能超过 10^{-14} 米,否则,两源间的强力环即不会发生耦合,强力亦不会产生。而引力环的半径在 10^{20} 米级以上,电力环的半径亦在 10^{8} 米级以上,强力场相比于引力环、电力环所产生的场半径而言,太过悬殊。强力确属"短程性"作用力。

二、强力的渐近自由性

我们从前面的论述中已经知道:强力的场不是由巨量的强力环"编织"而成,在它的场空间里没有强力环形成的"强力结",它只是一个由单强力环高速随机扫掠而形成的一种"云"场。

强力场没有像引力场、电力场那样的宏观叠加效应,单强力源之间的作用机制实质上是强力场之间的作用机制。"强力的大小与两源核之间的距离成正比",这是单场源之间的作用规律,亦是强力源"渐近自由"特性的物理机制。其数学表述如式(4-2)

$$f_{qr} = d^{*} r / (2R_q^2) \cdot f_{qs}$$

将上式稍加整理,即得

$$f_{qr} = d^{*} f_{qs} / (2R_q^2) \cdot r$$
$$= k_q \cdot r \quad (r \leqslant 2R_q) \quad (4-3)$$

其中,$k_q = d^{*} f_{qs} / (2R_q^2)$ 为一物理综合常量。当两核源之间的距离 r 趋近于零时,强力亦趋近于零。这是强力"渐近自由性"的数学表达。

三、强力的禁闭性

本论所讲的"强力禁闭性"与夸克理论中的"色禁闭",描述的是强力的同一种物理性质。然而,"强力源模型"与"夸克模型"对这一物理性质的解释却大有不同。(对夸克的"色禁闭"理论的介绍略)

强力的"禁闭性",是由强力源本身的特殊结构及强力源间的组合功能所成就,它是强力的作用规律在自然界的正常表现。强力的"禁闭性"表现在以下几方面。

第一,强力源在自然界不存在单质形式。

物理诠释——强力源同引力源、电力源一样,均是"保守场源"结构,亦是所在物质层次的结构基元，它们在自然界中均不存有单质形式。强力环像强力源核伸在空间的一只强力"触手"，能很好地保证强力源以非单质的形式存在。在自然界很难发现强力源的单质存在形式，还有个很重要的原因：除了正、反强力源相互作用发生湮灭外，若要把强力源从强力的强耦合中分离出来，亦必须付出"高能"的代价，而这些"高能"的付出恰好被用在了强力源新组合的物质转换上。

第二，强力源双耦合（相当于正、反夸克的"介子"组合），瞬时耦合强度大，但对周围无强力作用。

物理诠释——强力源双耦合，即两强力源单环交合。两强力环交合产生的强引力，其大小由式（4-3）

$$f_{qr} = d^* f_{qs}/(2R_q^2) \cdot r$$
$$= k_q \cdot r \quad (r \leqslant 2R_q)$$

给出。由于两强力环是一对一的交合，所以在两环交合时间内，它们不会与周围其他的强力源发生强力作用。

第三，强力源三耦合（对应于三夸克的"重子"组合）构成一个动态势垒空间。此"空间"由三强力源的强力环动态扫掠，所扫区域为一球对称空域，笔者将此空域称为"动态势垒球"。

"动态势垒球"球面，实为三源核的"强力禁闭"面。因为在"球面"内，强力源间的作用力与其之间的距离成正比，即间距越近强力越弱，间距越远强力越大；当强力源的间距与强力环的直径相等时，所产生的强力达到最大值；当强力源的间距大于强力环的直径时，强力源间的耦合失效，强力为零。

物理诠释，如图 4-3 所示。

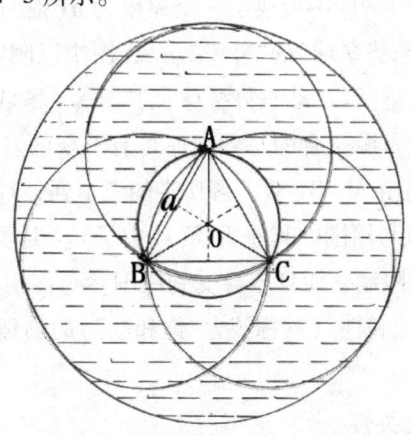

图 4-3 动态势垒球示意图

图中，A、B、C 三点表示组成"重子"的三个强力源核，分别处在一个边长为 a 的正三角形的三个顶点上。正三角形的边长等于强力环的直径，正三角形的外心为"动态势垒球"的球心。"动态势垒球"的半径即是"重子"(如质子、中子等)的半径，其大小等于强力环直径 a 的 $\sqrt{3}/3$ 倍。

三源核所带的强力环高速扫掠，随机交合，所产生的强引力将 A、B、C 三源核牢牢地控制在"动态势垒球"内。"动态势垒球"球面是三源核之间产生最大强力的界面，即三源核的"强力禁闭"面，亦是夸克理论中所言的"色禁闭"面。强力源三耦合产生的"动态势垒球"效应，是宇宙物质演进的"辉煌成果"之一，它如同"定海神针"般地维系着粒子世界的基本稳定。

四、强力的饱和性

强力的"饱和性"，是强相互作用在"重子"构成原子核时所表现出来的又一种物理特性。原子物理理论将此特性称为核力的"饱和性"。

强力"饱和性"的形成机制，仍可借助图 4-3 来予以说明：

设图中的 A、B、C 三点为构成质子(或中子)的三个强力源。图中正三角形的边长 a(强力环直径)，为三个强力源在"动态势垒球"中分隔的最远距离，亦是它们之间能产生最大强力的距离。即是说，强力源 A、B、C 它们均不会出现在"动态势垒球"的球面外。

若以 A、B、C 三点为圆心，以正三角形的边长 a(强力环直径)为半径画圆，即可得出三强力源组合的场域平面图。我们从图 4-3 中可以看出，由 A、B、C 三源所带强力环扫掠的空间，不仅构成了一个"动态势垒球"场域，而且还在"动态势垒球"(质子或中子)的周围形成了一个厚度为 a(强力环直径)的场域空间。这个空间可称作是"动态势垒球"的"外晕"场域(图中以阴影线标出)，它是原子核核子之间发生作用的空间。"动态势垒球"的"外晕"场域，不仅有额定的空间尺度，而且对与外界强力源交合的总频次亦是有上限的。因为，"动态势垒球"及其"外晕"场域，均是由 A、B、C 三源所带的三个强力环扫掠而形成的。亦即是说，在质子(或中子)与周围的其他质子(或中子)发生强相互作用时，其作用效果不仅要受到距离的限制，而且还会受到周围参与作用的质子(或中子)个数的影响。这即是强力"饱和性"(或称核力"饱和性")的物理形成机制。

五、强力的电荷无关性

强力(或称核力)的电荷无关性，在原子物理学中即指质子与质子、质子与中子、中子与中子之间的强相互作用，不受质子或中子是否带电的影响。

　　强力的电荷无关性，对"强力源模型"来说是一个正常的规律表现。我们从前面"强力源的初构模式"及"强力的作用机制"的论述中可以了解到，强力源之间的相互作用是通过强力环的耦合来实现的。而无论是带正电的强力源，还是带负电的强力源，还是不带电的强力源，它们所带的强力环均是一样的结构，即均是由正、负电力源间隔链合而成的环链。强力环对外不显电性，强力环之间的耦合靠的是环链上强力子（电力源，对应夸克理论中的"胶子"）之间的"属性作用"，与电磁作用无关。

第五章

弱相互作用及轻子结构

第一节 弱相互作用的主流理论观点

弱相互作用的主流理论观点认为：弱相互作用是自然界的四种基本相互作用之一，按照相互作用的强度排列，它在强相互作用与电磁作用之后，居于第三位，简称为弱作用。弱相互作用会影响所有费米子，即所有自旋为半奇数的粒子，次原子粒子的放射性衰变即是由它引起的。

在粒子物理学的标准模型中，弱作用的理论指出，它是由 W^+、W^- 及 Z_0 玻色子的交换（发射与吸收）所引起的。因为弱力是由玻色子的发射（或吸收）所造成的，所以它是一种非接触力。

弱相互作用有如下几项特点：一是唯一能够改变夸克味道的相互作用；二是唯一能令宇称不守恒的相互作用；三是由具有质量的规范玻色子所介导的相互作用；四是作用距离最短的相互作用。

最早观察到的弱作用现象是原子核的 β 衰变。后来又观察到介子、重子与轻子通过弱作用的衰变及中微子的散射等弱作用过程。弱作用的力程在四个基本作用中最短，在低能过程中可以近似地看作是参与弱作用过程的粒子在同一点的作用。

第二节 关于弱相互作用本质的讨论

对主流的弱相互作用理论观点，本论持有不同的看法。本论认为：所谓的弱相互作用，是人们依据电磁辐射理论而仿建的一种作用模式。弱作用同电磁辐射作用一样，它们均不属于定域、保守的基本作用。人们所描述的电磁辐射作用及弱作用，均只是相互作用体通过发射或吸收中介物质而改变其自身结构或运动状态的一种现象。

为什么电磁辐射场与弱作用场均不能算基本作用场？究其原因，还得从"交换力"这个物理概念说起。"交换力"是量子场论提出的一种基本作用模式，意指相互作用的物体，通过相互交换（发射与吸收）某种具有一定场规范对称性的特殊物质（称载力子），而获得的一种作用力。由此，"交换力"作用模式便成了人们构建各种基本相互作用理论的模具。

"标准模型理论"把电力（库仑力）作用与电磁辐射作用牵强地合并在一起，统称为电磁相互作用。该理论把光子作为电磁辐射作用的载力子，把与光子相联系的所谓"虚光子"设为电力（库仑力）作用的载力子。以此类比，强力作用的载力子即是"胶子"，弱力作用的载粒子即是"W^+、W^-、Z_0"粒子。并推定万有引力作用的载力子即是"引力子"。其实，"W^+、W^-、Z_0"粒子只是强力源内部因物质的属性作用力与维持物质高速自旋所需的向心力失衡，而辐射出的一些暂稳态组合粒子。

本论认为，"交换力"作用模式是一个没有物理根基的作用理论，它的物理机制模糊不清。尤其是相互作用的物体与交换的"载力子"之间，在发射及吸收的两个作用端究竟发生了怎样的作用过程？我们不清楚。不过，在发射及接纳"载力子"的两端，无论是发生什么性质的力的作用，亦不论这种力是相吸还是相斥，所获得的作用结果只有一个，即发射与吸收载力子的物体只会背离而去（可能伴随有物质内部结构的重组），而绝无可能相向而行。这即是说，"交换力"不可能产生吸引作用。其中的道理很简单，即一切力学运动的结果，均不可能违背自然界的"动量守恒定律"。

另外，因"交换力"作用模式对"载力子"设定了最大的传递速度（光速），从而亦破坏了"作用力与反作用力"关系的自然规则。(1)作用力与反作用力大小相等、方向相反，而且沿同一直线；(2)作用力与反作用力总是相互依存，同生同灭；(3)作用力与反作用力分别作用在不同物体上，虽然它们大小相等、方向相反，但不能互相抵消；(4)作用力与反作用力属于同一种类的力。

总之，人们目前所描述的弱相互作用同电磁辐射作用一样，均不是基本的相互作用，它们皆是某些基本相互作用过程的外在表象。一切发生在超短距离（小于10^{-18}米）的作用，不是所谓的弱相互作用，而是物质的"属性作用"。物质的"属性作用"虽是超短距作用，但它的作用范围亦会随粒子质量的增大而有所外扩，耦合强度亦有所变大。物质的"属性作用"是构建引力作用、电力作用及强力作用的根基，是万力之源。万有引力作用、电力作用、强力作用，均是宇宙物质循序进变的产物，是自然界真正的基本相互作用。而所谓的弱相互作用、电磁辐射作用以及磁力作用，它们皆只是由真正的基本相互作用衍生而出的一些动变、复合型的另类作用。

第三节　标准模型的轻子理论观点

"标准模型"理论认为：轻子是不直接参与强相互作用的费米子，但它们参与弱力作用与引力作用。带电轻子还参与电磁作用。它们的共同特点是自旋量子数为二分之一，以此与介子、光子相区别。已经发现的轻子有电子、缪子、陶子三种带一个负基本电荷的粒子，分别以 e、μ、τ 表示。以及它们分别对应的电中微子、缪中微子、陶中微子三种不带电的中微子，并分别以 ν_e、ν_μ、ν_τ 表示。加上以上六种粒子各自的反粒子，共计 12 种轻子。至今实验上没有发现轻子有任何结构，通常被认为是自然界最基本的粒子之一。

以上观点虽然均是经过实验考证了的科学结论，但对"轻子没有任何结构，通常被认为是自然界最基本的粒子之一"这种看法，笔者有歧义。尽管目前在科学实验上还没能测定出轻子有什么内部组成，但不代表它真的没有任何的内部结构。本论认为，轻子应是由强力源到光子这条变化链上的成员，它们属于同一层级的粒子，它们均拥有同样的亚结构物质——正、负电力源。

第四节　对轻子结构及部分物理性质的再探讨

一、轻子结构

我们在前面的章节里曾经提道：宇宙暴胀初期，单个的电力源相对宇宙物理背景仍具有很大的运动速度。电力源在宇宙物质团的高温与强聚作用下，以"电偶对"为基元，继续快速结环、聚团，于不同的宇宙环境下相继产生出了不同的物质结构。

随着宇宙暴胀的继续，宇宙物质团所具的温度与聚合力急剧下降，形成"强力源"的条件已不再维持。来不及形成强力源的电偶对，受结环"耦合角"不同及电偶对是否"破偶"等因素的影响，又派生出了三种类型的物质组合。这三类组合分别如下。一、中微子电偶环结构。此类电偶环的角动量方向与环的质心运动方向在同一直线上。二、光量子电偶环结构。此类电偶环的角动量方向与环的质心运动方向相互垂直。三、电轻子"亚核"结构。此"亚核"是由电偶环"破偶"聚团而形成(如电子、缪子、陶子及它们的反粒子)。

我们可以通过图 5-1 来进一步了解"电偶对"与基本粒子的关系。

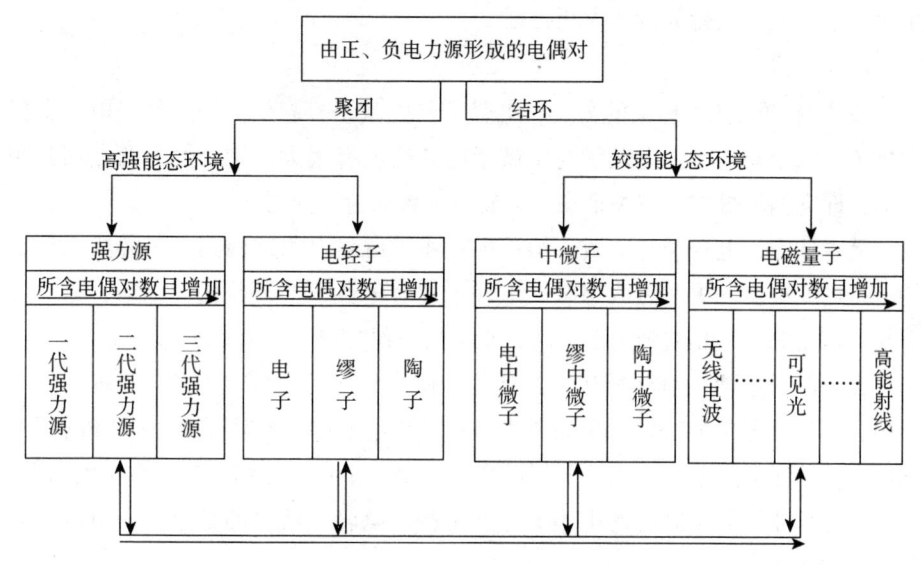

```
                    由正、负电力源形成的电偶对
                         聚团      结环
              高强能态环境              较弱能态环境
        ┌──────┬──────┐      ┌──────┬──────┐
        │强力源│电轻子│      │中微子│电磁量子│
        │所含电偶对数目增加│  │所含电偶对数目增加│
        │一│二│三│电│缪│陶│电│缪│陶│无│可│高│
        │代│代│代│子│子│子│中│中│中│线│见│能│
        │强│强│强│ │ │ │微│微│微│电│光│射│
        │力│力│力│ │ │ │子│子│子│波│ │线│
        │源│源│源│ │ │ │ │ │ │ │ │ │
```

图 5-1 "电偶对"与基本粒子关系图

图中的单箭头连线表示:在宇宙暴胀的较早期,电力源形成后接着以"电偶对"为基元,于不同的宇宙环境下结环、聚团,并相继产生出了强力源、电轻子、中微子及光子等基本粒子的构式;图中的互逆箭头连线表示:强力源、电轻子、中微子及光子等基本粒子,在后来的不同的局域作用条件下,发生的各种互逆、交叉关联过程。譬如,中微子有的可能是直接由宇宙暴胀时期产生的电偶对结环而成,有的可能是由高能光子在与强力源、电轻子的作用中产生,还有可能是在强力源、电轻子等粒子的衰变、重组及湮灭过程中产生。

二、轻子的部分物理性质

按照"标准模型"理论的划分,轻子应包含中微子与电轻子两大类物质。

(一)中微子

中微子虽是轻子类物质的一种,但它的结构与光子的结构却有些相近,因为,它们均是以 2n+1 个"电偶对"间隔链合的形式结成电偶环。所不同的是,中微子的自旋角动量方向与其质心运动方向在同一轴线上,而光子的自旋角动量

55

方向与其质心运动方向却相互垂直。中微子与光子的这个区别，是由"电偶对"在结环初始的"耦合角"不同所致。即中微子电偶环是由正、负电力源质心运动矢量在异面空间内配对、结环而成；光子电偶环是由正、负电力源质心运动矢量在同一平面内配对、结环而成。正是这个看起来好像不太大的区别，却导致了中微子与光子的行为特征大相径庭。

（二）电轻子

按照"标准模型"理论的分类，电轻子与中微子一起构成轻子族。电轻子包含电子、缪子及陶子。电轻子与中微子的结构虽有很大区别，但有两点却是相同的，即它们均显左、右手征态，自旋量子数均为二分之一。

笔者认为，电轻子与中微子均是微观物质由强力源结构到光子环状无核结构这条进变链上的中间过渡组合。电轻子相对中微子的环状构式而言，是一种有核致密结构，但相对强力源而言，则又是一种"亚核"无环（强力环）结构。

在电轻子这种"亚核"结构中，有且只有一个"破偶"的电力源。例如，在电子中，有且只有一个"破偶"的负电力源；在正电子中，有且只有一个"破偶"的正电力源。在电轻子中，无论"破偶"净余的是一个正电力源还是一个负电力源，此电力源均非指某个固定的电力源，而是相对电轻子所含的整个正、负电力源的代数和而言。

表 5-1 光子、中微子、电轻子行为特征对照

粒子名称	光量子	中微子	电轻子
行为特征对照	不带电，但具有周期性交变的电磁场	不带电，不具有交变的电磁场	带一个单位的正电荷或负电荷。有相对运动即有相对的交变电磁场产生
	具有"波粒二象性"及"偏振性"	不具"波粒二象性"与"偏振性"	有相对运动，即有"波粒二象性"产生
	受物质属性作用、引力作用及电磁力作用	只受物质属性作用与引力作用	受物质属性作用、引力作用及电磁力作用
	不显左、右手征态，正、反物质态归一	显左、右手征态。左手旋代表中微子，右手旋代表反中微子。同代粒子的左、右手征态互为正、反物质态	正、负电轻子各有左、右两个手征态（各有两个自旋态）。同代正、负电轻子互为正、反粒子

电轻子中的"破偶"电力源,所表征的即是一个"元电荷"的存在。"元电荷"在亚核中绕角动量轴旋转的速度是迅疾的,其产生的电场范域是"元电荷"所带电力环在空间的一种动态扫掠,它等效于一定强度的"静态电力场"。

这里要特别指出:"破偶"电力源是电轻子(还有强力源)聚核并维持核结构稳定的关键因素。

篇尾结语:

1. 质素的"属性作用"是本论的"三个基本假定"之一,是宇宙物理背景的天然之作。质素的"属性作用"是微弱的且超短距的,其作用距离应小于 10^{-18} 米。然而,质素的"属性作用"却是宇宙万"力"之源及宇宙万物能够发生关联的本原媒介。亦正是因为有了这种"媒介",宇宙的进变才能"积渺小以至苍宇,聚微弱以达洪荒"。

2. 我们的宇宙共有四种基本相互作用,即质素属性作用、引力相互作用、电力相互作用、强力相互作用。这四种相互作用是应着宇宙暴胀的时序演进而产生的:属性作用乃宇宙物理背景赋予本原物质——质素的基元性质。质素属性作用存在于宇宙"奇点"形成之前,它是一种超短距的"属性耦合",乃万"力"之源。引力相互作用形成于宇宙暴胀之始。"引力源"属第一物质层级的作用场源,它由质素进变而来。电力相互作用的产生紧随于引力相互作用形成之后。"电力源"属第二物质层级的作用场源,它由"引力源"进变而来。强力相互作用产生于电力相互作用之后。"强力源"属第三物质层级的作用场源,它是由"电力源"进变而来。至于现代物理学所说的"弱相互作用",它只是质素"属性作用"的一种叠加放大效应,它并无对应的"场源"存在。

3. 引力作用场、电力作用场、强力作用场均为定域的保守作用场。引力场的作用媒介是引力源所带的"引力环",其环的直径为引力场的半径,引力场半径不小于10万光年;电力场的作用媒介是电力源所带的"电力环",其环的直径为电力场的半径,电力场半径不大于1光年;强力场的作用媒介是强力源所带的"强力环",其环的直径为强力场的半径,强力场半径不大于 10^{-14} 米。

4. 牛顿第三定律对作用力与反作用力的描述,完全符合"基本相互作用"的物理特性。即相互作用的两物体之间,作用力和反作用力总是大小相等,方向相反,且在同一条直线上。作用的双方互为作用方与反作用方,地位对等,互依互存。

5. 基本相互作用具有"超距"作用性质,即作用与反作用发生的"同时性"。作用与反作用总是同时产生、同时消失、同时变化。

6. 本论提出的"场环耦合"作用模式，与量子力学理论提出的"交换力"作用模式不同。"场环耦合"不存在"交换载力子"过程，不需要力的传播时间。人们常说的"超距作用"，实为"引力作用""电力作用"及"强力作用"这三个基本作用的根本特性，亦是"场环耦合"作用模式的机理所在。"场环耦合"模式的作用规律与"牛顿第三定律"的描述完全一致。

7. 在宇宙暴胀的始端，实际上并不存在什么"斥力"，有的只是质素的"属性耦合"与"属性运动"。宇宙的大暴胀及后续的演变，皆是在质素的"属性耦合"与"属性运动"这两大属性的双重制合下产生并进行的。"斥力"仅产生于同种电性的电力场交合之中。"斥力"是宇宙进变在质素"属性耦合"与"属性运动"双重属性的制合下，得到的又一个"杰作"。

02 质能篇

论质量与能量的关系

质量与能量的关系问题，是物理学的一个基本问题，亦是个尚未定论的历史问题。尤其是在爱因斯坦的质能关系式 $E=mc^2$ 问世之后，人们对质量与能量的关系愈觉神秘，从而便产生出了许多的遐想。

质量与能量之间究竟存在着一种怎样的关系？这是物理学的一个既基础又深邃的问题。我们只有在正确认识了物质及能量的本原真义之后，才有可能得到接近自然真相的答案。

第六章

物质及质量

第一节 物　　质

什么是物质？这是一个平常而神秘的话题。物质是我们生命、生活的基本组分，物质构成了人类，构成了自然界，构成了整个宇宙。物质对人类而言，是一个再普通不过的基本概念。然而，我们对物质的奥秘究竟了解多少呢？物质无限可分吗？物质能无中生有吗？物质的本原到底是什么？等等。物质的奥秘深不见底！

物质是什么？这是一个古老而永恒的话题。人类自古至今，不知有多少大贤圣德、学家哲人，倾毕生之心血，苦苦追寻宇寰万物之本原。从我国春秋时期伟大的思想家、哲学家、道家学派创始人老子，其一部《道德经》哲著精深地阐述了物质本原及其变化发展的基本规律，到古希腊大哲学家留基伯及其学生德谟克利特，他们共同完成的初始"原子论"，再到马克思主义哲学的"物质观"，还有爱因斯坦的"质能观"，直至现代最前沿的物理基础理论"弦论"，这些执着的追求，涉古今中外，跨上下几千年。然而，人类对这个问题至今亦没有得出满意的答案。人类还必须不断地求索，一步一步地向物质本原逼近。

本论不想对"物质"做什么新的定义。本论很赞赏马克思主义的物质观。马克思主义的物质观集中体现在列宁关于"物质"的经典定义中，即"物质是标志客观实在的哲学范畴，这种客观实在是人通过感知感觉的，它不依赖于我们的感觉而存在，为我们的感觉所复写、摄影、反映"。这一经典定义的基本思想：物质的根本特征是其"客观实在性"，"物质"这一范畴是对一切可以直接或间接从感知上感觉的实物的共同本质属性的抽象。物质的客观实在性，是人类在其生存与发展的这条历史长河中，得到的最直接、最基本的一种经验感受。

本论在作用篇的"三个基本假定"中，设立了物质的本原实在——质素。质素是最基本、最原始、没有内部结构的物质极限。然而，质素就真的没有任何形式的内部结构了吗？答案是否定的。如果质素真的没有任何形式的内部结构，那么它所具有的"恒定极速、方向惯性以及质素间超短距耦合作用"特性，就真的成了"上天"无任何缘由的恩赐。本论假定质素无内部结构，只是根据人类目前对宇宙的有限认知能力及质素在我们宇宙中的实在意义，而做出的一个相对性的极限平台假设。本论认为，质素的真实内部结构应与更宽泛、更广义的宇宙物理背景相融合，应由更深刻、更超出我们人类想象形式的客观实在所组成。关于对质素内部结构及基本属性的延伸探讨，本论将在探讨篇中进行。

总之，物质就是一种客观实在，即使把它分得再小、再细，它亦不会变成虚无。只是，随着人类对物质层次认识的不断加深，所探寻出的物质新特征、新内涵，与人们现有物质观的差异将会越来越大罢了。

第二节　质量及惯性

一、质量

"质量"的词义十分丰富。随着社会经济与科学技术的发展，"质量"的内涵在不断充实，外延亦在不断扩展。"质量"不仅是物理学中的概念，它亦用来表述事物的品质、档次、规范及标准。例如，"产品质量""工程质量""教育质量""生活质量""演出质量"等。

本论阐述的是"质量"的物理原义。"质量"，我们先把它从词义上还原完整，即"物质的数量"。而"物体质量"则是指"物体所含物质的数量"，或说"物体所含物质的多少"，这是物理学对"物体质量"下的经典定义。经典力学强调：质量是物体的一种基本属性，与物体的状态、形状、温度及所处空间位置变化无关。

在牛顿力学中，质量的概念是作为物体惯性的量度而提出的，严格地说，这不能算作对"质量"的定义。"质量是物体惯性的量度"，这只能表明质量与惯性之间存在着非常紧密的联系，或说质量与惯性之间存在着一种基本的对应关系，但不能作为质量概念的本原解释或定义。

二、惯性

惯性是我们非常熟悉的物理概念，它与我们的生产、生活息息相关，它是人们对自然界物质特性的经验认知。物体的惯性，有人把它比作物体的"惰性"。物理学常以"牛顿第一运动定律"作为对"惯性"的表述，将"牛顿第一运动定律"称为"惯性定律"。即"一切物体，在没有受到力的作用时，总保持静止或匀速直线运动状态"。亦可表述为"一切物体，在不受外力或所受合外力为零时，物体的运动状态保持不变"。

我们虽已掌握物体的惯性规律，并能熟练应用，但对物质惯性产生的机理尚不得知。人们只能笼统地作答："惯性是物质的基本属性。"的确，追寻惯性产生的原始机理绝非易事，即像追寻物质的起源那样，深不可测。即便如此，我们还是放不下那追寻"惯性起源"的梦想，期望能逐层揭开蒙在"惯性"上的神秘面纱。

物质的惯性，其宏观表现与微观特性是一致的吗？这个问题好像很少有人讨论过。本论的观点：不完全一致。

在物理学中，对物质惯性的宏观效应表述是，"一切物体，在不受外力或所受合外力为零时，物体的运动状态保持不变"。物体的运动状态包括物体运动速度的大小与方向。而本论假定的质素所具微观运动属性则表现：(1)在不受作用(指物质的属性耦合作用)或所受合作用为零时，质素的运动状态保持不变；(2)相对于其他各种形式的物质组合，质素的运动速率最大，且在任何条件下均保持不变。

这即是说，不论是宏观效应还是本原特性，物质在运动方向上的惯性表现均是一致的，但在运动速率上的惯性表现却不一样。因为，质素的运动速率是恒定不变的。

由此，我们不禁要问，物理学强调"惯性是物质的基本属性"，而一切物体又均是由基本物质组成的，那么，物质的本原运动特性与宏观运动表现，怎么会有如此的差异呢？问题出在哪里呢？笔者认为，其中的奥秘即在由质素进变的新层次物质结构上。

本论于"作用篇"中曾经谈道，在我们的宇宙中，由质素首先构成了第一层次的物质组合"引力源"(或叫引力荷)。然后，由"引力源"构成第二层次的物质组合正、负"电力源"(或叫电力荷，但不是正、负电子)。再由正、负"电力源"构成"强力源"(标准模型理论称夸克)、轻子、光子等第三层次的物质组合。最后，由第三层次的物质组合进行更复杂、更长时间的演变，构成我们现在所熟知的物质世界。第三层次的物质组合，是人类目前进行微观探测所能达到的极限。

质素的"恒定极速"，在各层次"场源"(如引力源、电力源、强力源)形成时，被逐步分解到各级"场源"的内禀自旋运动及质心运动上，且这两种运动的方向总是相互正交的。设定 V_j 代表质素的恒定极速，V_{fn} 代表物质系统的复合内禀自旋速度，V_{fz} 代表物质系统的质心运动速度。质素在宇宙物理背景中的恒极速度 V_j，总可以分解投影到 V_{fn} 与 V_{fz} 两个方向上。V_j 的大小是恒量，当物质系统的质心运动速率发生变化时，其内禀自旋速率会随之发生相反的变化。由此推知，物体宏观运动状态的改变与且只与质素运动方向的改变相关联，而与质素的运动速率无关。

因此说：物体的惯性是所含质素"属性运动"的宏观特征反映。或者说：惯性的本质即是质素的本原运动属性在"场源"的转换下，而表现出的一种宏观运动特性。（关于 V_j、V_{fn}、V_{fz} 三者之间的关系，本论将在后面相关章节给出更深层的论述）

第三节 质量的度量

对物体的质量如何量度，这是人类在生活实践中首先要解决的一个基本问题，亦是物理学不断求索创新的一个老课题。物体的质量即是指"物体所含物质的多少"，我们要测量物体的质量，即是要测定物体含有多少物质。问题是，物体是更小物质的组合体，而更小物质又是由更更小的物质组成，我们测物体的质量，究竟应以哪一层次的物质为本底单元呢？显然，把最底层的物质作为计量单元，量度才能最精准。

前面，本论已设定质素为物质的极限本原，我们可以把质素作为量化宇宙物质的本底单元。然而，质素毕竟是我们从理论极限上设定的客观实在，人类不可能对物体含有多少个质素进行直接测定。我们只能对质素所具特性的宏观反映效果进行比较，从而得出相对的量值。新层次物质组合的物理特性有很多，但能在宏观反映上与物体所含的全部质素建立线性对应关系的，只有物体的惯性与万有引力特性。物理学即是利用物质的这两种特性，构建出了两种度量物体质量的体系。

一、惯性质量

牛顿力学的实验表明，以同样大小的力作用到不同的物体上时，一般说来，它所获得的加速度是不同的。例如，用同样大小的力，给一辆载重车与一辆空车加速，空车获得的加速度比载重车获得的加速度大。这即说明，在外加力的作用下，物体获得的加速度不仅与力有关，而且还与物体本身的某种特性有关，这个特性即是惯性。在同样大小的力的作用下，空车获得的加速度大，即表明它维持原有运动状态的能力小，即惯性小；载重车获得的加速度小，即表明它维持原有运动状态的能力大，即惯性大。物体的惯性，是质素的"属性运动"在宏观层面上的反映，而加在物体上的力与所获加速度的比值，正是这种宏观效果的表征。

为了定量地描述物体惯性的大小，物理学引入了"质量"这一物理量，并以 m 表示。若令加在物体上的合外力为 F，物体所获加速度为 a，则有

$$m = \sum F/a \tag{6-1}$$

这是物体"质量"的数学表达式，我们把这种通过比较物体惯性大小的方法引入的质量，称为"惯性质量"。为了便于区分，我们将表示"惯性质量"的字母 m 改写为 $m_{惯}$。那么，这里引入的"惯性质量"$m_{惯}$，与物体"所含物质的多少"又是什么关系呢？

我们从"作用篇"中可以知道，自然界之所以会有牛顿第二定律描述的现象发生，皆是由引力源、电力源及强力源的"场源功能"（在下章节做专门介绍）所致。又因为引力源是宇宙万物的最基本组合元，所以，无论是强力源、电力源还是其他什么组合，最终均会分解至引力源。这即是说：引力源既是"惯性"显示宏观效应的最基本载体，亦是宇宙万物的最基本构件，所以有物体的"惯性质量"$m_{惯}$ 与所含引力源数目 n 成正比的关系。即

$$m_{惯} = \sum F/a = n m_y \tag{6-2}$$

其中，m_y 表示单个引力源的质量，为常量，是由一固定数目的质素组成。

"惯性质量"的引入，将人们对本原物质多少的度量，转化为对物体宏观信息的测定，为人类认识物质的本原特性，开启了一个"透视窗口"。

二、引力质量

本论在前面提到，新层次物质结构的物理性质有很多，但能在宏观反映上与物体所含的全部质素建立线性对应关系的，只有物质的惯性与万有引力特性。这即是说除了惯性，万有引力特性亦可作为测定物体质量的另一个"窗口"。

本论于作用篇中曾谈道：在宇宙大爆炸的前端，所有的本原物质质素，在某种宇宙背景条件的支持及质素本身的属性耦合作用下，超密地聚合在一起，形成我们的宇宙"奇点"。在宇宙"奇点"内，质素不断地向一起聚拢、收缩，没有"斥力"与之抗衡。然而，质素相对于宇宙物理背景的运动速率是恒定不变的。在宇宙"奇点"不断缩小的过程中，质素全部结构成了巨量的、质量相等、密度极大的物质团。这种物质团，是诞生引力源的"胚胎"，所有的质素均被组织在

了引力源的"胚胎"之中。当宇宙"奇点"收缩到某一极限值时，各物质团内的属性聚合力再也维持不住质素的极速旋转运动，物质团内封闭内敛式的自旋运动平衡终被打破。由此，引力源应运而生，并同时引发了我们的宇宙暴胀。

我们的宇宙，既可以说是由质素组成，亦可以说是由引力源构成，因为每个引力源均是由数量相等的质素构成。亦即是说，物体含有物质（质素）的多少，与所含引力源的多少是严格成正比的。

我们可以从对牛顿的万有引力公式式(2-22)

$$f=GMm/r^2$$

的推导过程中看出，M 与 m 分别代表发生引力相互作用的两个物体的质量，且有 $M=Nm_y$、$m=nm_y$。其中，m_y 代表单个引力源的质量，N 与 n 分别代表两个物体所含引力源的个数。为了便于与"惯性质量"的表示字母区分，我们将表示引力相互作用质量的字母 M 与 m，分别改写为 $M_{引}$ 与 $m_{引}$。

我们若选其中一个物体做质量测定，如质量为 $m_{引}$ 的物体，则有

$$m_{引}=f/(GM_{引}/r^2)$$

若令 $g=GM_{引}/r^2$，g 为物体 $M_{引}$ 产生的引力场强，则有

$$m_{引}=f/g \tag{6-3}$$

这是"引力质量"的数学表达式。进而，我们亦可得到物体的"引力质量" $m_{引}$ 与所含引力源数目 n 成正比的关系式

$$f/g=m_{引}=nm_y \tag{6-4}$$

三、惯性质量与引力质量的关系

惯性质量与引力质量的关系，是从牛顿力学到爱因斯坦相对论，直至现在，物理学均在不断考究的一个基本理论问题。

经典物理学认为，物体愈重，要改变它的运动状态愈难，即是说物体的引力质量愈大，其惯性质量亦愈大。许多非常精密的实验证明，任何物体的惯性质量同它的引力质量均严格地成正比例关系。假如我们选择适当的单位，即可以使物体的引力质量的数值等于它的惯性质量的数值，即 $m_{引}=m_{惯}$。然而，经典物理学对物体"惯性质量"与"引力质量"这两类不同宗源的物理量量值等效的事实，始终不能给出合理的解释。

爱因斯坦建立的广义相对论指出：物体的惯性与引力性质产生于同一来源。在广义相对论里，有一些参量一方面表现为物体的惯性，另一方面又自然而然地表现为引力场的源泉，这个结论成功地经受了十分精确的实验检验。这类实验经

历了三百年的历史，直到目前尚在继续进行中。从牛顿时代的精确度为 10^{-3} 发展到 1922 年爱德维斯提高到 3×10^{-9}，到 1964 年狄克把精确度提高到 $(1.3\pm1.0)\times10^{-11}$。1971 年，勃莱根许与佩诺又将实验的精确度提高到 10^{-12} 数量级。所有这些实验，均证实了 $m_{引}/m_{惯}=$ 常量。因此，目前普遍认为物体的两种不同属性——惯性与引力性质，是它的同一本质的不同方面的表现，或者说只是由于选取坐标系的不同的两种同义表述方法。亦即是说，物体的惯性与引力性质导源于物体的同一本质。爱因斯坦把这两种质量的等同作为他建立广义相对论的出发点，并认为，物体的惯性与引力性质不仅源于物体的同一本质，而且还与物质的时空几何背景密切相关。还认为，这两者的等同绝非偶然，其中包含着深刻的物理意义。

本论认为有以下几点。

(1) 物体的惯性与引力性质，并非如爱因斯坦所说"导源于物体的同一本质"，而是来源于物体(引力源)的两种不同的"物理特性"。因为，物体的惯性是质素的"本原运动属性"在引力源的转换下而表现出的一种宏观运动性质，而物体的万有引力特性则是质素的"属性作用"在引力源的转换下表现出的一种宏观作用性质。

(2) 引力源既是物体运动状态的"转换器"，亦是万有引力的"产生源"。然而，物体的惯性及所产生引力的大小，均与所含引力源的个数严格地成正比。若选择国际单位，将式(6-2)

$$m_{惯}=\sum F/a=nm_y$$

与式(6-4)

$$m_{引}=f/g=nm_y$$

联解，即可得到

$$m_{惯}=m_{引} \tag{6-5}$$

(3) "惯性质量"与"引力质量"相等，是因为"引力作用"与"运动转换"两种性质集"引力源"于一身，而与广义相对论所说的"坐标系的选取"及"时空几何结构"无关。影响物体惯性及引力大小的即是同一个因素——"所含引力源的多少"。"惯性质量"与"引力质量"应该是完全地、必然地相等。

第四节 "质量起源说"之误区

本论在前面已经阐述过，"质量"的物理原义即是指"物体所含物质的多少"，只要有物质存在，即不应该有质量为零的问题。那么，"质量的起源"问题又是因何而起的呢？

一、质量起源问题的产生

质量起源问题是现代物理学讨论的一个热门话题，亦是粒子物理学"标准模型理论"的命门所在。若要追寻这个问题的产生根源，还得从爱因斯坦的狭义相对论说起。

在经典力学中，质量是物体的一种基本属性，与物体的状态、形状、温度及所处空间位置变化无关。然而，在 20 世纪初，有科学家通过实验发现，物体的质量会随其运动速度而改变。后来，爱因斯坦在他的狭义相对论中提出，"光速"是一切物体运动的极限，并创建了相对论质量公式

$$m = m_0 / (1 - v^2 / c^2)^{1/2} \tag{6-6}$$

及著名的质能公式

$$E = mc^2 \tag{6-7}$$

并以质能公式导出质量的普适公式

$$m = E / c^2 \tag{6-8}$$

在式(6-6)(6-7)中，v 是物体的运动速度，c 是真空中的光速，m_0 为静止质量(或称不变质量)，m 为运动质量(或称相对论性质量)，E 为物体所具有的能量。

从相对论质量公式式(6-6)中可以看出：一个静止质量不为零的物体，其运动速度不可能达到光速，若物体运动速度趋近于光速，它的运动质量将无限地增大。由此推论：以光速运动的粒子，没有静止质量，只有运动质量，其运动质量的表示式为

$$m = E / c^2$$

然而，依照宇宙暴胀的理论，在宇宙暴胀的初期，亚原子粒子(夸克、电子等)的运动速度应该不低于光速，那它们后来又是怎样获得静止质量的呢？由此引出了质量的起源问题。所以说，相对论质量公式

$$m = m_0 / (1 - v^2 / c^2)^{1/2}$$

的创建，即是"质量起源问题"产生的总根源。

二、质量起源问题之误区

本来，物体的质量即是指"物体所含物质的多少"，有物质存在，即有质量存在。质量是物质客观实在的属性之一，亦是物质量化可分的一个基本表征。

质量是物质的一个独立的属性，它不受物质其他任何属性或特性的影响。质量本来是一个非常单纯的物理量，但物理学在深入探索"质量与速度的相互关系"的路上却走岔了道，致使人们对质量的认识感到迷茫。

例如，人们在做对微观粒子加速的实验时，发现粒子的运动速度越大，其表现的运动规律偏离经典的牛顿第二运动定律(定律表达式$\sum F = ma$)越远。实验显示，对同一粒子施加一个恒力，随着粒子速度的不断增大，其获得的加速度会变得越来越小。

这是怎么回事？难道粒子的惯性质量在变大？一些不相信质量会随粒子运动速度而变化的人断言：这是因为粒子实际受力会随粒子运动速度的增加而变小，所以粒子获得的加速度会变小。然而，有无数的"粒子加速对撞实验"表明：被加速粒子得到的是按恒力做功而产生的能量。即是说粒子受力并不随运动速度增加而变小。

在大量的实验事实面前，经典物理学的质量观受到严重的挑战。现代物理学的主流观点认为：被合外力加速的物体，在获得动能增量的同时，其动质量亦按动能增量与光速平方之比获得增加，即

$$\Delta m = (\Delta E)/c^2 \tag{6-9}$$

这是现代物理学对相对论质量公式

$$m = m_0/(1-v^2/c^2)^{1/2}$$

及相对论动量公式

$$\boldsymbol{p} = m_0\boldsymbol{v}/(1-v^2/c^2)^{1/2} \tag{6-10}$$

给出的后台诠释词。由此，质量的物质属性发生了改变，质量与能量的关系亦引出了一些新的说法。

对于上述"粒子加速实验"中的加速度反常现象，难道就没有更好的解释了吗？非得把"质量变化"作为"粒子加速度反常"现象的唯一解释不可吗？本论的回答：否。狭义相对论之所以会得出"物体的质量随其运动速度而改变"这样的结论，并由此引出"静止质量"与"运动质量"这些概念，是因为人们并没有全面了解微观物质的动力学机制，对微观物质内部能量转化的认识尚存在着盲区。"粒子加速实验"中的"加速度反常"现象，不是因粒子质量变化所致，而是由粒子内部特殊的能量转化机制所引起(详情在后面有关章节讨论)。

总之，质量是物体的一种基本属性，它只与所含物质的多少有关，而与物体的运动状态、形状、温度及所处空间位置无关。质量不存在"动""静"之分，物质亦不存在"零质量"的组合。只要有物质存在，即有"质量"伴随。所以说，"质量的起源"是个假命题。

第七章

功与能(能量)

第一节 功的经典基本理论

功是物理学中一个非常重要的基本概念,但比较抽象复杂。力学中的"做功"与日常生活中的"工作"不完全一样,平常我们所说的"工作"是对一切消耗体力与脑力劳动的总称,而力学中的"做功"比日常生活中的"工作"的含义要狭窄、严格得多。

功的概念起源于早期工业革命的需要。当时的工程师为了比较蒸汽机的效益,以在实践中大家逐渐肯定了的用机器举起的物体重量与高度之积来量度机器的输出,并称之为功。

"功"一词,最初是法国数学家贾斯帕-古斯塔夫·科里奥利创造的。19世纪初,法国科学家科里奥利明确地把作用力与受力点沿力的方向的位移的乘积称为"运动的功"。力与物体在力的方向上通过的距离的乘积称为机械功(mechanical work),简称功(work),是物理学中表示力对距离的累积的物理量。功的公式为

$$W = \boldsymbol{F} \cdot \boldsymbol{S} \tag{7-1}$$

力与位移均为矢量,功是力与位移的内积,为标量。

功的一般定义式为

$$W = Fs\cos\theta \tag{7-2}$$

式中 θ 为力 F 与位移 s 间的夹角。由于 $F\cos\theta$ 为力沿质点位移方向的分量(投影),因此我们可以定义说:力的功等于力沿质点位移方向的分量与质点位移大小的乘积。

判断一个力对物体是否做功,可根据该力与物体位移方向的夹角是否为 90°,或力与物体速度方向的夹角是否总是 90°来确认力是否对物体做功。夹角>

90°时功为负，夹角<90°时功为正，夹角=90°时做功为零。功是标量，所以功的正、负不表示方向，亦不表示功的大小，它仅仅表示是动力对物体做功还是阻力对物体做功，或者说是表示力对物体做了功还是物体对克服这个力做了功。若要比较做功的多少，则要比较功的绝对值，绝对值大的做功多，绝对值小的做功少。

如果力随时间变化或路径不为直线，则公式(7-2)即不再适用，此时需使用线积分，其一般积分式为

$$W_{ab} = \int_{b(L)}^{a} dW = \int_{b(L)}^{a} \boldsymbol{F} \cdot \boldsymbol{ds} = \int_{b(L)}^{a} F\cos\theta ds \tag{7-3}$$

此积分在数学上叫作力 F 沿路径 L 从 a 到 b 的线积分。

非零力可以不做功，这一点与冲量不同。冲量是力对时间的累积。冲量是矢量，所以圆周运动时虽向心力不做功，但产生了对物体的非零冲量。

在国际单位中，功的单位是焦耳，简称"焦"，符号为 J，单位为 J，1J = 1N·m 是依英国物理学家焦耳对科学的贡献而命名。焦耳被定义为用 1 牛的力对一物体使其发生 1 米的位移所做的机械功的大小。量纲相同的单位牛·米有时亦使用，但是一般牛·米用于力矩，使其跟功与能区别开。非国际单位制单位包括尔格、英尺·磅等。

第二节 功的物理机制及意义

一、功的物理机制

（一）"场源功能"

我们从上节"功的经典基本理论"中已经知道，物体做功的两个必要因素：一是作用在物体上的力，二是物体在力的方向上发生的位移。

笔者认为，物体做功的两个必要因素均受一定的物理机制所支撑，而这种"支撑"即是我们在前面曾经提到过的物质的"属性运动"与"属性作用"。质素在其"属性运动"与"属性作用"的共同支持下，先后演变出了三个层次的"场源"，即引力源、电力源、强力源。这三类场源均具有这样一种功能，即"同类场相互作用，场源的质心运动速率与内禀自旋速率会因此而发生转换"。本论将这种功能称为"场源功能"。

(二) 功的物理机制

做功现象是物体间的一种相互作用的过程。作用双方为同类的场，且互为施力方与受力方。物体间若没有这种相互作用，那么，它们即不会有任何形式的信息交流，物体间即会完全"无视"对方的存在。

自然界的做功现象无处不在，种类繁多，但根据作用力的性质，我们可以将它们归结为三类，即引力做功、电力做功及强力做功。

由于引力源、电力源、强力源三种场源均具有"场源功能"，它们均可以直接做功，但属性力不能。因为属性作用源（质素）不具备上述那样的"场源功能"，属性作用只能改变质素的运动方向，而改变不了质素的运动速率（宇宙物理背景赋予的恒定速率），所以属性力做不了功。但，属性力可以在物质间产生超短距作用，以帮助场源完成做功的微观转换过程。例如，电磁辐射的产生与吸收，以及原子核的放射性衰变等，这些均有属性力的作用。

属性力是质素间的超短距作用，存在于其他各种作用模式的最基本环节。如果没有质素间的超短距耦合作用，其他的作用模式即不可能存在。属性力在各种基本结构之间起到超短距的"黏合"作用，如各种"场源核"内部的凝聚，各种场环"链珠"间的连接，以及相互作用场的场环之间各种形式的耦合等。还有低层次"场源"向较高层次"场源"进变时，"场源"的再聚集，这些均离不开质素的超短距耦合作用。

做功现象不仅是物体间的一种相互作用过程，而且还是一个物质的运动转换过程。这个运动转换，指的即是我们在前面曾经提到过的物体质心的外部空间运动与其内禀的自旋运动之间的相互转换。只要作用力不与物体的运动方向垂直，物体在力的作用下，其运动速率即会不断地发生改变。如物体受力加速，其质心的外部空间运动加快，而内禀的自旋运动即变慢。这种此长彼消的关系，在本篇第二章第二节"质量及惯性"中已有初步论述，本论还将在后面有关章节再做进一步的探讨。

二、做功的物理意义

在我们的宇宙中，所有的物体均处在相互作用的环境中，物体的运动状态在各种力的作用下，不断地发生着改变。至于我们所看到的物体静止或做匀速直线运动的现象，那只是物体在局域平衡力的作用下，而保持的一种相对的稳恒状态。

物体的做功现象，遍及人类生活及自然界的每个角落，它是宇宙演化中最基本的环节与最自然的过程。做功过程，使宇宙间的物质建立了关联，交流了信息，使物质的运动形式不断发生转换。

做功现象，不仅为宇宙进化提供了根本动力，亦为人类深入了解奇妙的大千世界，开启了一个"透视窗口"。"功"在物理学中的地位非同一般，它是人类研究发现能量规律的重要路径。人们从物体的做功现象入手，通过大量的科学探索，逐步建起了一套较完整的功能关系理论，从而极大地推动了物理学的向前发展。

第三节 能(能量)概念的创建及发展沿革

能(能量)是物理学的基本概念之一，从经典力学到相对论、量子力学甚至宇宙学，能(能量)总是一个核心概念。能(能量)这个物理概念，是人们经过坚持不懈的科学探索及长期的社会实践积累，而总结、提炼出的一组物理科学共识。

能量的英文"energy"一词源于希腊语"ένέργεια"，该词首次出现在公元前4世纪亚里士多德的作品中。伽利略时代已出现了"能量"的思想，但还没有"能量"这一术语。能量概念出自17世纪莱布尼茨的"活力"（其意思是一种使物体活泼起来、动起来、热起来的力）想法，定义于一个物体质量与其速度的平方的乘积，相当于今天的动能的两倍。为了解释因摩擦而令速度减缓的现象，莱布尼茨的理论认为热能是由物体内的组成物质随机运动所构成，而这种想法与牛顿一致，虽然这种观念过了一个世纪后才被普遍接受。

能量(energy)这个词，是英国学者托马斯·杨(Thomas Young)于1807年在伦敦国王学院讲自然哲学时引入的，针对当时的"活力"或"上升力"的观点，提出用"能量"这个词表述，并与物体所做的功相联系。英语中的能量一词"energy"是两个希腊词的组合：$εν$是"在……之中"的意思，$εργοs$是"功、劳动"的意思。加在一起en-ergy即是"加进去的功"的意思。能量概念的提出，在当时并未引起重视，人们仍认为不同的运动中蕴藏着不同的力。1831年法国学者科里奥利又引进了力做功的概念，并且在"活力"前加了1/2系数，称为动能，通过积分给出了功与动能的联系。1853年出现了"势能"，1856年出现了"动能"这些术语。物理学家直到19世纪中叶，能量守恒定律被确认后，对能量这个概念才有了较统一的认识，才理解到能量概念的重要意义与实用价值。

随着人类对世界本原认识的不断接近，物理学对能(能量)的定义亦在不断深化与完善。人们围绕着能(能量)的本质，给出了很多种说法。

(1)能是物体所具有的做功本领。(这是一个比较经典、通俗的物理定义)

(2)能(能量)是对一切宏观微观物质运动的描述。相应于不同形式的运动，能量分为机械能、分子内能、电能、化学能、原子能、内能等，亦简称"能"。

(3)能量是物质运动的量化转换，简称"能"，是用以衡量所有物质运动规模的统一的客观尺度。世界万物是不断运动着的，在物质的一切属性中，运动是最基本的属性，其他属性均是运动属性的具体表现。当运动形式不相同时，两个物质的运动特性唯一可以相互描述与比较的物理量即是能量，即能量特性是一切运动着的物质的共同特性，是衡量一切运动形式的通用尺度。

(4)能(能量)是所有世界的终极转化力与最基本的组成"位量"。

(5)能(能量)是质量的时空分布可能变化程度的度量，用来表征物理系统做功的本领。

(6)能(能量)是一种存在，不是物质。

(7)能(能量)的本质是物质的排列方式、运动方式，疏密快慢关系。

(8)能(能量)的本质即是具有的能力的量，是通过做功或热传递体现的，亦即是做功或热传递的能力，有多大的能量，即有最大限度的做功与热传递量。

(9)所有能(能量)均是同一的，能量是物质运动的方式，即是物质存在的方式，是统一在物质之中的。

第四节　能(能量)的物理本质

能(能量)是一个常用的物理基础概念，但亦是一个非常抽象与很难定义的概念。从能(能量)概念的提出，到几个世纪后的今天，人们对能(能量)的定义，无论是从物理学本身的角度，还是从哲学的角度，均还不能给出一个非常确定的说法。人类对能(能量)物理本质的认识仍处在不断的探索之中。

本论在上一节中，简述了能(能量)概念的创建及发展历史，指出能(能量)的概念是科学家们在发展功理论的基础上提炼、总结而成的。在上一节列出的关于能(能量)本质的一些观点中，有经典的，亦有现代的，有在哲学层面诠释的，亦有从物理机制上阐述的。本论下面从能概念的经典定义入手，来分别解析能与能量的物理本质。

一、能的物理本质

物理学关于能的经典定义指出："能是物体所具有的做功的本领。"这是一种较为通俗的说法，但亦是对能概念相当贴切的一种表述。我们在前面"功的物理机制及意义"一节中分析过，物体做功需要一定的物理机制做支撑，而这种支撑即是"场源功能"。因此说，"场源功能"即是物体所具有的做功的本领，我们把这种本领称之为"能"。

能的本质特征有4点。

（1）能是物质在宇宙演进过程中所形成的一种附属特性。

（2）能是一种客观存在，但不像物质那样是一种实体、实在。

（3）能是物体所具有的做功的本领，是"场源功能"的宏观表现。能机制的运行过程，即是物体的做功过程。

（4）能只是一个物理概念，但不是物理量，它不具备物理量的定义特征。

二、能量的物理本质

能量是一种在"场源功能"支配下的物质运动。能量的"活力"及"运动转换"特性，只有在"场源功能"的支配下才能得以显现。因为，"场源功能"是物质间相互作用及运动转换的机制，该机制的运行过程，即是物体的做功过程。

力对物体做了多少功，即标志着物体有多少"运动"发生了转换。这里所讲的"运动转换"，即是"场源功能"中所讲的场核质心运动速率与内禀自旋速率之间的"互逆转换"，亦即是能量的互逆转化。如力对物体做正功，物体的质心运动速率增加，所含物质的内禀自旋速率即减少；力对物体做负功，物体的质心运动速率减少，所含物质的内禀自旋速率即增加。

能量与能，本来是两个不同的物理概念，但因人们习惯于将能量简称为能，从而很容易造成对这两个概念理解的混乱。与能相比，能量的本质特征亦有4点。

（1）能量只是一种客观存在，不像物质那样是一种实体、实在。

（2）能量是一种在"能机制"支配下的物质运动，而能量转化则是在"能机制"支配下的一种物质运动形式的转换。

（3）能量是个物理量，它具备物理量的定义特征，它有数学表达式与量纲。

（4）能量是一个相对物理量，要正确描述能量的大小，则须对物体做功的过程加以条件标注。而在我们实际的表述中，有时为了简单或精练，往往会把这些标注条件隐放到人们均能理解的意思背后。这些标注条件有如物体做功的参照系，物体做功的某种始、末状态，物体质量等。

第五节　能及能量的形式归类

自然界中，物质的运动千变万化，物体的做功过程错综复杂，物体所具能（能量）的形式亦是多种多样。在物理学中，经常提到的能（能量）概念有引力能、电力能、磁力能、核能、原子能、化学能、生物能、动能、势能、机械能、电磁能、光能、辐射能、分子动能、分子势能、热能、内能、重力势能、弹性势能、潮汐能、声能、风能、水能等。另外，笔者依据自己的物质结构理论，针对"场源"专门提出了一个新的能量概念，即场源核的"内禀自旋动能"，简称"内禀能"。此"内禀能"的含义，有别于之前物理学及天文学所提到的"内禀能"概念。

在上面所列出的各种"能"的名称中，实际上有的代表"能"，有的则表示"能量"，但人们已习惯于将它们统称为"能"。这是因为，物理学对能与能量的物理本质还没有进一步厘清，从而导致人们经常把这两个概念混为一谈。下面，笔者将依据自己的观点，对能与能量分别进行解析归类。

一、能的形式归类

从前面的论述中我们已经知道，"同类场相互作用，场源的质心运动速率与内禀自旋速率会因此而发生转换"，这是"场源功能"。"场源功能"既是物体所具有的做功的本领，亦是物体做功的运行机制。场源的类型决定作用力的性质。物体以不同性质的场力做功，即表示物体具有不同形式的能。由此，我们可按照引力、电力及强力三种作用力性质的不同对引力能、电力能及强力能进行归类。并且，在这三大类别的场力能中，我们还可根据作用物质的层次及演变的场力性质，进一步细化出各种不同形式的能。

（一）引力能

引力能是物体所具有的引力做功本领。由于引力是三类保守作用力中最基本的场力，其作用形式单一，无旁系分支，所以引力能无其他形式的种类。然而，依照现有的物理学理论，人们普遍地认为：重力是由引力产生的，重力能应是引力能的一个分支。笔者对此观点持反对意见。笔者认为：重力并不是真

实的力,它只是一种力学效应,即所谓的"惯性力"效应。"重力能"并不存在。(对此观点的详细论证,请见第十四章)

(二)电力能

电力能是物体所具有的电力做功本领。电力能有很多重要的分支。

(1)磁力能。因为磁力是带电粒子在二次曲线分布型电场中运动时所产生的一种动变力学效应,这种效应尽管不是简单地由电力作用直接产生,但归根结底还是电力相互作用的结果,是电力相互作用的一种特殊形式。所以说,磁力能是电力能的一种自然演进与扩展,是电力能的一种特殊形式。磁力能伴随着电力能存在于物质的各个层次。

(2)弹力能。弹力能是自然界中最常见的一种电力能。弹力是分子间作用力的俗称,是一种复合的静电相互作用,是存在于原子、分子或高分子化合物分子官能团之间的作用力。分子间作用力主要指范德华力,它包括色散力(瞬时偶极之间的电性引力)、取向力(固有偶极之间的电性引力)、诱导力(诱导偶极与固有偶极之间的电性引力)。分子间作用力普遍存在于固、液、气态任何微粒之间。分子间作用力场是一种位变复合作用场,其场势结构会随着物体间作用距离的变化而发生激变。如当作用距离变大时,电引力与距离六次方成反比;当两原子彼此紧密靠近,电子云重叠时,电斥力与距离十二次方成反比。

(3)化学能。化学能是物质在化学反应中,通过电、磁力做功,使原子最外层电子运动状态与原子能级发生改变的能力。

(4)生物能、星体磁场能等,它们均是电力能在不同层次物质上的分支。

(三)强力能

强力能俗称核能或原子能,是物质在核反应中,通过强力做功使原子核内部物质结构发生改变的能力。

表7-1 能的形式归类

能的类别	能的分支
引力能	经典物理学认为重力是由引力产生的,所以重力能是引力能的分支。笔者认为,重力不是真实的力,它只是一种力学效应,所以不存在重力能这个分支
电力能	磁力能,弹力能,化学能,生物能,星体磁场能
强力能	俗称核能或原子能

二、能量的形式归类

本论在前面论述过，能量是一种在"场源功能"支配下的物质运动。那么，这种运动在自然界中又会呈现于哪些方面？与之对应的能量又是何种形式？

本论认为，这种运动及所对应的能量形式可归纳为两大类型：一种是场核质心的外部空间运动，与之对应的是机械运动能量，简称为"动能"；另一种是场核的内禀自旋运动，与之对应的是内禀自旋能量，简称为"内禀能"。

另外，还有一种与本论观点相悖的能量形式，即"势能"。势能是一种潜在能量，实质上是对物体所具内禀能量的一种等效描写。

（一）场核质心的外部空间运动——动能

场核质心的外部空间运动，反映在宏观层面即是物体的机械运动。机械运动是自然界中最简单、最基本的运动形态。在物理学里，把一个物体相对于另一个物体的位置，或者一个物体的某些部分相对于其他部分的位置，随着时间而变化的过程叫作机械运动，通常简称为运动。常见的机械运动有平动与转动，与之对应的是平动能量与转动能量，合并称作机械运动能量，俗称为动能。

根据物理学的现有知识体系，我们可以把动能量按能量载体的性质及载体的宏观运动形式，再细化成四种能量类型。

（1）辐射类。辐射类包括电磁量子辐射与其他高能粒子辐射。电磁量子辐射有很多频段，如无线电波辐射、微波辐射、红外线辐射（热辐射）、可见光辐射、紫外线辐射、伦琴辐射、伽马辐射等。其他高能粒子辐射有阿尔法粒子、贝塔粒子、快速中子等多种粒子辐射。

（2）热运动类。物体内大量分子的无规则运动，称之为热运动。从分子运动论观点看，热能即是物体内部所有分子的动能（包括分子的平动能与转动能）之和。

（3）特定物系的定向运动类。如带电粒子的定向移动形成电流能（简称电能），水的流动形成水能，空气的流动形成风能，空气或其他介质的震动传播形成声能，等等。

（4）其他物体一般形式的机械运动类。该类运动对应的是通常意义下的动能。

在上面关于辐射能量的归类中，实际上还有一个按辐射的产生方式来定义辐射能量性质的分支。

（1）将核反应产生的辐射称为核辐射能量，简称为核能（俗称原子能）；

(2)将化学反应产生的辐射称为化学辐射能量,简称为化学能;

(3)将分子热运动产生的辐射称为热辐射能量,简称为热能;

(4)将电流振荡产生的辐射称为无线电辐射能量,简称为无线电能。

(二)场核的内禀自旋运动——内禀能

场核内禀自旋运动指的是场源核内物质的一种旋转频率极高且角动量守恒的涡旋运动。与场核内禀自旋运动对应的能量是内禀自旋能量,简称内禀能。

内禀能是本论根据前面已经建起的物质结构理论特别提出的一个新的能量概念。若设 E_{fn} 为物质的复合内禀总能量(简称内禀总能),E_{yn} 代表引力源的内禀能量,E_{dn} 代表电力源的内禀能量,E_{qn} 代表强力源的内禀能量,则会得到

(1)由强力源所构成的粒子(标准模型理论统称为强子)的内禀总能量为

$$E_{fn} = E_{yn} + E_{dn} + E_{qn} \tag{7-4}$$

(2)由非强力源构成的粒子(标准模型理论中有夸克、轻子、光子等粒子)的内禀总能量为

$$E_{fn} = E_{yn} + E_{dn} \tag{7-5}$$

目前,人类还没有发现仅由引力源组成的单质。

本论提出的内禀能,不同于普通物理学中提出的内能。普通物理学中的内能分狭义内能与广义内能:狭义内能是指分子动能与分子势能的总和;广义内能是指物体内部一切微观粒子的一切运动形式所具有的能量总和,即热力学能量、电子能量与原子核内部能量之和。但这些所谓的内部能量,实则均为本论提出的"复合场源"质心的外部空间运动能量,而非"复合场源"的内禀运动能量。

势能,物理学将其列为能量形式的一种,亦有人称其是一种潜能量。相互作用的物体之间,均存在着这种潜在的场势能量。势能的具体形式随作用场的类别而定,如发生引力作用的物体之间存在着引力势能,发生电力作用的物体之间存在着电力势能,发生强力作用的物体之间存在着强力势能。另外,电力势能还可细化成电势能、磁势能、分子势能及弹性势能等分支。

然而,若以本论提出的"能量是一种在'场源功能'支配下的物质运动"的观点来严格判定,势能即不能被视为"能量"。势能究竟代表了什么?我们通过对各种势能公式的分析可以看出,所有势能公式实质上表达的皆是一个意思,即"力与在力的方向上移动的距离的乘积"。笔者认为:势能公式所描述的只是一段保守力做功的"过程"。保守力做正功,物体的质心动能增加,内禀能量减少,即所谓的"势能"减少;保守力做负功,物体的质心动能减少,内禀能量增加,即所谓的"势能"增加。因此说,势能即是对物体内禀能量变化的一种等效描写。

表7-2 能量形式归类

动能量（按能量载体性质及载体的宏观运动形式分类）					内禀能量	势能
辐射类		热运动类	特定物系的定向运动类	一般形式的机械运动类		
按载体性质分类	按产生方式分类					
电磁量子辐射	其他粒子辐射					
无线电辐射，微波辐射，红外线辐射(热辐射)可见光辐射，紫外线辐射，伽马辐射。	阿尔法粒子辐射，贝塔粒子辐射，快速中子辐射等。	核辐射能，简称核能；化学反应辐射能简称化学辐射能，简称电辐射能，简称无线电能。	物体内大量分子的无规则运动，称之为热运动。物体内所有分子(包括分子的平动能与转动能)称之为热能。	带电粒子的定向移动形成电流能，水的流动形成水能；空气的流动形成风能；其他介质的振动传播形成声能。	对应的是通常意义下的动能。	引力源内禀能，电力源内禀能，强力源内禀能	按照物理学的主流观点来说，势能可分为引力势能、电力势能、强力势能、分子势能、分子弹性势能等。势能还可细分成电磁、磁势能、磁势能。但本论认为：能不是一种"能量"范畴，它只是一段预设的"做功"的过程，对物体内能量变化的一种等效描述。

80

第八章

质能关系

第一节 物质不灭与质量守恒

在任何与周围隔绝的物质系统(孤立系统)中，不论发生何种变化或过程，其总质量保持不变。这个规律叫作质量守恒定律，亦称物质不灭定律，是自然界的基本定律之一。18世纪，法国科学家拉瓦锡从实验上推翻了"燃素说"之后，这一定律才得以被公认。

然而，在进入20世纪以后，质量守恒定律开始遭到怀疑。科学家们发现，高速运动物体的质量随其运动速度而变化。随着质量概念的发展，人们尝试着对物质不灭观念做出新的诠释，对质量守恒定律给出新的适用范围。笔者认为，无论是考问"物质不灭"也好，还是质疑"质量守恒"亦罢，真要得出令人信服的结论，问题的关键还在弄清物质的本原及正确定义物体的质量上。

一、物质不灭

笔者在前面已明确地提出了自己的物质理论及质量观。本论将质素设定为物质的本原，认为质素是没有内部结构的物质极限。然而，这个物质极限亦只是本论根据人类目前对宇宙的有限认知能力及质素在我们宇宙中的实在意义，而提出的一个相对性的基本假设。笔者认为，如果我们执意地要对质素继续分解，那就应该放眼于更宽泛、更广义的宇宙物理背景，去挖掘更深刻、更超出我们人类想象形式的客观实在。总之，物质即是一种客观实在，把它分得再小、再细，它亦绝不会变成虚无。只不过，随着人类对物质层次认识的不断加深，物质所显现的新特征、新内涵与人们现实的物质观差异，会变得越来越大罢了。归根结底一句话："物质不灭"是宇宙的立身之本。

二、质量守恒定律

质量守恒定律是物质结构最基本的规律之一，是由本原物质的基本属性所决定。如质素的"属性运动""属性作用"及"属性结构"，共同决定了物质本原量子化的天然禀性。而正因为物质具有本原量子化这个天然禀性，我们才能够将质量定义为"物体所含物质的多少"。

本论在前面曾经论述过，引力源是质素在宇宙演化中的第一个杰作。在宇宙暴胀的始端，所有质素被均匀地结构到巨量的引力源中。如果真还有没被结合上的质素，那么，它们在宇宙暴胀后，亦将自然失去我们的"宇籍"。因为，这些质素已经失去了初始的相互作用条件，它们在我们宇宙的演化中，不可能再担当任何角色，我们的宇宙亦不可能再感受到它们的存在。引力源是宇宙物质最基本亦是最稳定的组合单元，电力源、强力源及宇宙中的其他一切物质组合，均是由引力源聚合演进而成。因此，我们亦可将引力源作为物质量化的本底单元。

如果站在引力源这个物质层次的平台上，我们就可以非常肯定地说：质量守恒定律是一条独立的，不受其他任何因素影响的物质结构基本规律。对于科学家们发现的所谓"物体的质量随其运动速度的增加而变大"的异常现象，本论以为，那只是人们在还没有弄清楚质量与能量的物理本质的情况下，而得出的误判。

第二节　能量的转化与转移

一、能量的转化

我们从前面的论述中已经知道，能量是一种在"场源功能"支配下的物质运动。能量有许多形式，能量的形式会随能量载体所具有的"场源功能"性质，以及载体运动形式的变化而变化。这在上节的《能量形式归类表》中可以很明显地看出。

然而，无论是什么样的能量载体，亦不管能量载体是在什么性质的"场源功能"（如引力场、电力场、强力场及各种复合变异场）支配下做功，能量载体所完成的都是同一种性质的运动转换，即场核质心的外部空间运动与其内禀自旋运动之间的互逆转换。这种运动的转换，所对应的即是物体的动能量与其内禀能量的转换。

水受地球引力的作用从高处落下，水分子的动能量增加，内禀能量减少。

若落下的水分子与水轮发电机叶片相撞，则水分子的动能量减少，内禀能量增加，而水轮机叶片动能量增加，内禀能量减少。

若运动的水轮机叶片带动发电机转子在磁场中做切割磁力线运动，则发电机金属转子中正、负电荷的平衡状态即被打破，形成电场势差，即电源电动势。若发电机转子与外界构成了闭合的通电线路，则发电机转子克服安培力做功，将其动能量转化成电荷的场势能量。发电机转子的动能量减小，内禀能量增加。

发电机产生的电动势会沿外电线路形成电力传输路径，使电路中的自由电荷做定向移动，形成电流。在这个转化过程中，整个闭合电路中运动电荷做定向移动所具的平均动能量增加，内禀能减少。

若电路中存在电阻，则电流与电阻发生作用，即会产生热运动及热辐射（满足一定的条件，亦会产生其他频率的电磁辐射）。在此过程中，定向移动电荷将其部分动能量转化成电路的热运动能量及向外放出的电磁辐射能量。

以上所列举的几个转化环节，只是对各能量转化过程的一个瞬间的、粗线条的描述，对各种能耗细节均未考虑。

能量转化的形式虽有无穷多样，但转化的实质，均是物体通过做功来实现动能量与其内禀能量之间的转换。相对选定的参照系，如果场力对物体做的是正功（物体的运动方向与所受场力方向的夹角小于90度），则物体的内禀能量即向其动能量转化；如果场力对物体做的是负功（物体的运动方向与所受场力方向的夹角大于90度），则物体的动能量即向其内禀能量转化。

二、能量的转移

能量是一种特定的物质运动，能量转移必定伴随有物质的转移，即能量载体的转移。若物体的能量发生了转移，则其质量亦必定发生改变，从而变成一个新的物质系统。如物体吸收辐射或产生辐射，一般物体间的完全非弹性碰撞，微观粒子或天体之间的俘获现象等，均是能量伴随物质发生转移的例子。物体发生能量转移的本质特征：物体的总能量及总质量均发生了改变。

能量发生转化不代表能量一定会发生转移，但能量发生转移必定伴随有能量的转化。如物体在真空中做自由落体运动，物体的内禀能不断地转化成其质心动能，但物体与地球之间并没有发生能量转移；又如，原子外层电子，产生光辐射后会向内层跃迁，这表明，该电子不仅向外转移了能量，同时，本身的质心动能与内禀能之间亦发生了转化。

第三节　能量守恒律的物理本质

一、经典的能量守恒律

在自然界中，能量转化是非常普遍的，各种形式的能量均可以在一定条件下相互转化。任何一种形式的能量在转化为其他形式的能量的过程中，消耗多少某种形式的能量，即一定会得到相等的其他形式的能量，能量的总量保持不变。物理学将这个规律提炼为能量守恒定律，即"能量既不会消灭，亦不会创生，它只会从一种形式转化为其他形式，或者从一个物体转移到另一个物体，而在转化与转移的过程中，能量的总量不变"。

能量守恒定律是自然界最普遍、最重要的基本定律之一，在所有的自然现象中，只要有能量转化，即一定服从能量守恒定律。能量守恒定律在人类的日常生活、科学研究与工程技术中，均发挥着非常重要的作用，是指导人类对各种能量如煤、石油等燃料以及核能、太阳能、水能、风能等能量利用的基本法则，亦是人类认识自然与利用自然的科学法宝。

然而，能量守恒定律只是人们在大量的生产、生活实践积累上，并通过科学家们长期不懈的实验探索，而逐步建立起来的一条经验性定律。人们对能量守恒定律的物理本质并不十分清楚，科学家们还在努力地探索着。笔者认为，要弄清能量守恒的内在机制，还必须从探究能量的物理本质入手。

二、能量守恒的物理本质

本论在前文谈道，能量是一种特定的运动，即一种在"场源功能"支配下的物质运动。而"场源功能"有两个特性：一是同类的场可发生相互作用；二是在场的作用下，场核的质心运动速率与其内禀自旋速率之间发生相互转换。因此说，能量的"活力"与"运动转换"特性，实际上即是物质的"场源功能"在做功过程中的自然呈现。

"场源功能"是一种相互作用及运动转换的机制，该机制的运行过程，即是物体的做功过程。力对物体做了多少功，即标志着物体有多少"运动"发生了转换。这里所讲的"运动转换"，即是"场源功能"中所讲的场核质心的运动速率与其内禀自旋速率之间的相互转换,即是能量的转化。如力对物体做正功,物体的质心运动速率增加(动能量增加),则所含物质的内禀自旋速率即减少(内禀能量减少);力对物体做负功,物体的质心运动速率减少(动能量减少),则所含物质的内禀自旋速率增加(内禀能量增加)。只要作用力与物体的运动方向不垂直,物体在非平衡力的作用下,其运动速率即会不断地发生改变,其动能量与内禀能量之间即会不断地发生转化。

场核的质心运动速率与其内禀自旋速率究竟是怎样的变化关系呢?关于这个问题,我们在前面"质量及惯性"的小节里曾做过初步论述。本论认为,质素的恒定极速在各层次场源结构形成的过程中,被分解到各层次场核的质心运动与内禀自旋运动上。即有

$$V_j^2 = V_{yn}^2 + V_{yz}^2 \tag{8-1}$$

$$V_{yz}^2 = V_{dn}^2 + V_{dz}^2 \tag{8-2}$$

$$V_{dz}^2 = V_{qn}^2 + V_{qz}^2 \tag{8-3}$$

其中,式(8-1)中的 V_j 表示质素的恒极速度,被引力源内禀自旋速度 V_{yn} 与引力源质心运动速度 V_{yz} 正交分解;引力源的质心运动速度 V_{yz},继续被电力源的内禀自旋速度 V_{dn} 与质心运动速度 V_{dz} 正交分解,如式(8-2);电力源的质心运动速度 V_{dz},继续被强力源的内禀自旋速度 V_{qn} 与质心运动速度 V_{qz} 正交分解(此层分解只针对由强力源构成的物质),如式(8-3)。

将式(8-1)~(8-3)联立整理得

$$V_j^2 = V_{yn}^2 + V_{dn}^2 + V_{qn}^2 + V_{qz}^2 \tag{8-4}$$

若令

$$V_{fn}^2 = V_{yn}^2 + V_{dn}^2 + V_{qn}^2$$

并以 V_{fz} 代替 V_{qz}(注:这里以物质系统质心运动速率 V_{fz} 代替强力源质心运动速率 V_{qz},所表达的物理意义会更宽泛一些,详论见后),则式(8-4)可简化成

$$V_j^2 = V_{fn}^2 + V_{fz}^2 \tag{8-5}$$

其中,V_j 代表质素的恒定极速,V_{fn} 表示质素在多级场源叠加后的复合内禀自旋速率,V_{fz} 表示质素所在物质系统的质心运动速率。

我们依据式(8-5)可以构建一个物质系统内禀自旋速率与质心运动速率关系变化图。如图8-1所示。

物理学的基本运动规律告诉我们,质素在宇宙物理背景中的每一即时速度 V_j,总可以正交分解到 V_{fn} 与 V_{fz} 两个方向上。因此,我们从图8-1中可以得到这样一种等式关系,即

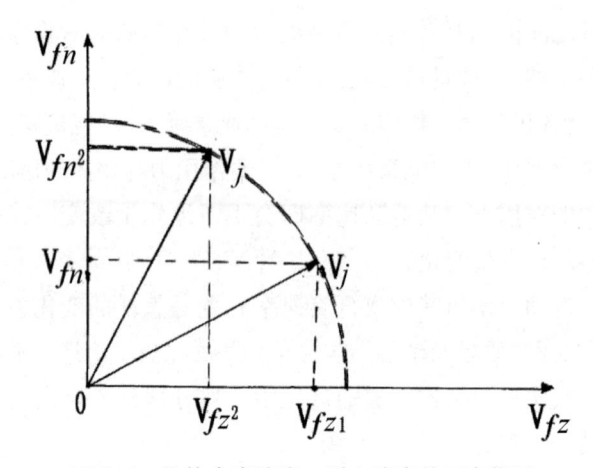

图 8-1 物体内禀速率—质心速率关系变化图

$$V_{fn1}^2 + V_{fz1}^2 = V_j^2$$
$$V_{fn2}^2 + V_{fz2}^2 = V_j^2$$

进而得出

$$V_{fz2}^2 - V_{fz1}^2 = V_{fn1}^2 - V_{fn}^2 \qquad (8-6)$$

我们如果在等式(8-6)两边同时乘上一个 $1/2 \cdot m$ 因子(m 为给定的物体质量),则会马上得到一组新的关系式,即

$$1/2 \cdot m(V_{fz2}^2 - V_{fz1}^2) = 1/2 \cdot m(V_{fn1}^2 - V_{fn2}^2) \qquad (8-7)$$

对上式进一步归纳整理得

$$E_{z2} - E_{z1} = E_{n1} - E_{n2}$$

即有

$$\Delta E_z = -\Delta E_n \quad 或 \quad \Delta E_z + \Delta E_n = 0 \qquad (8-8)$$

式中,ΔE_z 代表物体质心动能的变化量,ΔE_n 代表物体内禀能量的变化量。

注意:相对物体的内禀能量 E_n 而言,物理学中所指的各种物质粒子的自旋角动能,如质子、中子、电子、光子等,甚至包括强力源(夸克),它们的自旋角动能均只能看作是其亚结构物质(正、负电力源)的质心动能量的总和,均应归属于物体的质心动能量 E_z。物理学中的热能亦属于物体的质心动能量 E_z。(注:正、负电力源的质心动能 E_z,在本章节的稍后,将被笔者提出的"视在动能"E_s 取代)

式(8-8)告诉我们:质量一定的物体,质心动能的增量总是等于其内禀能增量的负值。或说:质量一定的物体,无论运动状态如何改变,其质心动能量与内禀能量之和(物体的总能量)总保持不变。这即是能量守恒的物理本质。

至于经典物理学中提到的"机械能守恒定律",我们只需将"定律"中的"势能"换成"内禀能"来考虑,其守恒机制便不难理解了。

第四节 物质与能量的关系

一、场源的进变

本论虽在"作用篇"中对各级"场源"的结构及作用机制进行了较详细的论述,但为了进一步揭示物质与能量的关系,我们有必要从物质演进的角度再对"场源"模型整体梳理一遍。

"场源"是由场环与场核两部分构成的一种封闭的三维动体。场环好比"场源"与外界发生作用的"触手",而场核则是"场源"质心运动速率与其内禀自旋速率之间的"速率转换器"。"场源"分三个层级:第一层级,是由"质元"聚构而成的引力源;第二层级,是由引力源(或称电力子)聚构而成的电力源(分正、负电力源);第三层级,是由电力源(亦称强力子或胶子)聚构而成的强力源(分正、负强力源及中性强力源)。

引力源是我们宇宙中最原始、最稳定的物质结构,是宇宙中一切物质粒子的根基,亦是能量的最基本载体。引力源之间只存在"相互吸引"的单种作用模式。宇宙间不存在引力源的单质结构,引力源均以电力子的身份被组合到正、负电力源之中。引力源被复合结构到电力源之中,非但没有破坏引力源的功能,而且还为宏观引力场的形成打下了基础。

电力源是引力源演进的自然结果。电力源已由引力源"相互吸引"的单种作用模式,进变出"同性相斥、异性相吸"的两种作用机制。并且,物质间的所有"斥力",均来源于电力源的"同性相斥"这一物理特性。正、负电力源的产生,为构建丰富多彩的粒子世界,提供了必要而充分的演化条件,将物质的进变推向了一个崭新的阶段。

电力源与引力源一样,在自然界中不存在单质结构,正、负电力源均以"电偶对"的形式聚集构建各种物质粒子。这样的物质组合有光子、中微子、中性强力源等。若"电偶对"发生"破偶",则所形成的物质组合,必定会显现出一个且只有一个正或负电力源的作用。此净余电力源在巨量的"电偶对"中,位置是迅即变化的,对应的电力环在空间高速扫掠所形成的动态作用效应,即是自然界中一个基元电荷的标识。这样"破偶"的基本物质组合,有正、负强力源及电轻子等。在这些"破偶"的物质组合中，由于"电偶对"的基数不同，自然会出现不同的"荷质比"（粒子所带电荷与粒子质量之比）。

强力源是电力源自然进变的一个分支。由于强力源的场环，是以正、负电力源间隔链合而成，加上电力源自旋相位的进变因素，从而使强力源之间亦只能产生"相互吸引"的单种作用模式（"作用篇"中对此有专门论述）。强力源同电力源、引力源一样，在自然界中亦不存在单质结构。强力源均以两个或两个以上的数目聚合结团，粒子物理学将这类聚合结构统称为"强子"。实际在自然界中，强力源多以三个数目聚结，因为这个数目的结构最稳固，粒子物理学将这类结构特称为"重子"。

虽然引力源、电力源及强力源均有类似的"场源"结构，但由于它们的场核直径、场环直径及场环"链珠"质量均相去甚远，从而使它们在宇宙演化的过程中承担着极为不同的角色。如引力源的场核直径最小，场环直径最大，场环"链珠"质量（质元质量）最小，场耦合强度最小；强力源的场核直径最大，场环直径最小，场环"链珠"质量（强力子质量）最大，场耦合强度最大。正因为如此，才会出现引力作用强度/强力作用强度 = 10^{-39} 这样的比例结果。

总之，引力源、电力源及强力源，它们是分属于不同层次的本原级物质组合。到目前为止，人类在自然界中尚未发现引力源、电力源及强力源的单源物质。并且，人们亦未探索到与引力源、电力源并列的任何分支结构。不过，强力源有所不同，强力源有光子、中微子、轻子等并列的分支结构，它们均属由正、负电力源交合构成的基本粒子。

二、关于物质、质量及能量内在关联的几点看法

本论在前几个章节，分别对物质、质量及能量进行了较详细的论述，并对它们之间的关联做了一些分散的说明。现归结为以下几点。

（1）质量是指物体所含物质的多少，质量的变化与物体所含物质多少的变化完全等价。若物体所含物质数增加，则其质量一定严格按比例增加；若物体所含物质数减少，则其质量一定严格按比例减少；若物体不发生物质转移，则其质量亦不会发生改变。

（2）能量是一种在"场源功能"支配下的物质运动。能量与质量之间虽有深刻的内在联系，但不存在相互转化的机理。能量只是物质的一种附属特性，宇宙中不存在脱离物质的纯能量。

（3）"场源"既是所有物质粒子的微元组分，亦是各种能量的基本载体，还是质量与能量发生关联的基元结构。

(4)能量虽有最基本的物质载体——引力源,但能量转化却没有最小的份额限制,即能量的转化可以是连续性的改变。比如,能量的转化可以通过保守场连续做功来实现。

(5)能量的转移一定是以量子化形式呈现的。因为,能量的转移必然伴随有物质的转移,而由物质的量子化特性,必然决定了能量转移是以量子化的形式呈现。

(6)电磁量子是由巨量的、未破偶的"电偶对"组成的环状物质结构,如 γ 射线、x 射线、紫外线、可见光、红外线、微波、无线电波等。在一定的质量范围内,电磁量子的半径与其质量成反比。电磁量子既不是能量的最基本载体,也不是脱离物质结构的所谓"纯能量",但由于它的"临界身份"结构,却使之成为自然界中最常见,亦最为神秘的能量信使。

第五节 质能关系式

质量与能量虽是两类不同性质的物理量,但它们之间却存在着密不可分的联系。经典力学中的动能量公式

$$E_k = 1/2 \cdot mv^2 \tag{8-9}$$

表达了能量与物体质量及其运动速度之间的基本关系。而对于其他形式能量的描述,本质上亦是由动能量公式(8-9)给出最终的表达(这种关系可从第七章第五节"能及能量的形式归类"中看出)。

人类在从低速世界向高速世界深入探索的进程中,遇到了许多的"十字路口","质量与速度的关系"即是其中的一个。如何看待"质量与速度的关系",是能否建立正确的"质能关系"的关键环节,亦是区别现代力学与经典力学的一个重要标志。

质量与能量本是泾渭分明的两类物理量,但却因爱因斯坦质能公式

$$E = mc^2 \tag{8-10}$$

的问世,而给人们带来了许多的遐想。那么,爱因斯坦的质能公式究竟是否全面、正确地反映了质量与能量间的本质联系呢?为了方便解析对比,让我们还是先对"相对论动力学基础"做些简单的了解。

一、相对论动力学基础主要内容

(一)相对论中的动量与质量

质点动量的定义仍为

$$P = mv \tag{8-11}$$

早在1901年,考夫曼在对 β 射线的研究中即观察到了质量随速率的变化。后来又为许多实验事实(包括高能加速器的设计运转在内)所证实。即有物体质量 m 随运动速率 v 变化的关系式

$$m = m_0 / (1 - v^2/c^2)^{1/2} \tag{8-12}$$

相对论将上式中的 m_0 称作物体的静止质量,将 m 称作物体的运动质量(或相对论质量)。

(二)相对论力学基本方程

因为有

$$P = mv = m_0 v / (1 - v^2/c^2)^{1/2} \tag{8-13}$$

所以相对论力学的基本方程为

$$F = dp/dt = d[m_0 v / (1 - v^2/c^2)^{1/2}]/dt \tag{8-14}$$

(三)相对论中的能量

设物体在合外力 F 的作用下,由静止开始运动,由动能定理得

$$\begin{aligned} E_k &= \int_0^v F \cdot dr \\ &= \int_0^v d(mv)/dt \cdot dr \\ &= \int_0^v v \cdot d(mv) \\ &= \int_0^v (v^2 dm + mv\,dv) \end{aligned}$$

由 $m = m_0/(1-v^2/c^2)^{1/2}$ 微分得

$$mv\,dv = (c^2 - v^2)dm$$

将微分结果代入上式并整理得

$$E_k = \int_{m_0}^m c^2 dm = mc^2 - m_0 c^2$$

因此得出

动能: $E_k = mc^2 - m_0 c^2$ \qquad (8-15)

静能: $E_0 = m_0 c^2$ \qquad (8-16)

总能：$E = mc^2 = E_0 + E_k$ (8-17)

质能关系：$\Delta E = (\Delta m)c^2$ (8-18)

把质量与能量直接联系起来，是相对论最有意义的结论之一。质能关系是人们打开核能宝库的钥匙。原子核裂变与聚变的发现，原子能发电，原子弹、氢弹的成功，均是质能关系的应用成果。

特别值得一提的是相对论中的动能：

$$E_k = mc^2 - m_0c^2$$
$$= m_0c^2[1/(1-v^2/c^2)^{1/2} - 1]$$

将 $1/(1-v^2/c^2)^{1/2}$ 用泰勒级数式展开：

$$1/(1-v^2/c^2)^{1/2} = 1 + 1/2 \cdot v^2/c^2 + (1 \cdot 3)/(2 \cdot 4) \cdot v^4/c^4 + $$

代入相对论动能公式得

$$E_k = m_0c^2[1/(1-v^2/c^2)^{1/2} - 1]$$
$$= m_0c^2[1 + 1/2 \cdot v^2/c^2 + (1 \cdot 3)/(2 \cdot 4) \cdot v^4/c^4 + \cdots - 1]$$
$$= m_0c^2[1/2 \cdot v^2/c^2 + (1 \cdot 3)/(2 \cdot 4) \cdot v^4/c^4 + \cdots]$$
$$= 1/2 \cdot m_0v^2 + 1/2 \cdot m_0v^2 \cdot 3/4 \cdot v^2/c^2 + \cdots$$

当 $v \ll c$ 时，即可得

$$E_k = 1/2 \cdot m_0v^2$$

这是物体在低速运动情况下的动能表示式。

（四）相对论能量与动量的关系

$$E = mc^2 = m_0c^2/(1-v^2/c^2)^{1/2} \quad (8-19)$$

$$P = m_0v/(1-v^2/c^2)^{1/2} \quad (8-20)$$

将上面两式平方，消去 v，可得相对论中能量与动量的关系式

$$E^2 = (m_0c^2)^2 + (cp)^2 = E_0^2 + (cp)^2 \quad (8-21)$$

根据上式的等量关系，还可将 E、m_0c^2、cp 分别作为直角三角形的斜边及两直角边，构建出一个"能量三角形"。

二、简析狭义相对论动力学基础的创建思路

如果说"洛伦兹变换"理论的建立是新时空观问世的主要标志，那么，德国科学家沃尔特·考夫曼在1901年至1903年期间所做的"高速运动电子的荷质比随速度的增大而减小"的实验结果，则是相对论动力学基础创建的前奏曲。在旧的经典力学理论与新兴的力学观念相博弈的过程中，"牛顿第二定律"成了首当其冲的理论"碰撞点"。因为，"沃尔特·考夫曼实验"已将"质量与速度的相互

关系"问题推到了科学鉴审的聚光灯下，而重新审视"质量与速度的相互关系"的焦点，即在如何重新表述"牛顿第二定律"上。在科学家们通过对一系列相关实验结果的分析，并认定"物体的质量随速度而变"是"铁定"的事实后，即着手对"牛顿第二定律"进行改造。

牛顿力学的基本方程对"伽利略变换"来说是不变的，但对"洛伦兹变换"来说就不是不变的了。为了使牛顿力学方程对"洛伦兹变换"亦不变，即必须对这些力学方程做适当的修正，而使其成为相对论力学方程。

按照牛顿自己的表述，第二定律为

$$\boldsymbol{F}=d\boldsymbol{p}/dt=d(m\boldsymbol{v})/dt \tag{8-22}$$

但牛顿认为质量 m 是不变的。当物体的质量不随时间变化时，上式即被改写为

$$\boldsymbol{F}=md\boldsymbol{v}/dt=m\boldsymbol{a} \tag{8-23}$$

这是读者所熟知的牛顿第二定律的表达式。

爱因斯坦证明，物体的质量 m 是随速度而变的，二者有如下关系：

$$m=m_0/(1-v^2/c^2)^{1/2} \tag{8-24}$$

式中 m_0 是物体在相对静止的惯性系中测出的质量，叫作静止质量，m 是物体相对观察惯性系有速度 $\boldsymbol{v}$ 时的质量，叫作运动质量。把上述质量与速度的关系式代入牛顿第二定律得

$$\begin{aligned}\boldsymbol{F} &= d\boldsymbol{p}/dt \\ &= d[m_0\boldsymbol{v}/(1-v^2/c^2)^{1/2}]/dt\end{aligned} \tag{8-25}$$

这即是相对论力学的基本方程，它对"洛伦兹变换"是一个不变式。

上式亦可改写为如下形式：

$$\boldsymbol{F}=d(m\boldsymbol{v})/dt \tag{8-26}$$

这样看来，似乎相对论力学基本方程(8-26)与牛顿力学基本方程(8-22)并无区别，但实质上二者并不相同。爱因斯坦质速关系式

$$m=m_0/(1-v^2/c^2)^{1/2}$$

表明物质的质量与本身运动的速度直接有关。只是在低速运动情形即 $v\ll c$，相对论力学基本方程转化为牛顿力学方程。

"质量与速度的关系"，是"相对论动力学基础"的基础，它限定了一切以光速运动的粒子，其静止质量必须为零。

相对论的质量与能量的关系，是由经典力学中的动能定理结合相对论质速关系式推演出的自然结论。公式

$$dE_k=c^2dm \tag{8-27}$$

是物体动能的相对论表达式的微分形式。此式表明，当质点的速度增加时，其

质量 m 与动能均同时增加。公式

$$E_k = mc^2 - m_0c^2 \tag{8-28}$$

是物体动能的相对论一般表达式，它表示为 mc^2 与 m_0c^2 之差。相对论把 m_0c^2 称作物体的静止能量，把 mc^2 称作物体运动时的总能量，并分别用 E_0 与 E 表示，则有

$$E_0 = m_0c^2, \quad E = mc^2 \tag{8-29}$$

这是相对论的另一个重要结论，称作爱因斯坦质能关系式。这个关系式并不只是适用于动能，它具有普遍的性质。它表明质量与能量是彼此不可分割的，即使物体静止时，它本身亦蕴藏着很大的能量。

若将相对论动能公式中的 $m_0c^2/(1-v^2/c^2)^{1/2}$ 项按泰勒级数展开，则有

$$\begin{aligned}
E_k &= mc^2 - m_0c^2 \\
&= m_0c^2[1/(1-v^2/c^2)^{1/2} - 1] \\
&= m_0c^2[1 + 1/2 \cdot v^2/c^2 + (1\cdot3)/(2\cdot4)\cdot v^4/c^4 + \cdots - 1] \\
&= m_0c^2[1/2 \cdot v^2/c^2 + (1\cdot3)/(2\cdot4)\cdot v^4/c^4 + \cdots] \\
&= 1/2 \cdot m_0v^2 + 1/2 \cdot m_0v^2 \cdot 3/4 \cdot v^2/c^2 + \cdots
\end{aligned}$$

当 $v \ll c$ 时，即得

$$E_k = 1/2 \cdot m_0v^2 \tag{8-30}$$

这与经典力学动能的表达式完全一致。相对论这个在低速情况下的近似等式，给其在与旧力学理论的博弈中，赢得了宝贵的一分。

相对论中动量与能量的重要关系式

$$E^2 = c^2p^2 + m_0^2c^4 \tag{8-31}$$

是由相对论的动量式

$$P = m_0v/(1-v^2/c^2)^{1/2}$$

与相对论的质能关系式

$$E = mc^2 = m_0c^2/(1-v^2/c^2)^{1/2}$$

联立变换而得。该关系式虽然没有什么特别的新意，但它却能很好地规避因光子的静止质量为零，而不能运用相对论的动量式与质能关系式直接计算光子动量与能量的尴尬处境。

三、重新评判狭义相对论"动力学基础"

（一）相对论对质量认识的迷茫

如果说"洛伦兹变换"是狭义相对论一项比较成功的建树，那么，狭义相对

论"动力学基础"的创立就没那么令人心悦诚服了。本论认为，爱因斯坦质速关系式

$$m = m_0 / (1 - v^2/c^2)^{1/2}$$

是狭义相对论"动力学基础"的基础，而正是这个基础的"基础"，却成了相对论动力学理论的"致命伤"。

本论在前面曾经指出：质量本来是一个非常单纯的物理量，但物理学在深入探索"质量与速度相互关系"的十字路口却走岔了道，致使人们对质量的认识感到迷茫。

例如，人们在做对微观粒子加速的实验时，发现粒子的运动速度越大，其表现的运动规律偏离牛顿第二运动定律越远。实验显示：对粒子施加一个恒力场，随着粒子速度的不断增大，其获得的加速度会变得越来越小。这是怎么回事呢？难道粒子的惯性质量在变大？一些不相信质量会随粒子运动速度而改变的学者对此解释道：这是因为在加速过程中，粒子实际受力会随粒子运动速度的增加而变小，所以粒子获得的加速度会变小。然而，此类实验又表明：被加速粒子实际获得的总能量与恒力做功所转化的能量相符。即是说，粒子受力并没有因粒子运动速度的增加而变小。

在大量的实验事实面前，经典物理学的质量观受到严重的挑战。现代物理学的主流观点认为：被合外力加速的物体，在获得动能增量的同时，其运动质量亦按动能增量与光速平方之比获得增加。即有

$$\Delta m = (\Delta E)/c^2$$

这是现代物理学对相对论质量公式

$$m = m_0 / (1 - v^2/c^2)^{1/2}$$

及相对论动量公式

$$\boldsymbol{P} = m_0 \boldsymbol{v} / (1 - v^2/c^2)^{1/2}$$

给出的后台诠释词。由此，质量的物质属性发生了改变，质量与能量的关系亦引出了一些新的说法。

对于"粒子加速实验"中的加速度反常现象，难道就没有更好的解释吗？非把质量作为粒子运动速度的因变量不可吗？本论回答：否。狭义相对论之所以会得出"物体的质量随速度而变"这样的结论，并由此引出"静止质量"与"运动质量"这些概念，是因为物理学还没有充分了解微观物质的动力学机制，对微观物质内部的能量转化认识还存在着盲区。"粒子加速实验"中的加速度反常现象，不是因粒子质量变化所致，而是因为粒子内部存在着新的能量转化机制。本论把这个新的能量转化机制暂称作"视在动能"理论模型。

（二）"视在动能"的形成及转化

笔者在第八章第三节"能量守恒律的物理本质"中曾谈道：质素的"恒定极速"在各层次场源结构形成的过程中，被逐步分解到各层次核的内禀自旋运动及质心运动上。即有

$$V_j^2 = V_{yn}^2 + V_{yz}^2$$
$$V_{yz}^2 = V_{dn}^2 + V_{dz}^2$$

其中，V_j表示质素的恒极速度，被引力源内禀自旋速度V_{yn}及引力源质心运动速度V_{yz}正交分解。并且，引力源的质心运动速度V_{yz}，继续被电力源的内禀自旋速度V_{dn}及质心运动速度V_{dz}正交分解。然而，在电力源的质心运动速度V_{dz}继续被新一层次的物质正交分解时，由于电力源已经进变出了两种性质相反的"场源"，即"正电力源"与"负电力源"，从而使新层次物质的结构形式及作用方式均发生了很大的变化。如以"电偶对"为基元构建新层次物质，即是物质在此进变过程中的一次大跨越。这一跨越，打开了物质结构多样性的大门，为宇宙创造一个既相对稳定又丰富多彩的世界奠定了自然的基础。

由"电偶对"构成的一切物质粒子（中微子除外），无论是否"破偶"（是否带净余电荷），运动时皆有一个"交变电场"伴随其身（关于此"交变电场"的产生机制，本论将在第十五章第二节、第三节两个章节中给予详细的论述）。若粒子做变速率运动，则其亚结构物质"电偶对"之间即会产生电磁感应作用。"电偶对"之间的电磁感应作用，是一种电磁自感内力。该力是由粒子质心的加速或减速运动引起的，其大小与粒子加速度的大小及运动速率的高低有关。此自感内力会对亚结构层的电力源做功，会在粒子的质心动能增大时，将部分质心动能转化成亚结构层"电偶对"绕其质心轴转动的角动能。相反，这种力亦会在粒子的质心动能减小时，将粒子亚结构层"电偶对"绕其质心轴转动的角动能转化成粒子的质心动能。

以地面实验室里一粒相对静止的电子为例：

设电子初始处于静止状态，当受万有引力或电场力的作用时，场力做功为

$$W = \int_{s1}^{s2} F\cos\theta ds$$

在外场力对电子做正功的过程中，组成电子的亚结构物质"电力源"，均从其内禀能的转化中获得相应的动能量。我们把这个动能称作电子的"视在动能"（类比于《电工学》中的"视在功率"取名），并以E_s表示。电子在从其内禀能获得动能的同时，因受其自感内力的作用，该动能又被分解成电子的质心动能E_k与电力源绕其质心轴转动的角动能E_L两部分。即有

$$W = \int_{s1}^{s2} F\cos\theta ds$$
$$= E_s = E_k + E_L \qquad (8-32)$$

或表示为

$$1/2 \cdot m(V_{s2}^2 - V_{s1}^2) = 1/2 \cdot m(V_{k2}^2 - V_{k1}^2) + 1/2 \cdot m(V_{L2}^2 - V_{L1}^2)$$

已设电子的初速度为零，上式可简化为

$$1/2 \cdot mV_s^2 = 1/2 \cdot mV_k^2 + 1/2 \cdot mV_L^2 \qquad (8-33)$$

（三）"视在速度"与质心速度的关系

式(8-33)中，V_s表示电子的"视在速度"，对应于电子的"视在动能"；V_k表示电子的质心速度，对应于电子的质心动能；V_L表示电子亚结构物质"电力源"绕电子质心轴转动的线速度（此非电子所含引力源、电力源的内禀自旋速度），对应于电子的自旋角动能。电子质量在场力做功前后保持不变，上式则可变为

$$V_s^2 = V_k^2 + V_L^2 \qquad (8-34)$$

这是电子的"视在速度"与其质心速度及自旋速度的关系式。此"关系式"虽然在形式上与前面的"质素极速分解式"相似，但所表达的意义并非相同。

在相同的作用时间下，由式(8-34)还可以导出"视在加速度"与其质心加速度及自旋加速度的关系式、"视在作用力"与其质心加速力及自旋加速力的关系式

$$\boldsymbol{a}_s = (1-v^2/c^2)^{1/2}\boldsymbol{a}_k + v/c \cdot \boldsymbol{a}_L$$
$$= (1-\beta^2)^{1/2}\boldsymbol{a}_k + \beta\boldsymbol{a}_L \quad (\text{令}\ \beta = v/c) \qquad (8-35)$$

$$\boldsymbol{F}_s = (1-v^2/c^2)^{1/2}\boldsymbol{F}_k + v/c \cdot \boldsymbol{F}_L$$
$$= (1-\beta^2)^{1/2}\boldsymbol{F}_k + \beta\boldsymbol{F}_L \quad (\text{令}\ \beta = v/c) \qquad (8-36)$$

但这要借助于后面由"洛伦兹变换"直接导出的"视在加速度表示式"及"视在速度表示式"才能完成。

到这里，人们不禁要问：所设定的电子"视在速度"是真实的存在吗？它与电子的质心速度及亚结构物质转动的线速度之间的关系在自然界有显示吗？为了更清楚地回答这些问题，我们还须简单地熟悉一下狭义相对论的"洛伦兹变换"（后面相关章节尚有更详细的论述）。

1. 洛伦兹变换

"洛伦兹变换"是狭义相对论中两个做相对匀速运动的惯性参考系（s与s'）之间的坐标变换。设s系的坐标轴为x、y及z，s'系的坐标轴为x'、y'及z'。为了简单，让x、y与z轴分别平行于x'、y'与z'轴，s'系相对于s系以不变速度v

沿 x 轴的正方向运动，当 $t=t'=0$ 时，s 系与 s' 系的原点互相重合。（如图 8-2 所示）

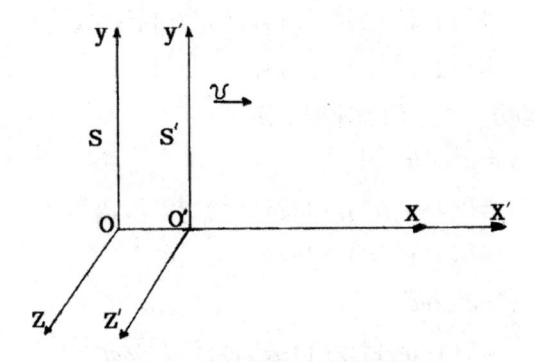

图 8-2 洛伦兹变换式推导用图

同一个物理事件在 s 系与 s' 系中的时空坐标由下列关系式相联系：

$$\begin{aligned} x' &= (x-vt)/(1-v^2/c^2)^{1/2} \\ y' &= y \\ z' &= z \\ t' &= (t-vx/c^2)/(1-v^2/c^2)^{1/2} \end{aligned} \qquad (8-37)$$

式中，c 为真空中的光速。其逆变式为

$$\begin{aligned} x &= (x'+vt')/(1-v^2/c^2)^{1/2} \\ y &= y' \\ z &= z' \\ t &= (t'+vx'/c^2)/(1-v^2/c^2)^{1/2} \end{aligned} \qquad (8-38)$$

这组关系式称为"洛伦兹变换"。不同惯性系中的物理定律在"洛伦兹变换"下数学形式不变，它反映了空间与时间的密切联系，是狭义相对论中最基本的关系。

"洛伦兹变换"是由狭义相对性原理与光速不变原理推导而来的。而狭义相对性原理与光速不变原理，是人们在对无数的经验事实与大量的科学实验进行分析、总结的基础上得出的一种经验性原理。所以说，"洛伦兹变换"并非人类"闭门造车"之作，而是对自然规律的一种真实反映。

2. 视在加速度表示式与视在速度表示式

由"洛伦兹变换"不仅可以导出相对论速度变换式，而且还可以导出相对论加速度变换式。如

a. 与粒子运动方向平行的加速度变换式

$$a_x = d^2x/dt^2$$
$$= [(1-v^2/c^2)^{3/2}/(1+vv'/c^2)^3] d^2x'/dt'^2$$
$$= [(1-v^2/c^2)^{3/2}/(1+vv'/c^2)^3] a'_x \qquad (8-39)$$

b. 与粒子运动方向垂直的加速度变换式

$$a_y = d^2y/dt^2$$
$$= [(1-v^2/c^2)/(1+vv'/c^2)^2] d^2y'/dt'^2$$
$$= [(1-v^2/c^2)/(1+vv'/c^2)^2] a'_y \qquad (8-40)$$

$$a_z = d^2z/dt^2$$
$$= [(1-v^2/c^2)/(1+vv'/c^2)^2] d^2z'/dt'^2$$
$$= [(1-v^2/c^2)/(1+vv'/c^2)^2] a'_z \qquad (8-41)$$

设被考察的粒子静止在运动参考系上,即有 $v'=0$,加速度变换式则可简化为

$$a_x = d^2x/dt^2$$
$$= (1-v^2/c^2)^{3/2} d^2x'/dt'^2$$
$$= (1-v^2/c^2)^{3/2} a'_x \qquad (8-42)$$

$$a_y = d^2y/dt^2$$
$$= (1-v^2/c^2) d^2y'/dt'^2$$
$$= (1-v^2/c^2) a'_y \qquad (8-43)$$

$$a_z = d^2z/dt^2$$
$$= (1-v^2/c^2) d^2z'/dt'^2$$
$$= (1-v^2/c^2) a'_z \qquad (8-44)$$

为了不偏离主题,我们暂且放下与粒子运动方向垂直的加速度变换式,先讨论与粒子运动方向平行的加速度变换式。

在与粒子运动方向平行的加速度变换式

$$a_x = (1-v^2/c^2)^{3/2} a'_x \qquad (8-45)$$

中,a_x 表示在 s 参考系中对静止在运动参考系 s' 上的粒子测得的加速度;a'_x 表示在 s' 参考系中测得的粒子初始加速度($V'=0$ 时的加速度),$a'_x = F/m$(F、m 不随粒子运动状态而变)。当 $v=0$ 时,亦有 $a_x = F/m = a'_x$。

在式(8-45)中,a'_x、a_x 分别对应于"视在加速度"与其质心加速度及自旋加速度的关系式(8-35)式

$$a_s = (1-v^2/c^2)^{1/2} a_k + v/c \cdot a_L$$

中电子的视在加速度 a_s 及质心加速度 a_k，v 对应于"视在速度"与其质心速度及自旋速度的关系式(8-34)

$$V_s^2 = V_k^2 + V_L^2$$

中的电子质心运动速度 V_k，则有

$$a_s = a_k/(1-V_k^2/c^2)^{3/2}$$

为了与经典力学中的物理量相衔接，我们还是以 v 代替 V_k，以 a 代替 a_k 来表示上式，即有

$$a_s = a/(1-v^2/c^2)^{3/2} \tag{8-46}$$

此式是运用"洛伦兹变换"直接导出的"视在加速度"与质心加速度之间关系的表达式，本论把这个关系式简称为物体的"视在加速度表示式"。

以静止参考系 s 的时间 t 对式(8-46)两边积分

$$\int_0^t a_s dt = \int_0^t a dt/(1-v^2/c^2)^{3/2}$$

$$\int_0^{V_s} dV_s = \int_0^v dv/(1-v^2/c^2)^{3/2} \tag{8-47}$$

积分得到

$$V_s = v/(1-v^2/c^2)^{1/2} \tag{8-48}$$

式(8-48)是运用"洛伦兹变换"直接导出的视在速度与质心速度之间的关系表达式，本论把这个关系式简称为物体的"视在速度表示式"。物体的"视在速度"与质心运动速度的这种关系，隐藏在"洛伦兹变换"背后，被所谓的"质速关系"错误顶替。所以说，运动物体的"视在速度"是一种客观真实的存在，它应当能够经得住各种事实的检验。

(四)对两个经典力学公式的修改

本论认为：牛顿力学运动规律应是最本原的物理定律，但在由正、负电力源组成的物质粒子中(中微子是否在列，待确定)，因粒子的"视在速度"效应而表现出了一些较复杂的形式。

(1)牛顿第二定律表示式应表示为

$$\begin{aligned} \boldsymbol{F} &= m\boldsymbol{a} \\ &= m(1-v^2/c^2)^{3/2}\boldsymbol{a}_s \end{aligned} \tag{8-49}$$

或

$$\begin{aligned} \boldsymbol{F}_s &= m\boldsymbol{a}_s \\ &= m\boldsymbol{a}/(1-v^2/c^2)^{3/2} \\ &= \boldsymbol{F}/(1-v^2/c^2)^{3/2} \end{aligned}$$

式中，F 代表牛顿力，a 代表物体的质心加速度，F_s 代表"视在力"，a_s 代表物体的"视在加速度"。

（2）牛顿力学的动量表示式应表示为

$$P = mv$$
$$= m(1-v^2/c^2)^{1/2} V_s \quad (8-50)$$

或

$$P_s = mV_s$$
$$= mv/(1-v^2/c^2)^{1/2}$$
$$= P/(1-v^2/c^2)^{1/2}$$

式中，P 代表牛顿动量，v 为粒子的质心运动速度，P_s 代表"视在动量"，V_s 为"视在速度"。

（五）视在动能与质心动能的关系

以"视在速度"V_s 代替经典动能表示式中的质心速度 v，可得以质心速度 v 表示的"视在动能"公式

$$E_s = 1/2 \cdot mV_s^2$$
$$= 1/2 \cdot mv^2/(1-v^2/c^2) \quad (8-51)$$

此式可由"视在力"做功导出

$$E_s = W_s$$
$$= \int_0^{rs} F_s dr_s$$
$$= \int_0^t ma_s V_s dt$$
$$= \int_0^{Vs} mV_s dV_s$$
$$= 1/2 \cdot m(V_s^2 - 0)$$
$$= 1/2 \cdot m \cdot v^2/(1-v^2/c^2)$$
$$= 1/2 \cdot mv^2 \cdot 1/(1-v^2/c^2)$$

若将 $1/(1-v^2/c^2)$ 按"泰勒级数"展开，可得

$$1/(1-v^2/c^2) = 1 + v^2/c^2 + v^4/c^4 + \cdots\cdots v^{2(n-1)}/c^{2(n-1)} \quad (8-52)$$

将上式代入式（8-51）整理可得

$$E_s = 1/2 \cdot mv^2 \cdot [1 + v^2/c^2 + v^4/c^4 + \cdots\cdots v^{2(n-1)}/c^{2(n-1)}]$$
$$= 1/2 \cdot mv^2 + 1/2 \cdot mv^2 \cdot [v^2/c^2 + v^4/c^4 + \cdots\cdots v^{2(n-1)}/c^{2(n-1)}]$$
$$= 1/2 \cdot mv^2 + 1/2 \cdot mv^2/c^2 \cdot v^2 [1 + v^2/c^2 + \cdots\cdots v^{2(n-2)}/c^{2(n-2)}]$$

$$= 1/2 \cdot mv^2 + 1/2 \cdot mv^2/c^2 \cdot v^2/(1-v^2/c^2)$$
$$= 1/2 \cdot mv^2 + 1/2 \cdot mv^2/c^2 \cdot V_s \qquad (8-53)$$

在上式的展开过程中,$[1+v^2/c^2+v^4/c^4\cdots\cdots v^{2(n-2)}/c^{2(n-2)}]$ 与 $[1+v^2/c^2+v^4/c^4+\cdots\cdots v^{2(n-1)}/c^{2(n-1)}]$ 只相差一无穷阶小量,故均可看作是 $1/(1-v^2/c^2)$ 的"泰勒级数"展开结果。

若以 V_L 表示电子亚结构物质"电力源"绕电子质心轴转动的线速度(此非电子所含引力源、电力源的内禀自旋速度),并令

$$V_L = v/c \cdot V_s \qquad (8-54)$$

将上式代入式(8-53),则亦能得到

$$E_s = 1/2 \cdot mv^2 + 1/2 \cdot mV_L^2$$

或

$$E_s = 1/2 \cdot mV_k^2 + 1/2 \cdot mV_L^2 \qquad (8-55)$$

式(8-54)还可由"视在速度表示式"式(8-48)

$$V_s = v/(1-v^2/c^2)^{1/2}$$

与"视在速度关系式"(8-34)

$$V_s^2 = V_k^2 + V_L^2 \qquad (V_k = v)$$

联解得出,即有

$$V_L = (V_s^2 - V_k^2)^{1/2}$$
$$= (V_s^2 - v^2)^{1/2}$$
$$= (1 - v^2/V_s^2)^{1/2} V_s$$
$$= [1 - (1-v^2/c^2)]^{1/2} V_s$$
$$= v/c \cdot V_s$$

式(8-55)是由经典动能定理扩展推出的动能表示式,与本论在前面提出的"视在动能关系式"式(8-33)完全一致。且当 $v \ll c$ 时,亦有

$$E_s = 1/2 \cdot mV_s^2 = 1/2 \cdot mv^2/(1-v^2/c^2)$$
$$= 1/2 \cdot mv^2 [1+v^2/c^2+v^4/c^4+\cdots\cdots v^{2(n-1)}/c^{2(n-1)}]$$
$$\approx 1/2 \cdot mv^2$$

即在低速情况下,物体的"视在动能"值与经典力学的动能值近似相等。

"视在动能"表达式,适用于由正、负电力源组成的各种物质粒子(中微子是否在列,待确定)。

"视在动能"公式

$$E_s = 1/2 \cdot mV_s^2$$

$$= 1/2 \cdot mV_k^2/(1-V_k^2/c^2)$$
$$= 1/2 \cdot mv^2/(1-v^2/c^2) \tag{8-56}$$

的理论值应比相对论动能公式

$$E_k = m_0c^2[1/(1-V_k^2/c^2)^{1/2}-1]$$
$$= m_0c^2[1/(1-v^2/c^2)^{1/2}-1]$$

的理论值更真实，更接近实验结果。

请注意：本论中的质量(m)是物体的一种基本属性，与物体的状态、形状、温度、运动速度及所处空间位置变化无关。

四、电磁量子动能公式

电磁量子是一种特殊的能量载体。电磁量子只有动态，没有静态。电磁量子虽"脱胎"于其他物质粒子内部，然而，在粒子内部并不存在独立的电磁量子结构。电磁量子是一个由正、负"电力源"相间组成的"电偶环"，其质心动量方向与角动量方向垂直。电磁量子的"视在动能"仍可表示为

$$E_s = 1/2 \cdot mV_s^2$$
$$= 1/2 \cdot mV_k^2 + 1/2 \cdot mV_L^2$$
$$= E_k + E_L$$

上式中，电磁量子的"视在速度"V_s，即是其亚结构物质"电力源"的质心运动速度。此速度是质素"极速"经过"引力源""电力源"几次速度分解后的"剩余"速度。在电磁量子产生前，该速度储存于辐射源内高速运转的"电力源"上。

"电磁量子环"的能量获得，不同于一般粒子的做功过程。"电磁量子环"是在"电力源"脱离辐射源的一瞬间形成，其"视在速度"的分解亦是在这一瞬间完成的。电磁量子的"视在速度"分解，同样是因其亚结构物质间的电磁自感内力作用所致，并遵从"量子化"的对应规则。

若将本论提出的粒子"视在动能"公式

$$E_s = 1/2 \cdot mV_s^2$$
$$= 1/2 \cdot mV_k^2 + 1/2 \cdot mV_L^2$$
$$= E_k + E_L$$

与另一个已被大量实验事实证明了的"能量子公式"（实则为电磁量子"视在动能"的另一种表达式）

$$E_s = h\nu \tag{8-57}$$

联解，则有
$$h\nu = 1/2 \cdot mV_k^2 + 1/2 \cdot mV_L^2 \tag{8-58}$$
其中，V_k 表示"电磁量子环"质心在真空中的运行速度，即光速 c；V_L 表示"电磁量子环"绕质心旋转的线速度。

设"电磁量子环"绕转动轴旋转的角速度为 ω，回转半径为 r，则有
$$V_L = \omega r \tag{8-59}$$
并且，"电磁量子环"绕转动轴旋转的角速度 ω 与电磁量子的电磁波动频率 ν 的关系是
$$\omega = 2\pi\nu \tag{8-60}$$
此关系已在"作用篇"中做过论述。

将式(8-59)、(8-60)及 $V_k = c$ 代入式(8-58)，得方程式
$$\nu^2 - 2h\nu/(4\pi^2 r^2 m) + c^2/(4\pi^2 r^2) = 0 \tag{8-61}$$
依据此方程，可求解电磁波频率 ν。

根据"第三章第四节电磁场"论述的电磁量子结构及其性质可知：质量一定的电磁量子，在自由空间运动时，所具有的电磁波动频率是唯一的。因此，方程(8-61)的解必须是唯一解，即此方程的"德尔塔判别式"必须等于零。从而有
$$\Delta = [-2h/(4\pi^2 r^2 m)]^2 - 4c^2/(4\pi^2 r^2) = 0 \tag{8-62}$$
由此可得出"普朗克常量"量子表示式
$$h = 2\pi rmc \quad (h \text{ 负值结果无意义，省掉}) \tag{8-63}$$
解方程(8-61)，得出唯一解
$$\nu = h/(4\pi^2 r^2 m) = c/(2\pi r) \tag{8-64}$$
再将式(8-59)、(8-60)、(8-64)联解，得
$$V_L = c \tag{8-65}$$
将 $V_k = c$、$V_L = c$ 值代入粒子"视在动能"公式
$$E_s = h\nu = 1/2 \cdot mV_k^2 + 1/2 \cdot mV_L^2$$
中，亦可得出
$$E_s = h\nu = 1/2 \cdot mc^2 + 1/2 \cdot mc^2 = mc^2 \tag{8-66}$$
这表明，爱因斯坦的质能关系式
$$E = mc^2$$
并非涵盖一切物质的普适能量公式，它只是几种电磁量子"视在动能"表达式的其中之一，是一般物质粒子"视在动能"表达式
$$1/2 \cdot mV_s^2 = 1/2 \cdot mV_k^2 + 1/2 \cdot mV_L^2$$
的特殊表现形式。

从上述公式的推演中，还可得到

$$V_s = \sqrt{2}c$$

的结果。这结果表明，相对于参考系静止的电磁辐射源，所辐射出的电磁量子的"视在速度"均为$\sqrt{2}c$。

总之，笔者提出的"视在动能"模型，与狭义相对论之"动力学基础"部分的有些观点是相悖的。笔者不承认物体有"静止质量"与"运动质量"之分，不认为物体质量会随物体的运动状态而变。相对论的"总能量公式"与"静能量公式"，是经典的"光本原"理论产物，不能全面、深刻地反映物质与能量的关系。

篇尾结语：

笔者笃信"物质不灭"之自然法则。因为，我们宇宙的"质素"数量自宇宙暴胀开始即已确定。在宇宙暴胀开始后，"奇点"内所有没能被"引力源"组合上的质素即已永久地失去了我们的"宇籍"。质素在宇宙演进的"一生"中，再不会多出一个，亦不会少掉一个。"物质不灭"自然法则，是"质量守恒律"的本原性支持。

笔者坚信"能量守恒"之自然规律。因为，质素相对于宇宙物理背景(本原空间)的运动速率，均为"恒定极大"速率。在宇宙暴胀后的漫长演进中，质素无论以多么复杂的形式运动，其运动分量皆由质素的本原运动速度分解而出。质素的"本原运动"属性，是"能量守恒律"得以产生的物理源头。

本论认为有以下几点。

(1)宇宙中不存在无实物载体的能量，即所谓的"纯能量"。因为，能量是一种在"场源功能"支配下的物质运动。能量的"活力"及"运动转换"特性，只有在"场源功能"的支持下才能得以显现。

(2)电磁量子(或称光量子)的结构虽然特殊(为电偶环结构)，但它仍为实实在在的物质组合。电磁量子(或称光量子)同其他物质粒子一样，具有真实的质量。频率越高或说能量越大的电磁量子，其亚结构物质——"电偶对"的数目即越多，电磁量子质量即越大。

(3)电磁量子(光量子)被其他物质粒子吸收后，原结构解体，其亚结构物质与吸光粒子的亚结构物质融为一体。吸收了电磁量子(光量子)的粒子，既增加了质量，亦获得了电磁量子带来的"视在动能"；反之，物质粒子在辐射出电磁量子后，既减少了质量，亦失去了电磁量子带走的"视在动能"。这即是对爱因斯坦质能关系式

$$\Delta E_s = 1/2 \cdot (\Delta m) V_s^2 = (\Delta m) c^2$$

物理意义的本征诠释。

(4) 高能电磁量子(大质量光子)在强力场的作用下，其电偶环被分解重组为正、负电子结构。重组的正、负电子质量之和，等于高能电磁量子的质量；正、负电子的"视在动能"之和，等于高能电磁量子的"视在动能"。

(5) 正、负电子在高能状态下对撞解体，其亚结构物质按照一定的规则重组为 2 个或 2 个以上的电磁量子(光量子)。重组的电磁量子(光量子)质量总和，等于对撞电子质量总和；重组的电磁量子(光量子)的"视在动能"总和，等于对撞电子的"视在动能"总和。

(6) 相对论的总能量公式

$$E = mc^2 = m_0 c^2 / (1 - v^2/c^2)^{1/2}$$

对物质粒子(含电磁量子)在引力场或电力场中被加速时能量变化的描述，是不正确的。因为，在"基本力"(或称保守力)做功的过程中，粒子与外界之间既不会发生物质交换，亦不会发生物质转移，粒子的总能量 E 保持不变。

(7) "基本力"(或称保守力)对物质粒子(含电磁量子)做正功的效果是，使其所具的"内禀能"向"视在动能"转化，且粒子"内禀能"的减量总是等于其"视在动能"的增量；"基本力"(或称保守力)对物质粒子(含电磁量子)做负功的效果是，使其所具的"视在动能"向"内禀能"转化，且粒子"视在动能"的减量总是等于其"内禀能"的增量。对此类作用的数学描述须分两种情况给出。

① 对一般物质粒子的作用，有

$$\begin{aligned}\Delta E_s &= -\Delta E_n \\ &= 1/2 \cdot m(V_{s2}^2 - V_{s1}^2) \\ &= 1/2 \cdot m[v_2^2/(1-v_2^2/c^2) - v_1^2/(1-v_1^2/c^2)] \\ &= 1/2 \cdot mv^2/(1-v^2/c^2)\end{aligned} \quad (8\text{-}67)$$

(令粒子的初速度为零)

② 对电磁量子(光量子)的作用，有

$$\begin{aligned}\Delta E_s &= -\Delta E_n \\ &= h\nu_2 - h\nu_1 \\ &= 1/2 \cdot m(V_{s2}^2 - V_{s1}^2) \\ &= 1/2 \cdot m(V_{K2}^2 + V_{L2}^2 - V_{K1}^2 - V_{L1}^2) \\ &= 1/2 \cdot m(c^2 + V_{L2}^2 - c^2 - c^2) \\ &= 1/2 \cdot m(V_{L2}^2 - c^2)\end{aligned} \quad (8\text{-}68)$$

$$(V_{K2}=V_{K1}=V_{L1}=c)$$

上式中，V_k 代表电磁量子在真空中的质心运动速度，即光速 c，是常量；V_L 代表电磁量子的亚结构物质——电力源绕电磁量子环轴心的旋转速度。电磁量子在真空中自由运行时，有 $V_L=c$；"基本力"（或称保守力）对电磁量子做正功时，有 $V_L>c$；"基本力"（或称保守力）对电磁量子做负功时，有 $V_L<c$。

时空篇 **03**

| 论时间与空间的物理关联 |

人类的生活经验告诉我们，任何事物均会被定位在一定的时间与空间之中。

何谓时间？何谓空间？从古至今，人类对时空的认识历经了漫长的演变，积累下了大量的生活经验与知识财富。本篇分"古代时空观""经典时空观""狭义相对论时空观""广义相对论时空观"及"时空观新论"五部分，对时空问题由浅入深地进行解析，以图逐渐地揭示"时空"的真谛。

第九章

古代时空观

第一节 中国古代时空观

一、宇宙时空观

在中国的《辞海》书典中，对于宇宙的解释："宇，空间的总称；宙，时间的总称。"此义源自东汉许慎的《说文解字》典著，后人常常将《说文解字》简称为《说文》。《说文》曰："宇，屋边也。"即宇的本义为屋檐，又表示上下四方、天地之间，如词语"寰宇""宇内"等。更可以引申为疆土、国家的意思。宙，本义为栋梁，《说文》曰："宙，舟舆所极覆亦。"由于覆在屋极上的栋梁是长而直的，因此被引申为时间。四方上下曰宇，古往今来曰宙。若将"宇"与"宙"合成一词，即代表时间与空间的总称，即现代称之为时空。这种对宇宙的时空解释，最早源于《尸子》，《庄子》及《淮南子》中对宇宙的解释有可能均是引自《尸子》。

《尸子》一书，是战国时期楚国黄老学派的一部重要著作。《尸子》的作者尸佼，是中国战国时期著名的政治家、思想家，先秦杂家代表人物。在先秦老子、墨子后学、惠施思想中，皆有宇宙观内容，论述亦十分精辟。如老子提出的"道"与"域"，《墨经》有"久""宇"，惠施有"大一""小一"等，使中国哲学思想得到了不断的充实与发展。然而，只有尸佼赋予"宇宙"以精切而简明的界说。他说"天地四方曰宇，往古今来曰宙"，即指整个空间为宇，无限时间为宙，宇宙即为具有时空属性的运动着的客观世界。

二、时间观

尸佼对时间有进一步的论述。他说："其生也存，其死也亡。""草木无大小，必待春而后生。""人之生亦少矣,而岁之往亦逮矣。"尸佼的这些字句说明,时间是客观事物的根本属性。人、草木等一切有机体,它的产生、发展与消亡,均是通过时间的连续性呈现出来,均是时间连续性的运动过程,是一个有限与无限的统一。

在中国其他的古代典籍中,亦有对时间的定义、时间的构成要素、时间与运动的关系等方面的论述。如在《墨经》中,将时间抽象为"久"。其具体定义为以下。

《经》:"久,弥异时也。"

《说》:"久,古今旦暮。"

此意为,时间概念是各种不同具体时刻的总称。像"古、今、旦、暮",这些均是具体的时刻名称,它们的总和即是抽象的时间概念。

《淮南子·原道训》中亦有一段话,较为形象地描述了时间的客观存在与人们的主观感受之间的关系:"拘囹圄者,以日为修;当死市者,以日为短。日之修短有度亦,有所在而短,有所在而修也,则中不平也。"此中,即指人的内心。此文阐述,一天的长短本来是一定的,但有人感觉它短,有人感觉它长,这完全是他们内心的感受不一样的缘故。此论述把时间流逝的客观性与人们对时间感受的主观不确定性做了清晰的区分,表明了对时间概念认识的深化。

古人在探讨时间的特性方面,很早以前即产生过浪漫的"时变"(时间流逝的快慢发生改变)幻想。东晋虞喜于穆帝永和年间(345—356)作的《志林》:"信安山有石室,王质入其室,见二童子对弈,看之。局未终,视其所执伐薪柯已烂朽,遂归,乡里已非矣。"此文虽寥寥数语,却让人回味无穷,遐想不已。类似的"时变"典记数不胜数,将它们浓缩为一句话,即是"山中方七日,世上已千年"。或像《西游记》中所说:"天庭一日,下界一年。"这些想法虽然没有系统的科学理论基础,是文学艺术想象力所致,但却蕴含古人朦胧的、欲突破"时间绝对性"的"时变"思想。

古人在探讨时间的有限与无限性方面,亦有诸多论述。《庄子·庚桑楚》说:"有长而无本剽者,宙也。"本剽,即指始终。即是说时间无始无终。张衡《灵宪》则直接提出:"宙之端无穷。"即时间是无限的。但,亦有很多人主张时间是有限的。老子《道德经》说:"天下有始,以为天下母。"《淮南子·天文训》说:"道始于虚霩,虚霩生宇宙。"西汉杨雄说:"阖天谓之宇,辟宇谓之宙。"这些论述均认为时间有起点,是有限的。

中国古代主张时间有起始的观点,有一共同特征,即皆认为时间起源于混沌状态的结束。他们认为宇宙是从混沌状态中演化出来的,在混沌状态下,时间概念失效。这反映了古人对时间本性至为深刻的认识。时间与物质运动分不开，时间的流逝只有通过事物的变化才能反映出来，才能被人们感知。

三、空间观

先秦杂家代表人物尸佼，对空间亦有进一步的论述。他说："荆者，非无东西也，而谓之南，其南者多也。"这里说明荆地在中国具体方位的坐标点，具有上下四方这一空间特征。但推而言之，中国之东西南北四方，亦存在着各自的东西南北四方，说明每一坐标点上的方位，既是绝对的，又是相对的，是绝对与相对的统一。荆地亦然。荆地是南方，然"其南者多也"，即南方之南亦是无限之多。可见，任何一个坐标方位点所指的方位，既是有限的，又是无限的，它亦是有限与无限的统一。尸佼以这种辩证思维的方法，较为精辟地揭示了宇寰空间的内涵。

中国古代人们对于空间观念的研究典籍十分丰富，且极具研究价值。他们在书中阐述定义了抽象的三维空间概念，并对空间性质做了较深入的探讨。如《管子》书中有《宙合》篇，后人解曰"四方上下曰合"，"合"即指空间。由"四方上下"着眼定义，显然是强调的其三维性。《文字·自然》记曰："老子曰：……四方上下谓之宇。"《庄子·庚桑楚》对空间的定义则强调其客观实在性，说："有实而无乎处者，宇也。"即是说，空间是一种客观实在，它可以容纳一切，其本身却不能被别的东西容纳。这一定义同时亦涉及了空间的无限性。《墨经》对空间的定义颇具分析色彩。《经上》有"宇，弥异所亦"，《经说》解释道："东西家南北。"即说空间是各种不同场所或方位的总称。

在古代中国，人们主张无限空间概念。如《管子·宙合》曰："宙合之意，上通于天之上，下泉于地之下，外出于四海之外，合络天地，以为一裹。散之至于无间，……是大之无外，小之无内，故曰有橐天地。"天地囊括万物，宇宙又包含天地，大之无外，即指空间是无限的。最后一句特别指出，空间的无限性既表现在宏观，亦表现在微观。对空间无限的判断，古人们常认为，有形则有极，无形则无尽，空间是无形的，所以它是无极无尽的。由此可以看出，古人们在对空间无限问题的探究上，已经触碰到了问题本质的边缘。

第二节　西方古代时空观

一、亚里士多德前希腊人的时间观

在希腊早期奥菲斯教的神话中，有时间之神克洛诺斯，她是使宇宙从混沌变为有序的第一因素。奥菲斯教认为,宇宙产生之初是一片混沌,因为有了时间才有了运动,有了运动才将原来混沌一片的东西区分开来。由此说明,早期的希腊人把时间与宇宙的演化及其次序联系在一起,并对时间怀有神秘感。

古希腊早期的自然哲学毕达哥拉斯学派认为,"时间即是天球本身",即把时间等同于宇宙大体的运动。爱菲斯学派的赫拉克利特认为:"……时间……在具有尺度、限度与过程的秩序中运动。在这些过程中,太阳是时间的管理者与监护者,因为是它规定、裁决、揭示并照明变化,而且,它还带来了产生万物的季节。"他并且说:"时间是一个玩骰子的儿童,儿童掌握着王权。"这表明,赫拉克利特认为时间与事物的秩序与过程有关,太阳的运行、四季的更替即是时间的表现;他并且认为,时间像玩骰子的儿童一样预示着未来,像王权一样决定这一切。

对时间做出比较深入讨论的还是柏拉图。他在《蒂迈欧》中以神话与思辨的方式论述了宇宙的形成与时间、空间问题。他认为现实的宇宙是神按照某种原本创造出来的,是原本的摹本。柏拉图说:"他(宇宙创造者)决心让摹本更像原本。原本是永恒的,他也是尽可能使宇宙永恒……因而,他决定造一个永恒的运动性摹本。他使天空井然有序,模仿那永居统一的永恒,创造了永恒的摹本。摹本要按照定数运动,这个摹本我们叫时间。在天空形成之前,没有日、夜、月、年,他在创造天空的同时,也同样创造了它们,它们都是时间的一部分。"在柏拉图看来,一方面,时间是宇宙创造者为使宇宙模仿其原型运动而与宇宙一起创造出来的,与宇宙同时产生,是宇宙永恒运动的尺度。宇宙万物在时间中运动,从而显示出次序性。另一方面,"时间是无所不包的天球的运动",是由天体的运动表现的。宇宙的创造者为了时间的产生,而创造出太阳、月亮以及五大行星,用以规定与维持时间的数,因此时间以年、月、日计算。柏拉图哲学观的"理念论"认为,只有理念世界的宇宙原型是永恒不变的"真正存在"。我们的宇宙只是"宇宙创造者"按照宇宙原型制造的永远运动的摹本,是感性的"非存在"。而时间即是摹本天球的运动。所以,柏拉图认为时间是不可能客观存在的。

二、亚里士多德的时空观

在古代的时空观中,较全面、系统地研究时间与空间的是亚里士多德。亚里士多德(前384—前322),古希腊人,世界古代史上伟大的哲学家、科学家与教育家之一,堪称希腊哲学的集大成者。他是柏拉图的学生,亚历山大的老师。马克思曾称亚里士多德是古希腊哲学家中最博学的人物,恩格斯称他是"古代的黑格尔"。

(一)关于时间的认识

在前人认识的基础上,亚里士多德对时间问题进行了深入而系统的探讨,并提出了一系列有重要价值的结论。概括起来主要有以下几方面。

(1)关于时间的本质。在亚里士多德之前,古希腊最流行的看法是把时间当作一种运动与变化。亚里士多德则明确指出:"时间不是运动,而是使运动成为可以计数的东西。""时间是关于前后的运动的数。"他认为,一切变化与一切运动事物皆存在于时间里。"运动之所谓'存在于时间里'就意味着,时间既计量运动本身,也计量运动的存在——因为它计量运动与计量运动的存在是同时的。他认为,时间是事物运动过程或运动持续性的量度,是人类对事物运动持续性的量度。"他指出:"时间或者同于运动,或者是运动的一种规定。""时间是运动与运动存在的尺度。""运动是有前和后的,而前和后作为可数的事物就是时间。""时间是关于前与后的运动的数,并且是连续的数(因为运动是连续的)。"这是亚里士多德关于时间本质的部分结论。

(2)关于时间的客观存在性。亚里士多德认为,时间就其本质而言,是事物运动持续性的反映,因此它依赖于物质的运动而客观存在着。亚里士多德提出,时间是以"现在"的形式存在,"没有'现在'亦即没有时间""'现在'是时间的一个环节,连接着过去的时间与将来的时间""它又是时间的一个限:将来时间的开始,过去时间的终结""时间因'现在'而得以连续,亦因'现在'而得以划分"。亚里士多德明确肯定了时间的客观存在性。

亚里士多德还认为,就宇宙内部的各具体物质系统而言,宇宙中存在着统一的时间,它相对于具体的事物是独立的。他写道:"时间同等地出现于一切地方,与一切事物同在。其次,变化总是或快或慢的,而时间没有快慢。"他认为,宇宙中存在着一个统一的同等地出现在一切地方、没有快慢、均匀流逝的时间。

(3)关于时间的无限性。在古希腊,亚里士多德第一个明确地指出了时间的无限性。他说:"时间是无限的。"他所说的时间无限性有两种含义:一是指时间在量上是无限的;二是指时间是无限可分的。

关于时间在数量上的无限性,亚里士多德说:"只要运动永远存在,时间是一定不会消失的。"因为"时间与运动无论在潜能上还是现实上均是同在的"。亚里士多德论述说:"时间被说成无限是因为运动是无限的。"理由有两点:一是"运动是永恒的";二是"时间不能脱离运动,与运动同在"。对于时间的无限性,他还论证说:时间是由"现在"体现的,"现在"既是过去时间的终点又是将来时间的起点;在时间的长河中,不论是向后取多么早的一段过去的时间,还是向前取多么晚的一段将来的时间,它的边界总是对应那时的一个"现在";既然"现在"是以前时间的终点又是以后时间的起点,"那么必然在它的两边都永远有时间存在";因此,"时间这东西必然是永远存在的"。他还在《论天》中指出:"整个天(宇宙)既不生成,也不可能被消灭,而是像有些人所说的那样,是单一和永恒,它的整个时期既无开端亦无终结,在自身中包含着无限的时间。"

亚里士多德在强调时间的无限性的同时,亦指出对任何一个具体事物而言,其产生与灭亡的过程不可能是无限的,它们的存在时间又均是有限的。

关于时间的无限可分性,亚里士多德认为:"时间本身分起来也是无限的。"因为在他看来,一切连续的事物均具有无限性,而"一切连续事物被说成是'无限的'都有两种含义:或分起来的无限,或延伸上的无限"。

(4)关于时间的单向均匀流逝。亚里士多德认为,"时间是关于前和后的运动的数""是被数的数",它因先后不同而永不相同。因此,时间具有指向未来的顺序性,即暗示着时间必然是单向流逝的。对此,亚里士多德有许多比较明确的论述。他说:"正如运动总是在不停地继续着那样,时间也是不停地继续着的。""时间……永远在开始和终结之中。"既然时间永远处于过去的终结与未来的开始之中,绝不会停止,那么它即是一个单向的持续流逝过程。他还认为,时间由"现在"展示,而"作为不断继续着的'现在'是不同的""'现在'由于运动的事物是在运动中的,所以是不断变换着的"。时间反映事物的运动与变化过程,变化意味着事物不断地脱离原来的状况,因而时间必然因事物的运动变化而永不相同,即单向流逝。时间的单向流逝,即为今天所说的时间不可倒流。

亚里士多德在论述时间的流逝是均匀的时说:"变化总是或快或慢的,而时间没有快慢。"对此他论证说:"因为事物变化的快慢是用时间确定的:所谓快,就是时间短而变化大;所谓慢,就是时间长而变化小;而时间的快慢不能用时间来确定,也不能用运动已达到的量或变化已达到的质来确定。"也就是说没有什么方法能确定时间的快与慢,因而时间无快慢,是均匀地流逝着。因此,"时间本身不能说'快慢',而是'多少'或'长短'"。较系统地论证时间的单向均匀流逝性,亦是亚里士多德对时间认识的一项贡献。

(5)关于时间的计量。亚里士多德认为,"时间是通过运动体现的,运动完成了多少,总是被认为,也说明时间已过去了多少""我们不仅用时间计量运动,也用运动计量时间,因为它们是相互确定的"。亚里士多德指出了人类计量时间的真实机理。从实质上讲,人类只能用运动计量时间,因为离开了物质的运动就无时间可言,亚里士多德的"时间计量运动是通过确定一个用以计量整个运动的运动来实现的"观点,是一种相当深远的认识。

时间用物质的运动计量,但运动的种类很多,选择何种形式的运动计量时间？亚里士多德认为:"整齐划一的循环运动"最适于作为时间的计量单位。他在《论天》中指出：人们可以选择天体的旋转运动作为量度一切运动的尺度,因为"只有它是连续的、均衡的与永恒的"。

(二) 关于空间的认识

亚里士多德说:"空间被认为很重要,但又很难理解。"亚里士多德关于空间的认识主要在以下几方面。

(1) 空间是不能移动的容器。亚里士多德说："如果不曾有某种空间方面的运动,也就不会有人想到空间方面去。"正是因为物体有位置移动与体积变化,所以"空间被认为是显然存在的"。

对存在的空间如何描述,亚里士多德指出："空间有三维:长、宽、高。""空间乃是事物的直接包围者,而又不是该事物的部分。""空间是不动的。""空间被认为是像容器之类的东西。"亚里士多德比喻说："恰如容器是能移动的空间那样,空间是不能移动的容器。"这是在西方科学认识史上第一次认识到空间的三维性,亦是描述物体运动、建立运动学的最早的基础。

(2) "共有空间"与"特有空间"。亚里士多德认为,空间可以被分为两类："一是共有的,即所有物体存在于其中的;另一是特有的,即每个物体所直接占有的。""共有空间"是所有的物体共同存在与运动的场所,"特有空间"是每个物体在共有空间中所占据的部分。人们能够直接观测的是物体的"特有空间",而对"共有空间"的认识是以关于"特有空间"的认识为基础的。"共有空间"与"特有空间"是整体与部分的关系。

(3) 空间独立于物质而存在。亚里士多德指出："空间比什么都重要,离开它别的任何事物都不能存在;另一方面它却可以离开别的事物而存在,当其内容物灭亡时,空间并不灭亡。""空间可以在内容事物离开以后留下来,因而是可以分离的。"

亚里士多德的这些认识尽管均是经验性的,但对于描述物体的运动、建立运动学,却是最基础性的。

第十章

经典时空观

在以牛顿、伽利略等人为代表的经典物理时代，人们对时间与空间已有了较完整的认识，并能用数学公式将其表达出来。经典物理学在亚里士多德时空观的基础上，扩展建立了"绝对时间"与"绝对空间"的概念，并从"绝对时空观"出发，利用数学公式推导出了牛顿相对性原理、伽利略坐标变换及伽利略速度变换。

第一节 对时间的描述——时刻与时间间隔

时间，是物理学中的基本物理量之一，是对事件过程长短与发生顺序的度量。物理学用时间来度量运动，同时亦用运动来计量时间。计量任何物理量均必须首先规定它的单位，时间亦不例外。很久以前，人类即把地球自转一周的时间作为时间的单位，称作一天（日）。在当时的国际单位制中，时间的基本单位是秒(s)，是用某个指定历元下的地球公转周期来规定的。

在古代，人们用日晷、沙漏等计时仪器来测量时间。在近代，人们通常用钟、表来测量时间。随着科学技术的发展，人们还制造出了当时相当精确的计时仪器，如石英钟、机械钟表等。

我们平常所说的时间，有时指时刻，有时指时间间隔。时刻是指某一瞬间，用以度量事件的发生顺序。时间间隔是指两个时刻之间的差值，用以度量事件发生过程的长短。在表示时间的数轴（时间轴）上，时刻用点表示，时间间隔用线段表示。若事件 A 发生的时刻记为 t_A，事件 B 发生的时刻记为 t_B，两事件发生的时间间隔记为 Δt，则

$$\Delta t = t_B - t_A \tag{10-1}$$

此时，如果 Δt 大于零，则说明事件 A 发生在前，事件 B 发生在后。反之，如果 Δt 小于零，则说明事件 B 发生在前，事件 A 发生在后。并且 A、B 两事件

之间的时间间隔即是 Δt。如果 Δt 等于零，则说明事件 A 与事件 B 是同时发生的。这样，我们即可以通过"时间轴"的引入，把"时刻"与时间间隔这两个时间概念在数学上表现出来，即时刻与时间间隔分别用 t_A、t_B、Δt 等数学量表示出来。

第二节 对空间的描述——位置与长度

空间，亦是物理学中的基本概念之一。在经典物理学中，空间是指物质实体之外的部分，是对物体大小与所在位置的度量。对空间的度量，包括了对物体的体积（三维空间）、面积（二维空间）与长度（一维空间）的度量。其中的体积与面积，虽然是多维度的量，但就其本质而言，亦只是不同维度中的"长度"的综合体现而已。只要我们有了对"长度"的度量标准，那么我们即可以用以度量面积与体积。因此，我们可以说，对空间的度量本质上即是对长度的度量。

像时间一样，长度的测量亦要先规定它的单位，长度的基本单位是米（m）。在当时的国际单位制中，米是用地球子午线全长的四千万分之一来定义的。

我们平时说的"空间"，除了指用体积、面积、长度来度量的"空间大小"之外，有时指的是"空间位置"。空间位置是指某物体与参照物（参考系）之间的空间距离，用以度量物体之间的位置关系。

为了定量地说明一个质点相对于此参照物的空间位置以及空间大小，确定了参照物之后，我们即可以在此参照物上建立固定的坐标系。在经典物理中，最常用的坐标系是笛卡尔直角坐标系。它以参照物上某一个固定点为原点 o，从此原点沿三个互相垂直的方向引三条直线作为坐标轴，通常分别叫作 x 轴、y 轴、z 轴。在这样的坐标系中，一个质点于任意时刻的空间位置，即可以用三个坐标值 x、y、z 来表示。质点位置的空间坐标值是沿坐标轴方向从原点开始量起的长度，而"长度"则又体现为两位置之间的坐标值的差。在坐标系中，空间位置用点来表示，一维空间用线段长度表示，二维空间用面积表示，三维空间用体积表示。在 x 轴上，位置 A 的空间坐标记为 x_A，0，0，位置 B 的空间坐标记为 x_B，0，0，两位置之间的空间距离（长度）记为 ΔL，则

$$\Delta L = x_B - x_A \qquad (10\text{-}2)$$

由于对体积、面积、长度等空间大小的度量，本质上即是对长度的度量，因此，我们可以通过引入"坐标系"，而将"空间位置"与"空间大小"这两个空间概念用数学形式表示出来。

第三节　对时空性质的认识——绝对时间与绝对空间

关于时间与空间的性质问题，经典物理学在亚里士多德的认识基础上，又给出了"绝对时间"与"绝对空间"的概念，或称"绝对时空观"。在"绝对时空观"中，牛顿是最具代表性的。对于时间，他说："绝对的、真正的与数学的时间自身在流逝着，并且由于它的本性而均匀地与外界任何事物无关地流逝着。"而对于空间他又说："绝对的空间，就其本性而言，是和外界任何事物无关，而永远是相同的和不动的。"

从牛顿的观念中我们可以看出，所谓的绝对时间，即指时间的度量是绝对的，与参考系无关；所谓的绝对空间，即指长度的度量是绝对的，与参考系无关。具体来说，即是只要我们的钟表足够准，测量同一运动或者同样的前后两个事件之间的时间间隔，不管在哪个参考系内，测量结果均是一样的。同样，在测量的精度范围内，同一物体的长度亦不会随惯性参考系的选择而变化。并且，"绝对时空观"中时间的测量与空间的测量是相互独立、互不影响的。即测量时间时与长度无关，反之，测量长度时与时间无关。

"绝对时空观"是经典力学的根基，我们可以从"绝对时空观"出发，利用数学推导，得出经典力学处理问题的方法：牛顿相对性原理，以及伽利略坐标变换、伽利略速度变换。

第四节　牛顿相对性原理与伽利略坐标、速度变换

一、牛顿相对性原理

经典力学主要是研究物体运动的，运动即是位置的变化，由于位置总是相对某物体而言的，所以描述运动必须先得选定参考系。物理学曾经定义牛顿第一定律正确成立的参照系为"惯性参照系"。牛顿最初认为有绝对静止的绝对空间存在，这个绝对静止的绝对空间即是惯性参照系。大量的实验表明，凡是相对于惯性参照系做匀速直线运动的参照系，牛顿第一定律均成立，所以实际上存在着无数多的惯性参照系。而且在一个惯性参照系的内部，任何力学试验均不能测出本系统相对于其他惯性系的匀速直线运动的速度。这即是力学的相对

性原理,亦叫牛顿相对性原理或伽利略不变性(因为这个观点首先是伽利略表述的)。

牛顿相对性原理表明,在各惯性系中力学定律的形式是等同的,所以力学现象对各惯性系统来说均是等价的。因此亦即无法追查出哪个是绝对静止的空间。牛顿最初的绝对空间的设想即没有必要性了,自然,实际上亦不存在什么绝对静止的空间。

二、伽利略坐标、速度变换

为了从绝对时空观推导出这一原理,我们可以运用坐标系的变换来说明:

设有两个坐标系,分别以直角坐标系 $S(o, x, y, z)$ 与 $S'(o', x', y', z')$ 来表示,S' 相对于 S 做匀速直线运动,速度方向沿 x 轴正方向,速度大小为 v。为了简化计算,我们假设刚开始时两坐标系相互重合。

为了对比测量时间,我们假设在 S 与 S' 中分别有两个结构完全相同的秒表,这两个秒表可与各自参考系一起运动,并与各自参考系保持相对静止,分别测量各自参考系内的时间间隔,且两个钟均把两坐标系重合的时刻作为零点开始计时。

下面我们在 S 中记录某一事件发生的时刻与位置,时刻记为 t,位置记为 (x, y, z)。并在 S' 记录同一事件发生的时刻与位置,时刻记为 t',位置记为 (x', y', z')。下面我们来推导不同参考系中的时间与空间的关系:

根据绝对时间的概念,我们可以得到

$$t = t' \qquad (10\text{-}3)$$

根据绝对空间的概念,我们可以得到

$$x' = x - vt \qquad (10\text{-}4)$$

$$y' = y \qquad (10\text{-}5)$$

$$z' = z \qquad (10\text{-}6)$$

将式(10-3)~式(10-6)合写在一起得到一组公式,即伽利略坐标变换

$$\begin{aligned} x' &= x - vt \\ y' &= y \\ z' &= z \\ t' &= t \end{aligned} \qquad (10\text{-}7)$$

或

$$\begin{aligned} x &= x' + vt \\ y &= y' \end{aligned} \qquad (10\text{-}8)$$

$$z=z'$$
$$t=t'$$

伽利略坐标变换是由"绝对时空观"推导出来的,时间与空间的测量与参考系的相对速度无关,即时间与空间是"绝对的"。伽利略坐标变换是"绝对时空观"的直接反映。

再进一步将变换式(10-7)对时间求导,由于 $t=t'$,我们可以得到

$$dx'/dt' = dx/dt - v$$
$$dy'/dt' = dy/dt \quad (10\text{-}9)$$
$$dz'/dt' = dz/dt$$

根据速度的概念,我们可以得到

$$u'_x = u_x - v$$
$$u'_y = u_y \quad (10\text{-}10)$$
$$u'_z = u_z$$

式(10-10)这组公式即是伽利略速度变换。它说明在不同的惯性系里,共线的速度是线性叠加的,它亦是以"绝对时空观"为基础而导出的。

继续将式(10-10)对时间求导,由于 v 与时间无关我们可以得到

$$du'/dt' = du/dt \quad (10\text{-}11)$$

根据加速度的概念,我们可以得到

$$\boldsymbol{a'} = \boldsymbol{a} \quad (10\text{-}12)$$

式(10-12)说明,同一物体在所有惯性系内的加速度是一样的。

这里值得指出的是,在经典力学里,除了时间与空间跟参考系无关外,力与质量亦是与参考系无关的,即有

$$\boldsymbol{F'} = \boldsymbol{F}, \quad m' = m \quad (10\text{-}13)$$

根据式(10-12)~式(10-13),我们又可以得到

$$\boldsymbol{F'} = m'\boldsymbol{a'} \quad (10\text{-}14)$$

式(10-14)说明,在任何惯性系内,牛顿定律均能成立,并且定律的形式均是一样的。

在物理学中,某物理定律若能以方程来表示,且在变换坐标后,方程式的形式完全不变,则称该物理定律是协变的。因此,我们说力学定律在惯性系中是协变的,这即是所谓的牛顿相对性原理。通过上面的推导,我们可以看出,不管是牛顿相对性原理、伽利略坐标变换,还是伽利略速度变换,它们均是以绝对时空观为基础,利用数学推导而得出的。

第十一章

狭义相对论时空观

19世纪末叶，人类在长期生产活动与科学实验中发现了电磁场这一物质形态及其运动的基本规律，并在宏观高速的领域内发现了许多新的电磁现象，这些均与经典力学发生了尖锐的矛盾。爱因斯坦详细地分析了这些矛盾，特别是有关光的传播现象的实验，从而否认了介质以太的存在，概括出了狭义相对论的两条基本假设，即光速不变原理与狭义相对性原理。并从这两条原理导出了联系不同惯性系的时间、空间坐标的洛伦兹变换式，批判了经典力学中的时间、空间概念，从而使物理学中的时间、空间概念发生了深刻的变革。

第一节 经典物理学在光传播问题上的困难

我们知道，人们对于客观世界的认识，是否具有真理性，只能由科学实践来验证。验证经典力学时空观的关键性实验之一，即迈克尔逊—莫雷实验。

在光的电磁本性揭示以前，光的波动理论已经提出及完成几十年了。对光的波动理论首创者来说，把光波作为处处弥漫着的弹性介质以太的波动是合理的。用以太波可以成功地解释衍射及干涉现象，使得这种力学以太的概念是如此熟悉，以致它的存在毫不怀疑地被人们所接受。1864年麦克斯韦发展了光的电磁理论，1887年赫兹用实验证实电磁波，从而剥夺了以太的许多动力学性质。但在这个时候，亦还没有人觉得应该放弃用以太表征如下的运动学性质：光相对于以太这种普适的参照系而传播。

如果真的存在着弥漫于整个空间的以太，而以太又相对于整个空间是静止的，则我们至少是以地球公转运动的速度，即3×10^4米/秒在其中穿过。从地球上的观察者来看，以太相对于地球运动。为了探测这个运动，迈克尔逊与莫雷用光线干涉仪对"以太漂移"进行了多年的测量实验，盼望着直接地证实"以太漂移"的存在。从1881—1887年的迈克尔逊—莫雷实验开始，直到后来出现的与迈克尔逊—莫雷实验方法上相似但原理不同的许多实验，实验精度越来越高，但均得到相同的结果：没有探测到以太的漂移。

迈克尔逊—莫雷实验所提出的问题的实质是：从古典物理学的理论出发所得出的论断与实验事实不相符合。为了解决这个矛盾，当时有许多人进行了研究。其中不少人由于深受古典物理学的束缚，总是想方设法保持伽利略变换式(10-7)与由它逻辑地推导出的速度变换关系(10-10)。亦即是说，他们试图不打破古典力学的时间与空间观念，力求解释迈克尔逊—莫雷实验的结果。

例如有人提出：光通过的介质以太（亦即是普适参系系）被地球完全拖着一起运动，并不是像前面讨论中所假定的那样，地球在运动时以太是静止不动的。虽然用这种方法来解释迈克尔逊—莫雷实验是很简单的，但却与其他事实发生矛盾，其中之一即是所谓的"光行差"现象这个事实。

根据古典物理学的讨论，得到的结论是：

(1) 如果认为地球运动时，把以太带走，则解释了迈克尔逊—莫雷实验的零结果事实，解释不了光行差现象。

(2) 如果认为地球运动时不把以太带走，则解释了光行差现象，解释不了迈克尔逊—莫雷实验的零结果事实。

由此可见，古典物理学，特别是古典力学的时间与空间观念，在新的实验事实面前遇到了严重的困难。

第二节 狭义相对论的两个基本假设

面对着古典物理学与新的实验事实不相符的情况，爱因斯坦详细地分析了这些矛盾，抛弃了古典力学的时间、空间观念，否定了介质以太的存在，冲破了古典物理学的框架，在一些新的电磁学及光学的实验事实基础上，概括出了所谓狭义相对论的两个基本假设，即光速不变原理与狭义相对性原理。并从这两个原理推导出了联系不同惯性系的时间、空间坐标的洛伦兹变换式，建立了狭义相对论的时空观，从而使物理学中的时间、空间概念发生了一次深刻的变革。

一、光速不变原理

这个原理是说：真空中的光速与光源或接收器的运动无关，在各个方向均等于一个恒量 c。即是说，在任一惯性参照系中，所测得的真空中的光速均相同。

由于这个原理在直观上不容易被人们接受,所以几十年来,人们为检验这个原理正确与否做了大量的实验。关于这个原理的实验检验,可以归纳为下列几方面:在真空中,光速是不是与光源的运动速度有关?光速是不是与观察者的运动状态有关?各种不同频率的光波的传播速度是不是相同?光速是不是具有各向同性等。

我们知道,由于实验条件的限制,对于光速是否与观测者的运动状态有关的检验是困难的。但对于光速是否与光源的运动速度有关,及不同频率的光波的传播速度是否相同这两个方面,在实验上由于只关系到单个钟的物理现象,均是可以直接加以观测的,而且原则上亦是简单的。例如,人们曾利用基本粒子的有关实验,测量光源在高速飞行时所发射的光的传播速度。特别是 π^0 介子在以大于 0.9975 倍光速的情况下飞行,衰变后的光子仍以光速 c 传播,其精确度达到 1/10000。人们对真空中的光速值曾进行过多次精密测量,而以应用激光技术所测的数值更为精确。1975 年第 15 届国际计量大会,确认真空中的光速值为 $c = 299792458$ 米/秒,并作为国际推荐值使用。

二、狭义相对性原理

这个原理是说:在相对做匀速直线运动的一切惯性参照系中,物理定律均具有相同的形式。即是说,在一个惯性参照系的内部,不能通过任何实验(力学的,电磁学的,光学的)测出该惯性参照系相对于其他惯性参照系的速度来。或者说,任何现象对一切惯性参照系而言,进行的情况均是完全一样的。

狭义相对性原理表明:自然界不存在普适参照系。假如物理定律对于相对做匀速直线运动的不同观察者具有不同的形式,那么,从这些差别即可以决定哪个对象是"静止的"与哪个对象是"运动的"。但由于不存在普适参照系,所以在自然界中这种差别是不存在的。

事实上,很容易证明物体的力学运动规律,即牛顿运动方程

$$F = ma = md^2 r/dt^2 \qquad (11-1)$$

在伽利略变换下是不变的。这句话的意思即是方程(11-1)的形式在 S 系与 S' 系是相同的。显然在 S 系,一个质点沿 x 方向的运动方程是

$$ma_x = md^2 x/dt^2 = F_x \qquad (11-2)$$

由于伽利略变换,$t = t'$,而且有

$$dx/dt = dx'/dt + v = dx'/dt' + v$$

因 v 是常量,故有

$$d^2x/dt^2 = d^2x'/dt'^2$$

这表示 S 系中的加速度 a_x 等于 S' 系中的加速度 $a'_{x'}$。假定在 S' 系中力 $f'_{x'}$ 的大小与在 S 系测得的力 F_x 相等，而且质量 m 亦不变，于是从式(11-2)可得

$$md^2x'/dt'^2 = f'_{x'} \tag{11-3}$$

它的形式与式(11-2)相同，只是多了一个撇。对于在 y 方向及 z 方向则更容易得到类似的结果。

当然这是指力学相对性原理。但对于狭义相对性原理，就不只限于力学定律，而是指包括力学定律、电磁规律在内的所有物理规律。那么，力学定律之外的其他物理定律是否亦都会在伽利略变换下保持不变呢？答案是否定的，如光速不变规律在伽利略变换下就不能保持不变：

设有两个惯性坐标系 S 与 S'，S' 相对于 S 以恒速度 v 沿轴方向运动，并规定在两个坐标系的原点 o 与 o' 重合时 $t = t' = 0$，而且正在这一时刻，静止于 S 坐标系中的光源在原点发出一个光信号。根据光速不变原理，在坐标系 S 中及在坐标系 S' 中测出的光速均等于 c。在 S 坐标系中光波的波前应该是球面，波前的方程为

$$x^2 + y^2 + z^2 = c^2 t^2 \tag{11-4}$$

根据相对性原理，在坐标系 S' 中光波的波前亦应该是球面，它的方程为

$$x'^2 + y'^2 + z'^2 = c^2 t'^2 \tag{11-5}$$

式(11-4)与式(11-5)是相对论的必然结果。

现在我们来验证一下，看是否能通过伽利略变换式(10-7)将式(11-5)变换为式(11-4)。将式(10-7)代入式(11-5)，得

$$(x-vt)^2 + y^2 + z^2 = c^2 t^2,$$

$$x^2 - 2xvt + v^2 t^2 + y^2 + z^2 = c^2 t^2$$

这结果显然与式(11-4)不一致。所以说，伽利略变换在相对论中不适用，必须找另一种变换式代替伽利略变换式。

第三节　洛伦兹坐标变换公式

伽利略变换的不适用，是由于它把自己建立在绝对时间与绝对空间的基础之上。要建起新的时间、空间概念，我们应当首先建立类似于"伽利略变换"的新的坐标变换关系。我们可以直接从狭义相对论的"两个基本假设"出发，导出联系不同惯性系的时间、空间坐标的数学变换式，即洛伦兹坐标变换公式。洛

伦兹变换在确立新的时间、空间精确概念方面，起着十分重要的作用。

为了推导洛伦兹变换式，我们用图 11-1 中所述的两个坐标系 S 与 S'。（在 $t=t'=0$ 时刻，二坐标系重合），由于在变换式中 $y=y'$，$z=z'$，所以现在只需证明 x，t 与 x'，t' 的变换关系。

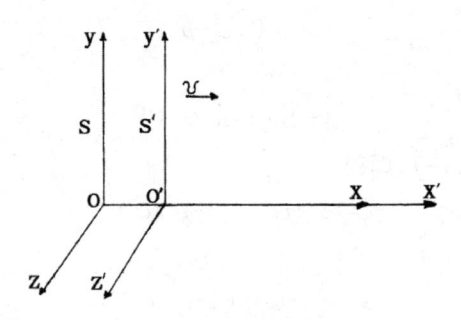

图 11-1　洛伦兹变换式推导用图

设一事件在 S 坐标系中的 x 地点与时刻 t 发生，而在 S' 坐标系中可表示为 (x', t')。我们回忆伽利略变换中两坐标系间关系为

$$x = x' + vt \quad \text{或} \quad x' = x - vt \tag{11-6}$$

即坐标变换中坐标与时间的关系是线性的。同样地，我们认为 (x, t) 与 (x', t') 的关系亦是线性的。因为如果坐标变换不是线性的，那么，一个相对 S 系为匀速直线的运动，则相对 S' 系就不是匀速直线运动了，这是违背相对性原理的。为此假设变换方程具有如下形式（尽可能采用接近伽利略变换的方程）：

$$x = Ax' + Bt'$$
$$x' = Ax - Bt \tag{11-7}$$

此处与伽利略变换不同的是认为 $t \neq t'$，且为了变换的普遍性，式中加入了两个系数 A、B。

令方程(11-7)的第一式中的 $x=0$，可以确定在 S' 系中测得的 S 系原点 O 的运动速度。同样，令方程(11-7)的第二式中的 $x'=0$，可以确定在 S 系中测得的 S' 系原点 O' 的运动速度。这两个速度大小相等，方向相反，数值为 v，于是

$$v = B/A \tag{11-8}$$

再考虑当 S 与 S' 重合时的原点发一光信号，则在 S 系中经时间 t 后在 t 时刻到达的 x 值为

$$x = ct \tag{11-9}$$

对 S' 系中来说经时间 t' 后在 t' 时刻的 x' 值为

$$x' = ct' \tag{11-10}$$

把式(11-9)与式(11-10)代入方程(11-7)，得

$$ct = (Ac+B)t' \tag{11-11}$$

$$ct' = (Ac-B)t \tag{11-12}$$

上两式相乘，消去 t 与 t' 并考虑式(11-8)得

$$c^2 = A^2(c^2-v^2)$$

所以

$$A = 1/(1-v^2/c^2)^{1/2} \tag{11-13}$$

把上式代入式(11-7)即得

$$x = (x'+vt')/(1-v^2/c^2)^{1/2} \tag{11-14}$$

与

$$x' = (x-vt)/(1-v^2/c^2)^{1/2} \tag{11-15}$$

由上两式消去 x' 得

$$t' = (t-vx/c^2)/(1-v^2/c^2)^{1/2} \tag{11-16}$$

同样，消去 x 求得

$$t = (t'+vx'/c^2)/(1-v^2/c^2)^{1/2} \tag{11-17}$$

由此，我们即可以得到两组洛伦兹变换关系式：

一组是用 S 系中的坐标表示 S' 系中的坐标的变换关系式

$$\begin{aligned} x' &= (x-vt)/(1-v^2/c^2)^{1/2} \\ y' &= y \\ z' &= z \\ t' &= (t-vx/c^2)/(1-v^2/c^2)^{1/2} \end{aligned} \tag{11-18}$$

另一组是用 S' 系中的坐标表示 S 系中的坐标的变换关系式

$$\begin{aligned} x &= (x'+vt')/(1-v^2/c^2)^{1/2} \\ y &= y' \\ z &= z' \\ t &= (t'+vx'/c^2)/(1-v^2/c^2)^{1/2} \end{aligned} \tag{11-19}$$

我们从式(11-18)与式(11-19)中可以看出，当 S 系与 S' 系比光速 c 很小的时候，即 $v \ll c$ 时，$1-v^2/c^2 \approx 1$，于是有

$$\begin{aligned} x' &= x-vt \\ y' &= y \\ z' &= z \\ t' &= t \end{aligned}$$

与

$$x = x' + vt$$
$$y = y'$$
$$z = z'$$
$$t = t'$$

这即是伽利略变换式(10-7)与(10-8)。可见，伽利略变换是洛伦兹变换的特殊情况。因此说，由伽利略变换所给出的古典力学的时间、空间概念，乃是物体低速运动时的时间、空间概念的近似摹写。

第四节 狭义相对论的时空理论

一、时空间隔不变性与相对论时空结构

(一)时空坐标变换与光速不变性

与旧时空观集中反映在伽利略变换式上一样，相对论时空观集中反映在从一惯性系到另一惯性系的时空坐标变换式上。

时间是我们从物质运动中抽象出的概念，物质运动可以看作一连串事件的发展过程。事件可以有各种不同的具体内容，但它总是在一定地点于一定时刻发生的。因此，我们可用四个坐标(x, y, z, t)代表一个事件。相对论坐标变换，即是在不同参考系上观察同一事件的时空坐标变换关系。

设同一事件在惯性系 S 上用(x, y, z, t)表示，在另一惯性系 S' 上用(x', y', z', t')表示，我们导出这两组时空坐标的关系。

惯性系的概念本身要求从一惯性系到另一惯性系的时空坐标变换必须是线性的。设有一不受外力作用的物体相对于惯性系 S 做匀速直线运动，它的运动方程由 x 与 t 的线性关系描述。在另一惯性系 S' 上观察，这物体亦是做匀速运动，因而用 x' 与 t' 的线性关系描述。由此可知，从(x, t)到(x', t')的变换式必须是线性的。

现在再考察光速不变性对时空变换的限制。如图 11-2，

设有一光源与一些接收器，我们在惯性系 S 上观察闪光的发射与接收。取光源发出闪光时刻所在点为 S 的原点 O。在 S 上观察，1 秒之后光波到达半径为 c 的球面上，这时处于球面上的一些接收器(图 11-2 中的 P_1、P_2 与 P 等)同时接收到光信号。这球面是一个波阵面。设另一个惯性系 S' 相对于 S 以速度 v 沿 x

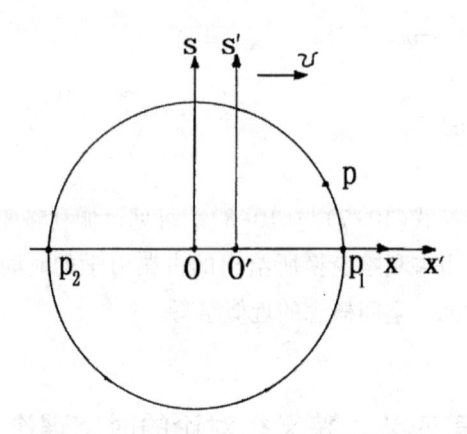

图 11-2 光速不变性对时空变换限制分析

轴方向运动，并取光源发光时刻所在点为 S' 的原点 O'。在光源发光时刻，两参考系的原点 O 与 O' 重合。考虑两特殊事件：第一事件为光信号在某时刻从 O 点出发，第二事件是在另一地点 P 接收到该信号。选取两参考系的原点在闪光发出时刻重合，并且同时开始计时，即第一事件在两参考系中均用 $(0, 0, 0, 0)$ 表示。设物体 P 接收到讯号的空时坐标在两参考系上分别为 (x, y, z, t) 与 (x', y', z', t')。由于两参考系上测出的光速均是 c，因而有

$$x^2+y^2+z^2=c^2t^2,$$
$$x'^2+y'^2+z'^2=c^2t'^2,$$

即是说，当二次式

$$x^2+y^2+z^2-c^2t^2 \tag{11-20}$$

为零时，另一二次式

$$x'^2+y'^2+z'^2-c^2t'^2 \tag{11-21}$$

亦为零。

上面我们选择了两个特殊事件，这两件事之间用光讯号联系着。一般来说，两个事件不一定用光讯号联系，它们可能用其他方式联系，或者根本没有任何联系。以第一事件空时坐标为 $(0, 0, 0, 0)$，则第二事件空时坐标 (x, y, z, t) 可以是任意的。在这种情形下，二次式 (11-20) 与 (11-21) 就不一定为零，而是可以取任何值。问题是，在一般情况下，二次式 (11-20) 与 (11-21) 应有什么关系？

通过线性变换，可以把二次式 (11-21) 变为关于 x, y, z, t 的二次式 $F_2(x, y, z, t)$。当二次式 (11-21) 为零时，$F_2(x, y, z, t)=0$，但同时二次式 (11-20) 亦等于零。因此，二次式 $F_2(x, y, z, t)$ 最多只与 (11-20) 式差一常数因子。

由此，
$$x'^2+y'^2+z'^2-c^2t'^2=A(x^2+y^2+z^2-c^2t^2)$$

式中因子只可能依赖于两参考系相对速度的绝对值（因为在空间中不存在特定方向）。因为两参考系是等价的，反过来亦应有关系
$$x^2+y^2+z^2-c^2t^2=A(x'^2+y'^2+z'^2-c^2t'^2)$$

由于系数 A 不依赖于相对速度的方向，因此上面两式中的 A 应该是一样的。比较以上两式可得 $A^2=1$，由变换的连续性应取 $A=+1$。因此有
$$x'^2+y'^2+z'^2-c^2t'^2=x^2+y^2+z^2-c^2t^2 \tag{11-22}$$

关系式(11-22)是光速不变性的数学表示，它是相对论时空观的一个基本关系。

(二) 时空间隔不变性

二次式(11-20)称为事件(x, y, z, t)与事件$(0, 0, 0, 0)$的间隔，用 s^2 表示，即有
$$s^2=x^2+y^2+z^2-c^2t^2 \tag{11-23}$$

在另一惯性系中观察这两个事件的间隔 s'^2，亦有
$$s'^2=x'^2+y'^2+z'^2-c^2t'^2 \tag{11-24}$$

关系式(11-22)可写为
$$s'^2=s^2 \tag{11-25}$$

这关系称为"时空间隔不变性"，它表示两事件的间隔不因参考系变换而改变。

一般来说，事件(x_1, y_1, z_1, t_1)与(x_2, y_2, z_2, t_2)的时空间隔为
$$\Delta s^2=(x_2-x_1)^2+(y_2-y_1)^2+(z_2-z_1)^2-c^2(t_2-t_1)^2$$
$$=\Delta x^2+\Delta y^2+\Delta z^2-c^2\Delta t^2 \tag{11-26}$$

在另一参考系上观察这两事件的空时坐标为(x'_1, y'_1, z'_1, t'_1)与(x'_2, y'_2, z'_2, t'_2)，其间隔为
$$\Delta s'^2=(x'_2-x'_1)^2+(y'_2-y'_1)^2+(z'_2-z'_1)^2-c^2(t'_2-t'_1)^2$$
$$=\Delta x'^2+\Delta y'^2+\Delta z'^2-c^2\Delta t'^2 \tag{11-27}$$

由间隔不变性得
$$\Delta s^2=\Delta s'^2$$

(三) 时空间隔的分类

时空间隔既是相对论时空观的一个基本概念，亦是相对论时空结构的核心内容。由式(11-26)知：若两事件在同一地点相继发生，则有 $\Delta s^2=-c^2\Delta t^2$；若

两事件同时在不同的地点发生，则 $\Delta s^2 = \Delta x^2 + \Delta y^2 + \Delta z^2$。由此可见，时空间隔是将时间与空间距离关联起来的重要"纽带"。

为简单起见，我们可以第一事件为空时原点(0, 0, 0, 0)，设第二事件的空时坐标为(x, y, z, t)，则这两件事的时空间隔表示式可简化为

$$s^2 = x^2 + y^2 + z^2 - c^2 t^2 = r^2 - c^2 t^2 \tag{11-28}$$

式中 $r = (x^2 + y^2 + z^2)^{1/2}$ 为两事件的空间距离。

两事件的时空间隔可以取任何数值。我们区别三种情况：

(1)若两事件可以用光波联系，则 $\Delta r = c\Delta t$，$\Delta s^2 = 0$；

(2)若两事件可用低于光速的作用来联系，则有 $\Delta r < c\Delta t$，因而 $\Delta s^2 < 0$；

(3)若两事件的空间距离超过光波在时间 t 所能传播的距离，则有 $\Delta r > c\Delta t$，因而 $\Delta s^2 > 0$。

由于从一个惯性系到另一个惯性系的变换中，间隔 Δs^2 保持不变，因此上述三种间隔的划分是绝对的，不因参考系变换而改变。

(四) 光锥时空图

为了看清楚"时空间隔"分类的几何意义，我们把三维空间与一维时间统一起来考虑，每一事件用四维时空的一个点表示。为了能够用直观图像表示，我们暂时限于考虑二维空间(代表 xy 平面上的运动)与一维时间。如图 11-3 所示。

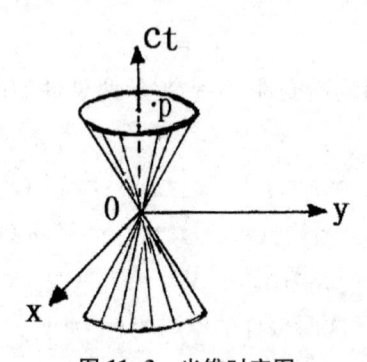

图 11-3　光锥时空图

我们把二维空间(坐标为 x, y)与一维时间(取时轴坐标为 ct)一起构成三维时空。事件用这三维时空的一个点 P 表示。P 点在 xy 面上的投影表示事件发生的地点，P 点的垂直坐标表示事件发生的时刻乘以 c。

对应于前面时空间隔分类的三种情况，P 点属于三个不同区域：

(1)若事件 P 与事件 O 的间隔 $\Delta s^2 = 0$，则 $\Delta r = c\Delta t$，因而 P 点在一个以 O 为顶点的锥面上。这个锥面称为光锥。凡在光锥上的点，均可以与 O 点用光波联

系。这类型的间隔称为类光间隔。

(2)若事件 P 与事件 O 的间隔 $\Delta s^2<0$，则 $\Delta r<c\Delta t$，因而 P 点在光锥之内。这类型的间隔称为类时间隔。

(3)若事件 P 与事件 O 的间隔 $\Delta s^2>0$，则 $\Delta r>c\Delta t$，因而 P 点在光锥之外。P 点不可能与 O 点用光波或低于光速的作用相联系。这类型的间隔称为类空间隔。

间隔的这种划分是绝对的，不因参考系而转变。若某参考系事件 P 在事件 O 的光锥内，当变到另一参考系时，虽然 P 的空时坐标均改变，但 Δs^2 不变，因此事件 P 保持在 O 的光锥内。同样，若对某参考系 P 在 O 的光锥外，则对所有参考系事件 P 均在事件 O 的光锥外。

类时区域还可再分为两部分。如图11-3，光锥的上下两半只有公共点 O，而洛伦兹变换保持时间正向不变，因此光锥的上半部分与下半部分不能互相交换。若事件 P 在 O 的上半光锥内，则在其他参考系中它保持在上半光锥内。

二、同时性的相对性

经典力学中的时间、空间度量性质，可以从伽利略变换逻辑地得到；同样，狭义相对论中的时间、空间度量性质，可以从洛伦兹变换逻辑地得到。

洛伦兹变换式表明，对分散在空间不同地点的那些事件来说，同时性与惯性系有关。而对同一地点的那些事件来说，如果它们在某一惯性系中是同时的，那么它们在一切惯性系中亦都是同时的。具体来说，设在惯性系 S 中有两个事件，这两个事件发生的时刻是 t_1 与 t_2，相应的地点是 x_1 与 x_2，在惯性系 S' 中，对应的时刻是 t_1' 与 t_2'，对应的地点是 x_1' 与 x_2'。

假设在 S 系中这件事发生在同一地点($x_1=x_2$)，并且又发生在同一时刻($t_1=t_2$)，则由变换式(11-18)得到

$$x_1' = x_2'$$
$$t_1' = t_2'$$

这即是说，这两件事在任一惯性系中均是同时的，并且是在同一地点(与惯性系间的相对速度 v 无关)。

但是，若 $x_1 \neq x_2$ 而 $t_1 = t_2$，即两件事在 S 系中发生在不同地点，但是同时的，则由变换式(11-18)求得：

$$\begin{aligned} x_1' &= (x_1-vt)/(1-v^2/c^2)^{1/2}, \\ x_2' &= (x_2-vt)/(1-v^2/c^2)^{1/2} \\ t_1' &= (t-vx_1/c^2)/(1-v^2/c^2)^{1/2}, \end{aligned} \qquad (11\text{-}29)$$

$$t_2' = (t-vx_2/c^2)/(1-v^2/c^2)^{1/2}$$

这样，$x_1' \neq x_2'$，且 $t_1' \neq t_2'$。亦即是说，在 S' 系中看来，这两个事件不但仍然不在同一地点，而且亦不同时。可见在不同地点发生的两件事，在一惯性系看来是同时的，而在另一惯性系看来却不是同时的。所以同时性是相对的，不是绝对的。它与空间坐标及相对速度有关。

三、长度的收缩

设有一物体沿 x' 轴放置，相对于 S' 系静止不动，因而相对于 S 系来说这物体以速度 v 沿 x 正向运动。现在我们来比较这一物体的长度分别在 S' 与 S 系来看是否相同。

对 S' 系来说，由于物体相对静止，测它的长度并不困难，只要分别记下物体的坐标 x_2' 与 x_1'，这两个坐标的差值

$$L' = x_2' - x_1'$$

即是物体在 S' 系中（沿 x' 方向）的长度。

对 S 系来讲，物体在运动，情况要复杂些，我们必须同时记下这运动物体两端的坐标 x_1 与 x_2，物体在 S 系中的长度 L（沿 x 轴）等于两坐标之差，即

$$L = x_2 - x_1$$

式中 x_2 与 x_1 是以 S 系中的时钟为准同一时刻 t 记录下来的。由洛伦兹变换式

$$x_2' = (x_2 - vt)/(1-v^2/c^2)^{1/2}$$
$$x_1' = (x_1 - vt)/(1-v^2/c^2)^{1/2},$$

于是得：

$$L = L'(1-v^2/c^2)^{1/2} \tag{11-30}$$

这即是说，如果有一物体相对于 S 系运动，而相对于 S' 系静止不动。则这物体在 S 系中的长度比在 S' 系中的要短一些。简言之，相对物体运动的坐标系中被测物体的长度变短。这叫作运动物体（沿其运动方向）的收缩效应

反过来，若一把尺相对 S 系静止而相对 S' 系运动，同样从 S' 看来此尺要比在 S 系中的长度缩短。尺的长度与相对什么惯性系有关，即长度是相对的不是绝对的。至于垂直于相对速度方向的长度则是不变的，因为在洛伦兹变换中 $y = y'$，$z = z'$。

四、时间的延缓

一个事件所经历的时间亦与相对什么惯性系有关。设在 S' 系中的某固定点

x'处发生一事件,这个事件的开始时刻为t_1',终了时刻为t_2'(以S'系时钟量度)。所以对S'系来说,事件所经历的时间间隔是

$$\Delta t' = t_2' - t_1'$$

但对S系来说(以S系时钟量度),此事件开始时刻为t_1,终了时刻为t_2,由洛伦兹变换可得

$$t_2 = (t_2' + vx'/c^2)/(1-v^2/c^2)^{1/2},$$
$$t_1 = (t_1' + vx'/c^2)/(1-v^2/c^2)^{1/2}$$

故相对此惯性系的时间间隔是

$$\Delta t = t_2 - t_1$$
$$= (t_2' + vx'/c^2)/(1-v^2/c^2)^{1/2} - (t_1' + vx'/c^2)/(1-v^2/c^2)^{1/2}$$
$$= (t_2' - t_1')/(1-v^2/c^2)^{1/2}$$

即

$$\Delta t = \Delta t'/(1-v^2/c^2)^{1/2} \tag{11-31}$$

这即是说,从相对事件发生地点运动的坐标系中所测得的事件经历的时间间隔要比相对静止的坐标系所测得的时间要长。换句话说,此事件在S系中看来进行得比S'系中要慢,这即是时间延缓效应。

这一结论已得到了直接的实验证明:在射向地球的宇宙射线中,有一种物质叫μ子,它是一种不稳定的基本粒子,以2.1971×10^{-6}S的平均寿命发生蜕变。μ子以接近光的速度运动。若用经典理论计算,在它从产生到消失以前所能穿过的距离应为: $3\times10^8\times2.1971\times10^{-6}\approx660(\text{m})$。而实际上在离$\mu$子产生处15000m的地面,仍能测得$\mu$子的存在。这一矛盾依据相对论的结论很容易得到解决。平均寿命$2.1971\times10_S^{-6}$是用与μ介子一起运动(相对静止)的时钟测得的,若用地面上的时钟测量,则平均寿命为$2.1971\times10^{-6}/(1-v^2/c^2)_S^{1/2}$,如果$v\approx c$,则这个时间是很长的,所以足以穿过15000m的距离。

反过来,若用前面讨论过的长度收缩效应来考虑,在地面上看来虽然距离是15000m,但对接近光速的运动系统(μ子相对该坐标系静止)来说,其距离是$15000\times(1-v^2/c^2)^{1/2}$m,几乎为零。因此,以接近光速运动的$\mu$子在$2.1971\times10_S^{-6}$时间内足够穿过这一距离。

五、速度变换

设在坐标系S'中,一质点沿$o'x'$轴正向以速度u_x'匀速运动。那么,这个质点相对坐标系S的速度u_x,由经典力学的伽利略速度变换法则应是

$$u_x = u'_x + v$$

其中 v 是 S' 系相对于 S 系沿 x 轴正方向运动的速度。

现由洛伦兹变换

$$x = (x' + vt')/(1 - v^2/c^2)^{1/2}$$
$$t = (t' + vx'/c^2)/(1 - v^2/c^2)^{1/2}$$

根据速度定义，对 S' 系有

$$u'_x = dx'/dt'$$

对 S 系有

$$u_x = dx/dt = dx/dt' \cdot dt'/dt$$

对洛伦兹变换取微分，得

$$dx = (u'_x + v) dt'/(1 - v^2/c^2)^{1/2}$$
$$dt = (1 + vu'_x/c^2) dt'/(1 - v^2/c^2)^{1/2}$$

代入 u_x 定义式，并简化得

$$u_x = (u'_x + v)/(1 + vu'_x/c^2) \tag{11-32}$$

用类似方法可得：

$$u_y = u'_y (1 - v^2/c^2)^{1/2}/(1 + vu'_x/c^2)$$
$$u_z = u'_z (1 - v^2/c^2)^{1/2}/(1 + vu'_x/c^2)$$

此式表示了方向相同的两个速度的相对论速度变换法则。如果 u'_x 与 v 远小于光速 c，则 $vu'_x/c^2 \ll 1$，于是此项可以在分母中略去，那么相对论速度变换又回到经典力学的速度变换。

以上这些结论与人们日常生活中一般关于时间、空间与速度合成的概念不同，这主要是因为日常人们对所研究的现象或所观测的物体，或者是处在相对静止状态，或者是处在相对速度较光速小得多的情况，时间与长度的相对性无显著的效应，以至于用精密的仪器均无法察觉。这样，人们在一般情况下即做出了时间与长度与观察者的运动无关的结论。亦正是在这样的基础上导出了牛顿运动学中的伽利略速度变换。诚然，在一般情况下，牛顿运动与实际相符甚好。但在研究运动物体的速度与光速可以比拟时，则必须用相对论的时间、空间与速度变换法则。

六、闵可夫斯基空间与平直时空度规

(一) 闵可夫斯基空间

我们在本节开始的"间隔不变性与相对论时空结构"的论述中曾提道，$\Delta x^2 +$

$\Delta y^2+\Delta z^2-c^2\Delta t^2$是个时空间隔不变量，以 Δs^2 表示。当两个事件的相邻时空点无限接近时，这个不变量可表示为

$$ds^2=dx^2+dy^2+dz^2-c^2dt^2$$

我们从前面的论述中知道，$dx^2+dy^2+dz^2$并不是惯性参照系变换下的一个不变量。在狭义相对论中，时空间隔的不变量是

$$\begin{aligned}ds^2&=dx^2+dy^2+dz^2-c^2dt^2\\&=dx'^2+dy'^2+dz'^2-c^2dt'^2\end{aligned}$$

这里所谓的不变是指时空间隔的数值不论在 S 系计算，或者在 S' 系计算均是相同的。具体说来，可根据下面三种情况来分析。

（1）$ds^2=0$

即 $dx^2+dy^2+dz^2=c^2dt^2$，这表示两个时空点是由一个光讯号联系起来的。例如，在 (x_1,y_1,z_1) 地点于 t_1 时刻发出光讯号，在 (x_2,y_2,z_2) 地点于 t_2 时刻接收到这个光讯号。$ds^2=0$ 表示光讯号通过的四维间隔为零。而 ds^2 的不变性，正是光速不变原理的直接反映。

如在惯性系 S 中，球面光波的数学表达式是

$$x^2+y^2+z^2=c^2t^2$$

同理，在惯性系 S' 中，球面光波的数学表达式是

$$x'^2+y'^2+z'^2=c^2t'^2$$

显然，这是满足狭义相对性原理的要求的。

（2）$ds^2<0$

即 $dx^2+dy^2+dz^2<c^2dt^2$。例如一个粒子以速度 v 运动，在 t_1 时刻经过 (x_1,y_1,z_1,t_1) 点，在 t_2 时刻经过 (x_2,y_2,z_2,t_2) 点，因 $v<c$，所以

$$dx^2+dy^2+dz^2=v^2dt^2<c^2dt^2$$

（3）$ds^2>0$

即 $dx^2+dy^2+dz^2>c^2dt^2$。由于现在还不知道什么样的一种讯号其传播速度能够超过光速 c，因此这两个时空点 (x_1,y_1,z_1,t_1) 与 (x_2,y_2,z_2,t_2) 之间不可能有因果关系。但是在这种情况下，在计算中 ds^2 仍是一个与参照系选择无关的物理量。

把上述结果加以几何化。我们可以在原来的三维欧几里得空间（简称欧式空间）的基础上增加一维时间，并取：

$$\begin{aligned}x_0&=ct\\x_1&=x\\x_2&=y\end{aligned}\tag{11-33}$$

$$x_3 = z$$

则时空间隔不变量可写为:

$$ds^2 = -dx_0^2 + dx_1^2 + dx_2^2 + dx_3^2 \tag{11-34}$$

于是我们把原来的三维欧几里得空间扩充为四维(伪)欧几里得空间,然后承认在这个四维空间中的线元 ds^2 在四维坐标"转动"(即惯性参考系间的洛伦兹变换)下的不变性。之所以称这样的空间是(伪)欧几里得的,是因为表示 ds^2 中 dt^2 前面的符号与 $(dx^2+dy^2+dz^2)$ 前面的符号相反,所以这个四维空间并不是"真"的欧氏空间。然而它又是欧氏空间,即空间性质是"平直"的(空间时间是均匀的,且各向同性的),在任何一个惯性系中,均可以使用我们熟悉的欧几里得几何学。这种四维时空统一体,常又被称为闵可夫斯基空间。

(二) 平直时空度规

为了过渡到对广义相对论时间空间的认识阶段,我们把 ds^2 写成如下形式:

$$ds^2 = -dx_0^2 + dx_1^2 + dx_2^2 + dx_3^2 = \sum \eta_{\mu\nu} dx_\mu dx_\nu \tag{11-35}$$

式中 $\eta_{\mu\nu}$ 称作"度规张量", μ、ν 分别从 0 到 3, 即 μ、$\nu = 0, 1, 2, 3$, 所以 $\eta_{\mu\nu}$ 一共有 16 个分量。由式(11.35)可知只有四个分量不为零,即

$$\eta_{00} = -1$$
$$\eta_{11} = \eta_{22} = \eta_{33} = 1$$

通常可把它写成一个矩阵形式:

$$\eta_{\mu\nu} = \begin{pmatrix} & \mu\nu \to & 0 & 1 & 2 & 3 \\ 0 & -1 & 0 & 0 & 0 \\ 1 & 0 & 1 & 0 & 0 \\ 2 & 0 & 0 & 1 & 0 \\ 3 & 0 & 0 & 0 & 1 \end{pmatrix} \tag{11-36}$$

这种度规张量 $\eta_{\mu\nu}$ 叫作平直度规,反映了四维时空的平直性质。在狭义相对论中讨论的惯性系内的空间与时间,在本质上均对应于这种具有大范围平直度规的四维时空,因而均可以用这种 $\eta_{\mu\nu}$ 度规来描述。

我们还可以把上面讨论的结果,以更对称的形式加以几何化。令

$$\begin{aligned} x_1 &= x \\ x_2 &= y \\ x_3 &= z \\ x_4 &= ict \end{aligned} \tag{11-37}$$

那么时空间隔不变量即可写为

$$ds^2 = dx_1^2 + dx_2^2 + dx_3^2 + dx_4^2 \qquad (11\text{-}38)$$

这样，四维闵可夫斯基几何与三维欧里得几何之间的区别即不仅在于维的数目，而且还在于时间坐标的特点——在 ct 项前乘以虚数 i。

四维坐标 (x_1, x_2, x_3, x_4) 称作世界点，连续改变这些坐标的连线称之为世界线。每一个世界点，相应于在时间空间坐标系内的一个事件。与时间轴形成一定角度的世界线相应着事件在时间空间坐标系内的运动，相应时间轴的角斜率代表速度，与时间轴平行的世界线意味着事件静止不动。

由上述可知，以不变量 ds^2 建立起来的描述物理四维空间与现实三维空间之间具有很大的相似性，现把它们之间的相似形式对比如下：

（1）对于三维空间（欧几里得几何）

A. 空间的两个邻近点之间的距离由方程式

$$ds^2 = dx^2 + dy^2 + dz^2$$

所确定，距离与所选的坐标系无关，其量度由单位钢尺量得。

B. 对应伽利略变换，$ds^2 =$ 不变量。

C. 对应伽利略变换，牛顿力学定律是协变的。

（2）对于四维空间（闵可夫斯基空间）

A. 时间空间两个邻近点的"间隔"由方程式

$$\begin{aligned}ds^2 &= dx^2 + dy^2 + dz^2 - c^2 dt^2 \\ &= dx_1^2 + dx_2^2 + dx_3^2 + dx_4^2\end{aligned}$$

所确定。此"间隔"与所选取的惯性系无关，其量度由单位钢尺与标准时钟量得。

B. 对应洛伦兹变换，$ds^2 =$ 不变量。

C. 对应洛伦兹变换，物理定律是协变的。

第十二章

广义相对论时空观

广义相对论是经典的相对论性引力理论，它亦是关于时间、空间性质与物质、运动相互依赖关系的一种物理时空理论。广义相对论时空观的形成，充分体现在相对论性引力理论的建立过程中。

在狭义相对论获得成功之后，爱因斯坦即着手研究引力相互作用的问题，狭义相对论在有引力场存在的系统中是不适用的。我们知道物体在引力作用下是做变速运动的，因此他想建立对于任何方式运动的系统均适合的描述物理规律的方程式(把狭义相对性原理推广为广义相对性原理)，并认为惯性力与引力本质上是等同的(等效原理)。由这两个原理出发，加上狭义相对论尚未做到的认为物质与时间、空间应相互影响的观点，建立了一个描述引力场的方程式，他把描述时间、空间的度规与描述物质及其运动的能量、动量联系起来。这是爱因斯坦的引力理论的基本观点，亦是广义相对论时空观的核心理念。

第一节 等效原理

广义相对论与狭义相对论类似，亦有两条基本原理，第一条即是等效原理或称等价原理。

一、等效原理的意义

引力场或重力场具有以下的基本特征：所有的物体不管质量或所带电荷的大小，只要有相同的起始条件，它们在引力场中就将以相同的方式运动。例如，在地球重力场中所有物体自由降落的规律均是一样的，即不管它们的质量如何，均是获得同一的加速度。

引力场的这个特性，使我们有可能建立下述两种运动的重要的类似性：一种运动是物体在场中的运动，另一种运动是一个物体不在任何外场中的运动，但这是从一个非惯性参考系统的观察点来看的。实际上，在一个惯性参考系统中，所有物体的自由运动均是匀速直线运动，假如在开始时，它的速度是一样的，那么无论在什么时候均将保持一样。因此很显然，假如我们考虑在一给定的非惯性系统中的自由运动，那么相对于这个系统，所有的物体均以同样的方式运动。

因此，在一个非惯性系统中的运动特性与在一个有引力场存在的惯性系统中的运动特性一样；换句话说，一个存在着引力场的惯性系与另一个做加速运动的非惯性系比较，爱因斯坦认为并没有本质上的区别，或者说是等效的，这一原理即叫作等效原理。

现举例对等效原理加以说明。假如有一个升降机对于地面静止，升降机中的人与外面隔绝起来。当人把手里的物体放开，即会看到物体以重力加速度 g 加速落下，这个人可以认为升降机的确是静止的，机箱里存在引力场。但是这个人亦可以认为机箱内没有引力场，只是机箱与它以加速度 g 在向上加速运动，机箱里表现出惯性力场。

如果机箱的确是处在引力场强等于零的地方，机箱开始用加速度 g 上升，机箱里的人看到原来静止的东西以加速度 g 下落，这时候他可能认为机箱里存在引力场。

既然这个人与外面隔绝起来，他即无法断定在以上两种情况下，到底是参考系在做加速运动，还是参考系没有加速运动只是存在引力场。这个例子说明了用有引力场的惯性系与加速运动的非惯性系来描述力学运动，效果是等同的。

根据等效原理，立刻可以说明经典力学中的一个非常古老的问题，即引力质量与惯性质量为什么相等的问题。

二、对惯性质量与引力质量相等的解释

我们知道，在经典力学中，惯性质量与引力质量的意义是不同的。牛顿第二运动定律指出物体的惯性质量 m_i 与它由于受力而产生的加速度 a 乘积，等于作用在它上面的力 f，即 $f=m_i a$。如果作用力是地球对它的引力 F，这时根据万有引力定律，则有：

$$F = Gm_g \cdot M/r^2 = m_g(G \cdot M/r^2) = m_g g$$

式中 m_g 是此物体的引力质量，g 是重力场强度，r 是物体到地心的距离，G 是引力常量，M 是地球质量。已知惯性质量是物体的惯性量度，引力质量则是物体与其他物体吸引特性的内在量度，这两个概念实质是不同的。但在经典力学中，则认为：

$$m_i = m_g \tag{12-1}$$

在这里没有论证,只是由于实验的证实。

现在我们根据等效原理对惯性质量等于引力质量这个事实加以论证,具体如下。仍以上述的升降机为例。如果升降机的确是处在理想的没有引力的情况,机箱突然开始以重力加速度 g 上升,机箱里的人看到原来静止的东西以重力加速度 g 下落,这时他可以认为存在着引力场,因此质量为引力质量 m_g;当然他亦可以认为存在着惯性力场,这时质量即是惯性质量 m_i。我们可以认为物体所受力的大小是同一的,加速度亦是同一的,所以有 $m_i g = m_g g$,即 $m_i = m_g$。这即是说,由于引力场与惯性力场是等效的,爱因斯坦便认为引力质量与惯性质量只是由于选取坐标系的不同的两种同义表述方法,所以引力质量与惯性质量当然是相等的。

值得指出:惯性质量与引力质量相等,是具有高度准确实验基础的。过去厄缶曾以 10^{-9} 的精确度证实惯性质量与引力质量相等,以后狄克等人的实验又将精确度提高到 10^{-11},而布拉金斯基小组的实验的精确度则达到 10^{-12}。20 世纪 70 年代初期,威廉斯等人曾以六年时间(1969—1975 年)利用从月球反射回来的激光信号(激光雷达)对月球的轨道进行了千次以上的精确测量。通过大量数据分析以高精度肯定了惯性质量与引力质量相等:

$$M_i / M_g = 1 \pm 7 \times 10^{-12}$$

三、等效原理的讨论

必须着重指出:爱因斯坦提出的等效原理是有其一定的局限性的。一般情形下,在非惯性参考系中存在的惯性场,实际上并不完全与在惯性系中存在的引力场等效。

例如,它们在无穷远的性质上就有十分重要的差别。在与产生场的物体相距为无穷远处,实在的引力场总是趋近于零。与此相反,与非惯性系等效的场在无穷远处却可能无限制地增大或者总保持为有限值。例如在转动的参考系中出现的惯性离心力,当我们从旋转轴移开时,其力即无限地增大。一个与做匀加速直线运动的参考系等效的场在空间各处均是一样的,而且在无穷远处亦一样。

按照等效原理,只要我们从惯性系统过渡到非惯性系统,与非惯性系等效的引力场即消失了。与这相反,无论选取哪一种参考系统,实在的引力场(在一个惯性参考系中亦存在)总是无法消除的,这可以从上面所讲的关于实在的引力场与非惯性系统等效的场在无穷远处的情况直接看出:既然惯性力场在无穷远处不趋近于零,那么无论怎样选取参考系,实在的引力场亦不可能消除,因为它在无穷远处变为零。因此,引力场与惯性力场的等效性并不是普遍成立的,就一般非均匀引力场来说,仅对时间、空间每一个微小的局部区域才成立。引入非惯性系来消除引力场的这种做法只能适用于小的空间区域与小的时间间隔。因此如果说"加速系的惯性力场与引力场在物理上完全等效",显然这是不确切的。但是,在"均匀引力场"与"微小的局部区域"的限制下,一个加速系的物理过程表现上可看作完全等效于引力场中的物理过程。

第二节 广义相对性原理

狭义相对论认为一切惯性系是平权的,而客观的真实的物理规律应该是洛伦兹协变的。但是,宇宙中存在严格的惯性系吗?

我们希望首先弄清楚什么是惯性系。通常把惯性系定义为:不受外力作用的物体,在其中保持静止或匀速直线运动的状态而不变的坐标系。但是,什么是不受外力作用呢?回答只能是,当一个物体在惯性系中保持静止或匀速直线运动的状态不变时,它即没有受到外力作用。于是我们看到,定义"惯性系"要先定义"不受外力",而定义"不受外力"又要先定义"惯性系",我们陷入了逻辑上的同义反复。可见,实际上狭义相对论无法严格定义惯性系。

作为狭义相对论基础的惯性系竟然无法严格定义,这不能不说是理论的一个严重缺陷。这个问题与万有引力定律不具有洛伦兹协变性的问题,正是当年促使爱因斯坦发展广义相对论的原因。

事实上,宇宙间并不存在严格的惯性系,所以我们总是不可避免地要在非惯性系中研究物理规律。所谓惯性系只不过是一种近似而已,例如在弱引力场作用下,空间接近欧几里得空间,可以近似地引入惯性系,在一般引力场中,对处于自由下落的参考系中的观测者而言,亦可近似地认为它是一个局部惯性系。

既然如此,我们当然希望发展一种理论,它能抛弃惯性系的概念,而使所有参考系均能同样平权地表述物理规律。等效原理把非惯性系中出现的惯性力当作引力场考虑,所以这种理论应考虑到引力场对物理规律的影响。

爱因斯坦认为既然有引力场的惯性系与不存在引力场的非惯性系是等效的,要发展引力理论使等效原理作为其中的一部分,即必须不限于惯性系概念,认为所有参考系,不论是惯性系还是非惯性系,均同样适合表达物理规律。爱因斯坦指出可以而且有必要突破惯性系的局限，他将狭义相对性原理加以推广而得到广义相对论的另一条基本原理，即广义相对性原理：

一切参考系均是平权的。或换言之，客观的真实的物理规律应该在任意坐标变换下形式不变——广义协变性。

应用一种特殊的数学工具，即所谓张量分析，能够把物理定律表达成在任何参考系里均有相同的数学形式。这种在各个参考系里均一样的数学形式叫作协变形式。由此，广义相对性原理亦可以这样表述：物理定律在一切参考系里是协变的，这样的表述即称作广义协变性原理。

张量是数学上的一种量，正如矢量是数学上的一种量一样。物理定律里所涉及的物理量当表示成张量形式时，即能满足协变条件，从而使物理定律的数学形式在各种参考系里均一样。这一事实反映了物理规律的客观性，在这种意义下，广义相对论里的物理定律具有绝对的意义。

第三节　空间时间的弯曲

一、引力场对时空几何的影响

当空间无引力场时，四维时空是(伪)欧几里得的，它具有最大的对称性。而一旦有了引力场，一般说来时空对称性将遭到破坏。这时，四维时空不再是欧几里得的而是非欧的或黎曼的了。我们以爱因斯坦转盘为例来说明这一点。如图 12-1 所示。

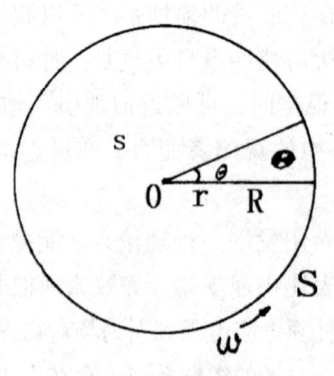

图 12-1　爱因斯坦转盘

设有两套坐标系：$S(R, \Theta)$ 为惯性系，$s(r, \theta)$ 为随转盘转动的非惯性系。令两个坐标面重合。

当 s 与 S 相对静止时，调整好一系列的标准钟与标准尺，分配到 s 与 S 各点上。当 s 系匀速转动起来以后，在 s 面与 S 面上划两个完全重合的圆周。现在，我们来看看 s 系的时空几何。

先考虑空间。S 系中观测者用标准尺测量半径与圆周得

$$圆周/半径 = 2\pi$$

即欧几里得几何成立。s 系中观测者测量的结果无法事先知道，但可以从 S 系来观测 s 系中的测量过程。测半径时，由于任一瞬间半径与标准尺均与运动方向垂直，半径与标准尺均无洛伦兹收缩，故测量结果与 S 系中完全相同，即有

$$r = R$$

测圆周时，设测量次数为 n（这是绝对的），但从 S 系看来，是以在 S 中缩短了的标尺 $1 \cdot (1-\beta^2)^{1/2}$（$\beta = r\omega/c$）进行的，其圆周为

$$\oint dl/[1 \cdot (1-\beta^2)]^{1/2} = \int_0^{2\pi} Rd\theta/(1-\beta^2)^{1/2}$$
$$= 2\pi R/(1-\beta^2)^{1/2} = n \qquad (12\text{-}2)$$

假设加速度对标准尺无影响，那么 s 系中测量的结果为

$$圆周/半径 = n/r$$
$$= 2\pi R/[R(1-\beta^2)^{1/2}]$$
$$= 2\pi/(1-\beta^2)^{1/2} > 2\pi \qquad (12\text{-}3)$$

这说明欧几里得几何不成立，而应该是罗巴切夫斯基几何成立。

s 系的观测者如何来解释这种测量结果呢？按等效原理 s 系中出现了引力场，因此他只能得出结论：几何学对欧几里得几何的偏离是引力场影响的结果。即引力场中的空间发生了"弯曲"。

现在来考虑时间。狭义相对论认为，在惯性系中，一旦把静置各处的标准钟调整同步，那么它们将永远保持同步而不受周围物质的存在与运动的影响。

广义相对论则认为，即使设法把某一参考系中的标准钟在某一瞬间调整同步，但由于引力场的出现，将使它们不可能永远保持同步，这说明周围物质的存在与运动会影响它们的快慢。

设转盘转动前 $t = T = 0$，转动后，从 S 系看转盘 (r, θ) 处标准钟有爱因斯坦延缓：

$$t = T(1-r^2\omega^2/c^2)^{1/2} \approx T(1-1/2 \cdot r^2\omega^2/c^2) \qquad (12\text{-}4)$$

只有盘心处才有 $t = T$。从 s 系的盘心看，观测结果与 S 系中观测结果完全相

同，亦即是说，静置转盘各处的标准钟不可能保持同步。

同样，这里的讨论亦应假设加速度对标准钟无影响。这已为高能基本粒子实验直接证实。在高能加速器中，当 μ 子以同一速率分别沿直线与圆周飞行时，比较它们的寿命（或衰变率），从而可以对此做出判断。1966 年，Farley 等人以 2% 的精度证实 μ 子的衰变率与加速度无关。

为什么会有这种延缓效应呢？从 s 系的观测者看来，按等效原理应归因于 s 系中出现了引力场，标准钟的快慢变化，是由引力场的影响所致。

直观地表示四维时空的弯曲是不可能的，只可以借助一些带启示性的比喻来对此进行大概的描述。如图 12-2 所示。

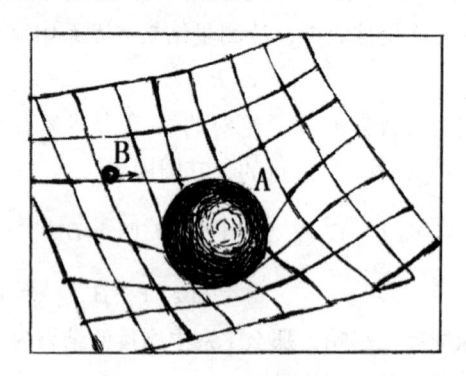

图 12-2　弯曲时空助解图

在一大张绷紧的弹性薄膜中央置一重物 A，弹性薄膜于重物处下陷或弯曲，使经过重物附近的小球 B 滚向重物。

经典物理学中的惯性运动均是直线运动，而在弯曲时空中的惯性运动，则是沿着由于考虑到时空曲率而定的"直线"来进行的。在引力场中的运动，我们同样可以认为是在由于存在引力质量而弯曲了的时空中按惯性来进行的。亦即是说，如图 12-2 中滚动的小球 B，小球并非由于受到"引力"的作用而沿弯曲轨道运动，而是自然地沿着弯曲时空中最接近直线的"短程线"做自由运动。越靠近引力质量，时空的曲率越大；越远离引力质量，时空的曲率越小。当时空曲率趋于零时，弯曲的时空逐渐变为平直时空，空间即为欧几里得空间。

二、引力场中空间时间的间隔表示式

我们不采用张量分析与黎曼几何的严格讨论方法来推导引力场中的时空间隔表示式。我们按照数学上最简单的方法近似地给出相关的表示式。

令质量为 M 的物体在空间中产生一个球形对称的引力场（这里所说的引力

场应理解为引力场的场强),这个引力场在$r\to\infty$处消失。那么,在离M很远的地方,因为可以认为没有引力场,所以应当遵守洛伦兹变换,于是有

$$\Delta s^2 = \Delta r_\infty^2 - c^2\Delta t_\infty^2 \tag{12-5}$$

其中r_∞、t_∞是指在无穷远处r及t的值。

为了能够把对于惯性系是正确的这个表示式应用于这里所讨论的有引力场的情况,我们引入一个向质量M降落的参考系,在距M为某一个距离的地方,系统具有一定的速度v,只要这个速度变化还不显著的时候,即可以应用洛伦兹变换,于是有:

$$\Delta r_\infty = \Delta r/(1-\beta^2)^{1/2} \tag{12-6}$$
$$\Delta t_\infty = \Delta t(1-\beta^2)^{1/2} \tag{12-7}$$

这里$\beta = v/c$。

因此,用其中有引力场存在的不动参考系来表示间隔为:

$$\Delta s^2 = \Delta r^2/(1-\beta^2) - (1-\beta^2)c^2\Delta t^2$$
$$\approx (1+\beta^2)\Delta r^2 - (1-\beta^2)c^2\Delta t^2 \tag{12-8}$$

为了使这个表示式能够应用于有引力场的任何地方,必须求出β与距离的关系式。根据能量守恒定律求出这个关系式是很容易的,即根据从无穷远降落到r的地方质量为M的物体,其能量的变化,等于在无穷远处与在该地方的引力场的势差与物体质量m_0的乘积:

$$m_0 c^2 [1/(1-\beta^2)^{1/2} - 1] = Km_0 M/r \tag{12-9}$$

令$u = KM/r$,于是有

$$1/(1-\beta^2)^{1/2} - 1 = u/c^2$$
$$(1-\beta^2)^{1/2} = 1/(1+u/c^2) \approx 1 - u/c^2$$

认为$u/c^2 \ll 1$,$\beta < 1$,即u/c^2与β为很小的量,于是

$$1-\beta^2 = 1 - 2u/c^2 = 1 - 2KM/c^2 r$$
$$1+\beta^2 = 1 + 2u/c^2 = 1 + 2KM/c^2 r$$

因此,在引力场中空间与时间的间隔表示式为:

$$\Delta s^2 \approx (1+2KM/c^2 r)\Delta r^2 - (1-2KM/c^2 r)c^2\Delta t^2 \tag{12-10}$$

这里指出:时空间隔表示式(12-10)是在假定β^2很小而做一些近似的情况下求得的。

显然,在无穷远的地方,$u\to 0$,即

$$2KM/c^2 r \to 0$$

这样,式(12-10)即转变为狭义相对论的时空间隔通常的表示式。

在引力场中,时空间隔的表示形式具有深刻的物理意义与哲学意义。真实

物理空间与时间的量度，要比以前所设想的复杂得多。引力场的存在导致量度偏离于欧几里得几何，量度的特征与引力质量的分布有着密不可分的内在联系。

三、引力场中空间间隔与时间间隔的性质

从式(12-10)容易得到关于在引力场中空间与时间间隔的性质的结论。为此，只需比较 $u=KM/r_\infty=0$ 与 $u\neq 0$ 处的间隔即可。因为在两个系统中分成空间与时间的方式是相同的，所以根据等式：

$$\Delta r_0^2 - c^2\Delta t_0^2 = (1+2KM/c^2r)\Delta r^2 - (1-2KM/c^2r)c^2\Delta t^2$$

在 $2KM/c^2r \ll 1$ 的条件下即弱引力场时，得

$$\Delta r_0 = (1+KM/c^2r)\Delta r \qquad (12-11)$$

$$\Delta t_0 = (1-KM/c^2r)\Delta t \qquad (12-12)$$

由此得出结论：

(1) 空间的单位间隔 $\Delta r_0 = 1$，在引力场中变为

$$\Delta r \approx 1 - KM/c^2r \qquad (12-13)$$

这是三维空间弯曲的结果，此时空间长度缩短。

(2) 时间的单位间隔 $\Delta t_0 = 1$，在引力场中变为

$$\Delta t \approx 1 + KM/c^2r \qquad (12-14)$$

于是在引力场中的时间膨胀。

所以说，在引力场中，长度与时间间隔均将发生变化：长度缩短，时钟变慢。

第四节　时空度规与引力场方程

一、空间度规

为了容易理解起见，首先从二维平面谈起，平面是二维曲面的特例。我们知道在平面上欧几里得几何学是成立的，例如，"两点之间，线段最短"，"三角形的三内角和是 180°"，等等。在平面上，可取笛卡尔直角坐标系，如图 12-3。

设 P_1、P_2 为平面上任意两点，则 P_1、P_2 两点间的距离 s 的平方由下式决定：

$$s^2 = (x_2-x_1)^2 + (y_2-y_1)^2$$

显然，当 P_1 与 P_2 无限靠近时，则两点间无限小的间隔 ds^2 由下式决定：

$$ds^2 = dx^2 + dy^2 \qquad (12\text{-}15)$$

我们看到，在笛卡尔直角坐标系中，ds^2表示两个坐标微分的平方和。

但是，有的空间不能用笛卡尔直角坐标系来描述，例如二维球面，在二维球面上只能引入曲线坐标系，如图12-4。

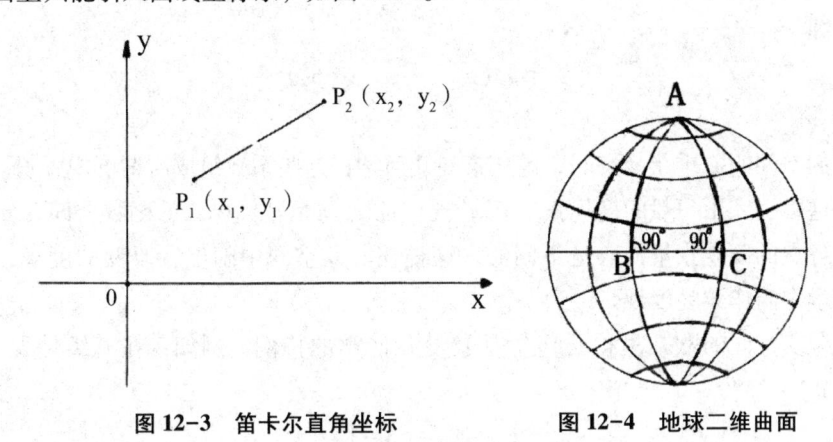

图 12-3　笛卡尔直角坐标　　　　图 12-4　地球二维曲面

在地球表面上可引用经度θ，维度φ为坐标，这时可以把球面上两个无限邻近点间的间隔表示为：

$$ds^2 = R^2\cos^2\varphi d\theta^2 + R^2 d\varphi^2 \qquad (12\text{-}16)$$

这里R为地球的半径。显然，现在ds^2已经不是坐标微分的平方和形式了，例如$d\theta^2$前面出现了与φ有关的系数。

二维球面上的几何学性质很独特。在球面上，两点间的最短线则是大圆弧（通过球心的平面与球面切出的弧），三条最短程线围成一个球面三角形，它的三个内角和一般大于180°。例如图12-4所画的一个由赤道与两条经线围成的三角形ABC，其中二角之和已经等于180°。还可以在二维曲面上取高斯坐标，即任意的曲线坐标u_1、u_2，这时ds^2一般地表示为：

$$ds^2 = g_{11}du_1^2 + 2g_{12}du_1 du_2 + g_{22}du_2^2 \qquad (12\text{-}17)$$

这即是黎曼度规，此中g_{11}、g_{12}、g_{22}等是高斯坐标u_1、u_2的函数，这些函数的形式与曲面的性质及高斯坐标的选择有关。但是，不管选择什么样的高斯坐标，两点间的距离ds平方即ds^2总是坐标微分的一般齐次二次式，而这样的二维空间即是所谓黎曼二维"空间"。事实上，曲面的几何性质可由$g_{ik}(u_1, u_2)$得到，称g_{ik}为度规项，它们的数值规定黎曼度规的形式。

当然，上述讨论可不限于二维"空间"，而可以推广到任意的n维超曲面或n维空间。注意，这里的"空间"二字，一般说来已不再是通常的现实空间，只是借用了几何学中的术语。此时高斯坐标为 u_1，u_2，……u_n，而在这空间任意两个无限邻近点间的间隔则表示为：

$$ds^2 = \Sigma_{i=1}^{n} \Sigma_{k=1}^{n} g_{ik} du_i du_k \qquad (12\text{-}18)$$

此式中，g_{ik} 等 ($i=1, 2, \ldots n$; $k=1, 2, \ldots n$) 均是 u_1, u_2, ……u_n 的函数，即

$$g_{ik} = g_{ik}(u_1, u_2, \ldots u_n)$$
$$i、k = 1, 2, \ldots n.$$

这时的空间叫 n 维黎曼空间，遵从黎曼几何学，这些系数组成所谓度规张量。

这里引入了一般的度规张量 g_{ik}，现在各 g_{ik} 又是坐标 (u_i) 的函数，即在 n 维空间各点的度规张量一般是不同的，这种在非欧空间中随位置改变的度规，在几何学中叫作黎曼度规。

现实空间的欧几里得几何学是黎曼几何学的特例。例如，在三维情况下，若上式中

$$g_{11} = g_{22} = g_{33} = 1,$$
$$g_{12} = g_{13} = g_{23} = 0,$$

则表示为

$$ds^2 = du_1^2 + du_2^2 + du_3^2 \qquad (12\text{-}19)$$

这正是笛卡尔直角坐标系中应有的形式，它的几何性质当然即是通常所说的欧几里得几何性质。

二、引力场导致时空度规改变的一般形式

在狭义相对论中，我们已经知道，时空四维连续区内，两个无限邻近的"世界点"的间隔 ds，在所有惯性参考系里均是一样的，而且有

$$ds^2 = dx^2 + dy^2 + dz^2 - c^2 dt^2$$

如果变换到非惯性参考系，那么容易表明：ds^2 将不再是四个坐标微分的平方和。

我们考虑以匀速率旋转的圆盘 K'。设圆盘绕 z 轴相对某惯性系以角速率 ω 转动，如图 12-5，则有

$$x = x' \cos\omega t - y' \sin\omega t$$
$$y = x' \sin\omega t + y' \cos\omega t$$
$$z = z'$$

把上式微分代入 ds^2 的表示式中，简化可得：

$$ds^2 = dx'^2 + dy'^2 + dz'^2 - [c^2 - \omega(x'^2 + y'^2)] dt'^2$$
$$- 2\omega y' dx' dt + 2\omega x' dy' dt \qquad (12\text{-}20)$$

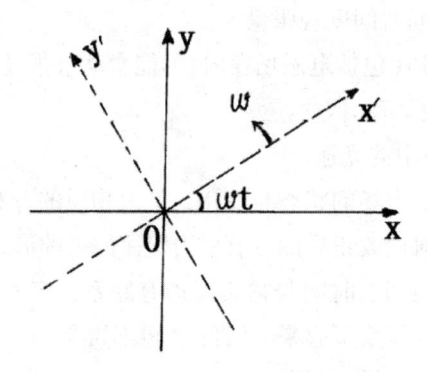

图 12-5 匀速率旋转坐标

由此可见，在非惯性系中，间隔的平方不再是坐标微分平方之和，而是普遍形式的二次齐次式。一般可写为

$$ds^2 = \sum_{\mu=1}^{4} \sum_{\nu=1}^{4} g_{\mu\nu} dx_\mu dx_\nu \quad (12-21)$$

其中度规张量 $g_{\mu\nu}$ 是空间坐标 x_1、x_2、x_3 与时间坐标 $x_4 = ict$ 的函数，四维坐标 x_1、x_2、x_3、x_4 是曲线坐标。度规张量 $g_{\mu\nu}$，在它的 16 个分量中，总可以这样选择，使得脚标的变换是对称的，即 $g_{\mu\nu} = g_{\nu\mu}$，所以说共有 10 个独立的分量，即对角元 4 个，非对角元 6 个。

按照等效原理，非惯性参考系与一引力场等价，因此可以得出结论：引力场所引起空间时间度规的改变，而这改变可由 $g_{\mu\nu}$ 各量所决定，这正是前面所讲的引力场引起时空弯曲的数学表述。

三、引力场方程

引力场导致时间空间度规的改变，实质上反映出的是时间空间的度规性质与运动物质有不可分割的联系。亦即是说，空间与时间的几何特性决定于物质的分布及其运动；而物质在引力场中的运动，反过来又要受空间与时间的几何特性所制约。时空不再是脱离物质的一个空虚框架。由于能量与动量均是物质运动的量的量度，我们可以把空间曲率（该空间的几何特性不同于欧几里得几何特性的程度）与物质运动的能量动量张量联系起来，从而得到所谓的引力场方程：

$$R_{\mu\nu} - 1/2 g_{\mu\nu} R = -8\pi K T_{\mu\nu}/c^4 \quad (12-22)$$

$$\mu, \nu = 1, 2, 3, 4,$$

式中：$R_{\mu\nu}$——黎曼曲率张量，

$R = g_{\mu\nu} R^{\mu\nu}$——空间的标量曲率，

$g_{\mu\nu}$——空间时间度规张量，

　　$T_{\mu\nu}$——物质（包括电磁场在内）的能量动量张量，

　　K——牛顿万有引力恒量，

　　C——真空中的光速。

　这个方程反映了引力场的状态与变化，是由物质的分布及其运动所决定的，它实际上即是经过相对论改正后的万有引力定律的一种形式。

　狭义相对论发现空间、时间与物质运动有联系，广义相对论则进一步把时间、空间与物质、运动联系了起来。时间空间不再是一个空虚的框架，离开了物质的时间与空间将变得没有意义。

第十三章

时空观新论

第一节　浅析人类时空观发展脉络

一、古典时代

古代的人们对时间与空间的认识，大多是建立在主观认识与感性认识上。

(一) 中国古代

古代人们有将时间定义为"各种不同时刻的总称"。如在《墨经》中，将时间抽象为"久"。其具体定义有《经上》："久，弥异时也"；《经上说》："久，古今旦暮。"

古代人们有一共识：宇宙是从混沌状态中演化出来的，在混沌状态下时间概念失效，时间起源于混沌状态的结束；时间与物质运动分不开，时间的流逝只有通过事物的变化才能反映出来，才能被人们感知。

中国古代亦有将空间定义为"各种不同场所或方位的总称"。如《经上》有"宇，弥异所也"，《经说》对此解释道："东西家南北。"

古人们认为"空间无限，大至无外，小之无内"，即指空间的无限性既表现在宏观，亦表现在微观。古人们还认为"有形则有极，无形则无尽"，空间是无形的，所以它是无尽的。

(二) 西方古代

在亚里士多德之前，古希腊最流行的看法，亦是把时间当作一种运动与变化。而亚里士多德则明确指出："时间不是运动，而是使运动成为可以计数的东西。"时间是事物运动过程或运动持续性的量度。

亚里士多德根据人们的常识及人类先哲们积累的经验，总结、论证了时间的几个基本特性及计量机理。

(1)时间的客观存在性。时间是事物运动持续性的反映，它依赖于物质的运动而客观存在着。时间是以"现在"的形式存在，"没有'现在'也就没有时间"；"'现在'是时间的一个环节，连接着过去的时间与将来的时间"。

(2)时间的无限性。这有两种含义：一是指时间在量上是无限的；二是指时间是无限可分的。"只要运动永远存在，时间是一定不会消失的。"

(3)时间的单向流逝性。时间反映事物的运动与变化过程，变化意味着事物不断地脱离原来的状况，因而时间必然因事物的运动变化而永不相同，即单向流逝。这亦是人们常说的"时光不能倒流"。

(4)时间流逝的均匀性。亚里士多德说："变化总是或快或慢，而时间没有快慢。""时间的快慢不能用时间确定，也不能用运动已达到的量或变化已达到的质来确定。"亦即是说没有什么方法能确定时间的快与慢，因而时间无快慢，是均匀地流逝着。因此，"时间本身不能说'快慢'，而是说'多少'或'长短'"。

(5)时间的计量机理。亚里士多德认为："时间是通过运动体现的，运动完成了多少，总是被认为也说明时间已过去了多少"；"我们不仅用时间计量运动，也用运动计量时间，因为它们是相互确定的"。亚里士多德指出了人类计量时间的真实机理，他认为："整齐划一的循环运动"最适于作为时间的计量单位。

在对空间的认识方面，亚里士多德是西方科学认识史上最先认识到空间具有三维性的。他把空间比喻为不能移动的"容器"，并认为空间独立于物质而存在。

亚里士多德还把空间分为"共有空间"与"特有空间"两类。"共有空间"是所有的物体共同存在与运动的场所；"特有空间"是每个物体在共有空间中所占据的部分。人们能够直接观测的是物体的"特有空间"，而对"共有空间"的认识是以关于"特有空间"的认识为基础的。"共有空间"与"特有空间"是整体与部分的关系。

在物理发展史上，亚里士多德第一个对时间与空间作了较为全面的论述，为西方世界提供了一种朴素的时空观，并且这种时空观对欧洲科技文化的发展产生了深远的影响。著名哲学家海德格尔说："亚里士多德的时间论著是第一部流传至今的对时间这一现象的详细解释。它基本上规定了后世所有的人对时间的看法。"这种评价并不过分，事实上，至今为止仍有很多人是这么认为的。并且，亚里士多德的时空观中有好多内容正是接下来的牛顿绝对时空观的认识基础。

二、经典时代

19世纪后期，经典物理在理论上建立了较完整的体系，在应用上亦取得了巨大的成就。在亚里士多德的古代时空观的基础上，经典物理为了更方便更简洁地处理问题，开始引入数轴与坐标系等数学工具，用以描述时间与空间。

（一）关于时间、空间概念

经典物理学把时间列为基本物理量之一，并定义时间是"对事件过程长短与发生顺序的度量"。物理学用时间来度量运动，同时亦用运动计量时间。

我们平常所说的时间，有时指时刻，有时指时间间隔。时刻是指某一瞬间，用以度量事件的发生顺序。时间间隔是指两个时刻之间的差值，用以度量事件发生过程的长短。

空间亦是物理学中的基本物理量之一。在经典物理学中，定义空间是"物质实体之外的部分，是对物体大小与所在位置的度量"。

由于对体积、面积、长度等空间大小的度量，本质上即是对长度的度量，因此，物理学通过引入"坐标系"，而将"空间位置"与"空间大小"这两个空间概念用数学形式表示出来。

（二）关于时间与空间的性质

经典物理学在亚里士多德的认识基础上，对时间与空间的性质又提出了"绝对时间"与"绝对空间"的观点，或称"绝对时空观"。

在绝对时空观中，牛顿是最具代表性的。对于时间，他说："绝对的、真正的与数学的时间自身在流逝着，而且由于其本性而在均匀地、与外界任何事物无关地流逝着。"对于空间他又说："绝对的空间，就其本性而言，与外界任何事物无关，而永远是相同的与不动的。"

从牛顿的观念中我们看到，所谓的绝对时间，即指时间的度量是绝对的，与参考系无关；所谓的绝对空间，即指长度的度量是绝对的，与参考系无关。并且，绝对时空观中时间的测量与空间的测量是相互独立，互不影响的。即测量时间时与长度无关，反之，测量长度时亦与时间无关。

总之，绝对时空观是经典力学的根基。无论是牛顿相对性原理，还是伽利略坐标变换及伽利略速度变换，它们均是以绝对时空观为基础，利用数学方法推导而得出的。

三、相对论时代

经典物理学的时空观曾被奉为真理，占据世界统治地位达两个多世纪，直到20世纪初相对论的问世，才彻底改变了人们对时间与空间的认识。到目前为止，相对论时空观仍是现有时空理论中最科学、最前卫，且在一定范围内经受住了实践检验的理论。

(一)狭义相对论时空观

狭义相对论时空理论并非人们的主观臆造，它是在19世纪末叶、20世纪初期生产活动与科学实验的发展，同旧的时空理论发生尖锐矛盾的历史背景下产生的。狭义相对论时空理论，是人们对"物质运动是时间与空间本质"的认识过程中的一次飞跃。

狭义相对论就其实质来说，是研究时间、空间的性质受物质运动状态制约的规律的科学，亦可以说它是一种关于时间、空间与物质运动相互联系的物理理论。

像牛顿相对性原理、伽利略坐标变换及伽利略速度变换是经典时空观的核心内容及数学逻辑表达那样，光速不变原理、狭义相对性原理及洛伦兹变换亦是狭义相对论时空观的核心内容及数学逻辑表达。相对论从光速不变原理、狭义相对性原理出发，直接导出了联系不同惯性系的时间、空间坐标的数学变换式，即洛伦兹坐标变换公式。

相对论从物质运动中抽象出时间的概念，把物质运动看成一连串事件的发展过程。事件可以有各种不同的具体内容，但它总是在一定的地点于一定的时刻发生。因此，我们可以用四个坐标(x, y, z, t)描述一个事件，而由此所构建的坐标系即为"时空坐标系"。在时空坐标系中，事件间隔即为时空间隔。时空间隔是相对论时空观的一个基本概念，亦是相对论时空结构的核心概念，它把时间与空间距离统一了起来。

相对论坐标变换，是在不同参考系上观察同一事件的时空坐标变换关系。相对论从光速不变原理与狭义性对性原理出发，结合时空坐标变换，导出了"时空间隔不变"性质。该性质表示两个事件的间隔不因参考系变换而改变。

为了更清楚地描述时空结构，相对论根据"时空间隔不变性"，在三维时空(二维空间与一维时间)坐标系中构建了"光锥模型"。"光锥模型"将时空分为三个区域：一是类光间隔区域，即有间隔 $\Delta s^2 = 0$，$\Delta r = c\Delta t$，事件点在光锥面上；二是类时间隔区域，即有间隔 $\Delta s^2 < 0$，$\Delta r < c\Delta t$，事件点在光锥之内；三是类空间隔区域，即有间隔 $\Delta s^2 > 0$，$\Delta r > c\Delta t$，事件点在光锥之外。

时空间隔区域的这种划分是绝对的，不因参考系而转变。

洛伦兹变换在确立新的时间、空间精确概念方面，起着十分重要的作用。相对论通过洛伦兹坐标变换式，直接导出了几个重要的时空性质，如"同时性的相对性""长度的缩短""时间的延缓"及"相对论速度变换"。

狭义相对论在否定了绝对时间与绝对空间的形而上学概念之后,又抛弃了具有一定特权地位的绝对坐标系,从根本上改变了经典物理学的时空观,进而建立了时间空间不可分割的四维物理空间图像。

(二)广义相对论时空观

如果说狭义相对论是一种关于时间、空间与物质运动相互联系的物理时空理论,那么,广义相对论则是一种关于时间、空间与物质及物质运动相互依赖关系的物理时空理论。

广义相对论时空观认为,空间与时间是物质存在的客观形式,而这些形式则依赖于内容,即依赖于物质本身。在现实世界里,只有具体物质的时间空间,而不存在脱离物质的绝对空间与绝对时间。

广义相对论是爱因斯坦为解决牛顿万有引力理论与狭义相对论不相融合的问题而着力构建的一种引力时空理论。广义相对论时空观的形成,充分体现在相对论性引力理论的建立过程中。

爱因斯坦以自己假设推定的"等效原理"及"广义相对性原理"为基本出发点,加上在狭义相对论基础上扩展的认为物质与时间、空间应相互影响的观点,建立了一个描述引力场的方程式,即"爱因斯坦引力场方程"。该方程把描述时间、空间的度规与描述物质及其运动的能量、动量联系起来,这是爱因斯坦的引力理论的基本观点,亦是广义相对论时空观的核心理念。

广义相对论时空观主要归结为如下几点。

(1)时空是由物质分布状况决定的引力场的结构性质。

(2)只有在无引力场存在时,时空才是平直的(欧几里得空间)。

(3)有引力场存在时,时空是弯曲的(黎曼空间),引力场强度分布与空间曲率分布一一对应。

(4)用弯曲空间取代引力场后,仅受引力场作用的质点即成了自由质点,沿弯曲空间中的短程线运动。

四、纵观时空理论发展

纵观人类时空观的进变历程,解析时空理论的发展脉络,我们仿佛看到人类正在逐层揭去盖在"时空真谛"上的神秘面纱。然而,又总觉得时空的真实机理仍是那么的扑朔迷离,那么的令人费解。本论认为,从古典时期到经典时代,直至狭义相对论的出现,时空观的变化基本符合人类认识发展的基本规律,理

论发展的大方向是正确的。不过，本论对广义相对论构建的"引力时空理论"却不敢苟同。（其论证详见后面有关章节）

几千年来，人类对宇宙时空的认识越来越深刻，并且，在大的、哲学的层面，人们的认识越来越趋向于一致。比如：时间、空间离不开物质，因为它们的性质是由物质决定的，是物质存在的客观形式；物质亦离不开时间、空间，因为它们总是存在于时间、空间之中；时间、空间与运动着的物质不可分割；等等。这些均是贯穿于古、今时代人类时空观的基本共识。

随着人类的科技进步与社会的发展，人们对时空的认识越来越精细，越来越数理逻辑化。自经典时代至相对论时代，科学家们创建了各种数理时空结构模型，从不同的角度揭示了时空的物理本质。

各时空理论虽然皆有自己成功的闪光点，但均又存在着不同的缺陷。如：

（1）以牛顿为代表的绝对时空观，虽然与人们的日常生活经验相符，并能为"低速世界"的生产与科技发展提供可靠的理论支持，但它解释不了"高速世界"里发生的很多物理现象。

（2）狭义相对论时空理论成功地揭示了时间、空间与物质运动相互联系的时空特性，为物理学在宏观、微观及高速领域的深度发展提供了基础性的理论支撑。然而，该理论却把宇宙里一切信息的传递速度均限制在了光速及以下，这与牛顿万有引力的"超距作用"严重地不相符。

（3）爱因斯坦的引力时空理论把引力场与时空曲率糅合在一块儿，创建了新的引力模式，从而将时空与物质的存在直接连在了一起。该理论虽然成功地消除了牛顿引力的"超距作用"，但同时亦产生了"黑洞奇点"疑难。

鉴于此，本论立足于开篇提出的"三个基本假定"，循着物质自然延伸与演进的运动规律，尝试构建一个新的时空理论模型，以图部分地揭开时空物理机制的奥秘。

第二节　关于时间概念的形成解析

一、关于时间概念

要探寻"时间"的奥秘，弄清时间概念是一个关键环节。我们在前面已经列举出许多科学家与哲学家关于时间概念的论述，在这些论述中，有许多说法其实质大同小异，只是侧重点有所不同。

本论很欣赏中国《新华字典》对"时"字的解释:"时,即指一切事物不断发展变化所经历的过程。"

与"时"相关的概念有:

(1)"时间"。"时间"即指"时"的间隔。我们既可以用"时"量累计的多少来表述时间,亦可用"时"段的长短来表述时间。如在"此项工作需要花费很多时间"这句话中,时间则是以"时"量累计的多少来表述。而在"我感觉这段时间过得非常漫长"这句话中,时间则是以"时"段的长短来表述的。

(2)"时刻"。时刻即指"时"的瞬态序位。每一时刻不仅对应着事物发展变化的某个瞬间状态,而且还确定了这个"瞬态"在事物发展变化过程中的"序位"。如"激动人心的时刻终于来到了",此"时刻"所指的是事物发展变化的某个"瞬态"。而在"下趟班机什么时刻到""全国列车运行时刻表"这些语句中,"时刻"代表的却是事物的某个瞬态在发展变化过程中所占的"序位"。

人们亦常常以"时间"代替"时刻"来表述。如"现在是什么时间?""列车什么时间开动?"等。

(3)"时率"。"时率"是本论提出用来描述物体时间流逝快慢的物理量。"时率"是一个较为复杂且颇具争议的物理概念,物理学没有给予定义。关于"时率"的论述,在各时期的时空理论中鲜有出现。(本论关于"时率"的详细论述见后)

二、关于时间概念的形成解析

为了能更清楚地解析"时间"概念的形成,我们有必要再集中回顾一下先人们关于"时间"概念的一些重要论述。

(1)时间与物质运动分不开,时间的流逝只有通过事物的变化才能反映出来,才能被人们感知。

(2)时间不是运动,而是使运动成为可以计数的东西;时间是物质运动变化的持续性、顺序性的表现,是物质运动的某种自然规律的客观反映;时间是人类用以记录与描述物质运动过程或事件发生过程的一个参数;经典物理学把时间列为基本物理量之一,并定义时间是"对事件过程长短与发生顺序的度量"。

(3)"时"是指一切事物不断发展变化所经历的过程。时间即"时"的间隔;"时"是对物质运动过程的描述,"间"是指人为的划分,"时间"是思维对物质运动过程的分割、划分。

(4)在爱因斯坦看来,"空间、时间……从逻辑上说来,这些概念是人类智力的自由创造物,是思考的工具,这些概念能把各个经验相互联系起来,以便更好地考察这些经验"。

我们从以上的这些表述中不难看出:"时间"概念的形成,一是离不开客观世界的物质运动与变化,二是离不开感觉、认知物质运动规律的"能动体",二者缺一不可。笔者把产生运动与变化的物质世界称之为"信息客体",把能感觉、认知物质运动变化持续性与顺序性规律的"能动体"称之为"时感本体"。

"信息客体"实为一个"信息供给系统",此系统由"信息源"与"信息传递媒介"两部分组成;"时感本体"实为一个"信息感知系统",此系统由"信息感知、信息译码、信息储存及信息检索"等子功能系统组成。由此,我们可以得出形成"时间"概念的两大因子:一是信息供给系统(信息客体);二是信息感知系统(时感本体)。

三、与时间形成机制相关的概念释义

(一)信息

"信息"是对客观世界中各种事物的运动状态与变化的反映,是客观事物之间相互联系与相互作用的表征,表现的是客观事物运动状态与变化的实质内容。

"信息"是人们在适应外部世界,并使这种适应反作用于外部世界的过程中,同外部世界进行互相交换的内容与名称。

"信息"是创建宇宙万物的最基本的万能单位。

(二)信息源与信息传递媒介

"信息源",即指客观世界中一切能提供信息的物源。凡是能将自身的运动状态或变化情况通过某种作用方式传递出去的物体,均可被视为"信息源"。

信息是在物质的相互作用中传递,作用场即为信息的"传递媒介"。物质间的相互作用在形式上可分为两大类:一类是伴有物质转移的"辐射场作用"(如电磁辐射作用等),辐射场量子即为信息的"传递媒介";另一类是不伴有物质转移的"保守场作用"(如引力作用、电力作用、强力作用及属性力作用),各保守场的"场环链"物质即为信息的"传递媒介"。

(三)时感本体

"时感本体"是一个具有"记忆"功能的特殊物体。它能独立完成对接收信息的"记录、复写"过程,能感觉、认知物质运动变化的持续性与顺序性规律。

在我们的宇宙中,所有物质的存在与运动变化均是时间概念形成体系中的内容,它们为各"时感本体"输送着外界信息。同理,各"时感本体"亦都是其他"时感本体"的"信息源",它们的存在与运动变化,亦都是"时间"概念形成体系中的内容之一。

"时感本体"的层次有高有低，人类是目前地球上最高级别的"时感本体"。人类对"时间"的认识，从原始的本能感知开始，到创造出较完整的"时间文明"体系，其间经历了漫长的历史演进。在此过程中，人类给"时间"逐步赋予了深刻的内涵与广博的外延。

人类这个"时感本体"的高级之处，不仅在于自己创建了丰富的"时间"理念，关键还在于它能把自身的"时感"机制同大自然建起密不可分的联系。例如：人类不仅会利用大自然的一些相对稳定的"周期运动"来记录其他事物的运动变化，如将地球绕太阳公转周期设为一年，将地球自转周期设为一天（一昼夜）等，而且还会制造一些更加稳定、精密的"周期循环运动"工具，来更精细地记录、测量各种事物的运动变化，如人类制造的各种精密计时器等。

相对人类这个高级的"时感本体"而言，在动物界、植物界、微生物界，甚至更原始的物质结构层级中，还存在着无数的较低层级的"时感本体"。这些较低层级的"时感本体"，虽然不可能像人类那样形成深刻而又丰富的"时间"概念，但因它们均具有一定层级的"记忆"功能，它们亦能从不同的层面或不同的角度感知物质运动变化的持续性与顺序性规律，所以它们亦都会形成自己层面的"时间观"。一句话，人类不是唯一的"时感本体"。

（四）信息客体

"信息客体"是相对"时感本体"而引入的一个哲学范畴概念，它泛指客观外界能提供信息的一切相关事物。

（5）记忆

"记忆"是一个将接收信息进行"记录、复写"的过程，即从"记"到"忆"的过程。

从"信息加工论"的观点来看，"记忆"包括识记、保持与回忆三个基本环节。识记即是信息的输入与加工；保持即是信息的储存；回忆即是信息的提取与输出。所以说，"记忆"即是信息的输入与加工、储存、提取与输出的过程。

若从心理学或脑部科学研究的角度来表述，"记忆"即是神经系统存储过往经验的能力，它代表着一个人对过去活动、感受、经验的印象积累。"记忆"过程由译码、储存及检索三块功能区域合作完成。译码，即获得信息并加以处理与组合；储存，即将组合整理过的信息做永久记录；检索，即将被储存的信息取出，回应一些暗示与事件。

四、信息客体、时感本体及时间概念形成三者之关系

前面，我们把产生运动与变化的物质世界称之为"信息客体"，把能感觉、

159

认知物质运动变化持续性与顺序性规律的能动体称之为"时感本体"。我们还把"信息客体"与"时感本体"视为构成"时间"概念的两大系统因子。信息客体、时感本体与"时间"概念形成，这三者之间存在着如下关系。

(1)"信息客体"是宇宙的根本。如果没有运动变化的物质世界存在，宇宙则不存在，当然，"时感本体"亦不会存在。我们不妨把前提条件放宽一点，假设只有"时感本体"存在，而无"信息客体"，或说"时感本体"接收不到外界的任何信息。那么，"时感本体"对外界即不可能做出任何反应，或者说"时感本体"记录的内容即是空白，其存在亦即形同虚设。所以说，"信息客体"是形成"时间"概念的基本要素。

(2)"时感本体"是一个具有"记忆"功能的特殊物体，可独立完成对接收信息的"记录、复写"过程，并能感觉、认知物质运动变化的持续性与顺序性规律。然而，在宇宙诞生的初始，宇宙只存在本原物质简单形式的恒定极速运动，并不存在"时感本体"。后经宇宙不断地演化，物质的结构才变得越来越高级，其运动形式亦变得越来越复杂。

"时感本体"是宇宙本原物质自然演进的结果，它能对外界的作用做出高级的反应，如"记忆"反应。"时感本体"特殊的"记忆"功能，能使物质的运动状态与变化情况得以"备份"与"重现"，从而使物质运动的持续性与顺序性规律在相应层面上得到正确反映。

一般意义上讲，"记忆"是生命体必须具备的基本功能。如果生命体不具备"记忆"功能，那么它对外界(亦包括自身)物质的一切运动即不会有连贯感与顺序感。比如，对一个完全没有"记忆"功能的人而言，他所看到的外部世界就只能是一帧帧静态、独立的画面，在他的大脑里不可能形成任何连动的影像。

"时间"概念本是人们从物质的运动变化中抽象而来，然而，对没有任何"运动感知"的人来说，自然不可能形成"时间"的概念。而完全没有"时间"概念的人，亦当然不可能生存于世。

所以说，"时感本体"是"时间"概念的创造者，抑或说是"时间"效应的感知者。"时间"概念的产生，或说是"时间"效应的出现，均由"时感本体"的"记忆"机制所成就。"时感本体"的"记忆"机制，即为"时间"概念形成机制的核心。

(3)物质运动的持续性与顺序性规律是物质运动的基本特性，它不会因"时感本体"是否存在而有所变化。亦即是说，物质运动的持续性与顺序性规律虽然是构成"时间"概念的基本要素，它却是独立于"时间"概念之外的客观存在。只是，在没有"时感本体"存在的前提下，物质运动的持续性、顺序性规律与所谓的"时间"即毫无关联。

第三节　关于空间概念的形成解析

一、两类"空间"概念

（一）宇宙背景空间

本论在开篇曾表述过，宇宙物理背景赋予了本原物质运动的基本属性，使本原物质——质素具有恒定不变的最大速率，并永恒地运动着。如果没有宇宙物理背景平台的支持，质素及质素的"属性运动"均不复存在。

宇宙物理背景是一种特殊的客观存在，它不像普通物质那样能被我们直接感知，但它的存在却可以通过本原物质的"属性运动"而得以显示。

质素"属性运动"具有四个基本特性：一是"运动速率的极大性"。该特性，指的是质素运动为宇宙所有运动之极限，所折射出的是宇宙物理背景的最本原性。二是"运动速率的恒定性"。该特性，指的是在任何情况下质素的运动速率均不会改变，所折射出的是宇宙物理背景的连续性与均匀性。三是"运动方向之惯性"。该特性，指的是质素的运动方向只会在受到"属性作用"的情况下才会发生改变，所折射出的是宇宙物理背景的平直性。四是"运动的永恒性"。该特性，指的是在从宇宙奇点的形成到宇宙暴胀，直到宇宙最终解体的全过程中，质素的运动永恒存在，所折射出的是宇宙物理背景的广延性与无限性。

本原物质的"属性运动"及"属性作用"，由宇宙物理背景给予支持。本论把能赋予质素"属性运动"及"属性作用"性质的物理背景基底，称作"宇宙背景空间"。"宇宙背景空间"是由某种超出人类认知能力范围的客观实在构成的一种连续的、各向同性的功能性场域。此场域相对于我们的宇宙而言，是一个无穷大的背景平台。它不仅赋予了质素的"属性运动"及"属性作用"性质，亦构造了质素本身。（关于对宇宙物理背景结构的进一步分析，请见第十六章第五节"宇宙三问"）

（二）经验空间

人们平常所说的"空间"，并非本论定义的"宇宙背景空间"概念，而是指在宇宙物理背景中运动着的物质的一种存在形式，即人们所能经验感受并可观测度量的一种相对性空间，简称为"经验空间"。

"经验空间"（即普通空间）概念，是人们在长期的生活实践中，从对"宇宙背景空间"的许多基本属性的间接感知中抽象出特有属性概括而成的。它的形成，标志着人们对空间的认识已从"空间经验"转化为"空间概念"，或说已从对空间的感性认识上升到对空间的理性认识。

空间经验是多种多样的，概括起来大致有三种：一是表述任何物体的存在即一定意味着它在什么地方，而不在什么地方的物体是不存在的，这即是所谓的"处所、地方、位置经验"；二是"空"的状态，这是所谓"虚空经验"；三是任何物体或有大小与形状之别，或有长、宽、高之不同，这是所谓的"广延经验"。

空间概念是对空间经验的抽象，人们在上述三种空间经验的基础上，逐步形成了三种空间观："处所经验"反映的是物与物之间的相对关系，是"空间关系论"的经验来源；"虚空经验"反映的是某种独立于物之外的存在，是"空间实体论"的经验来源；"广延经验"反映的是物体自身的与物体不可分离的空间特性，是"空间属性论"的经验来源。由此，在近代哲学史上即有了关于空间的"关系论""实体论"及"属性论"。任何一种空间概念均想将这三种空间经验统一、综合起来，但均遇到了困难，结果即出现了关于空间"关系论""实体论"及"属性论"的哲学争论。

随着狭义相对论的诞生，人们的时空观发生了巨大的改变，人们对"经验空间"（普通空间）的认识上升到了一个崭新的高度。人们突破了牛顿"绝对时空观"的束缚，认识到"经验空间"（普通空间）是一种相对性空间，在不同运动状态的参考系上对同一空间长度进行测量，一般会得出不同的测量结果。

（三）宇宙背景空间与经验空间的关系

我们已经知道，"宇宙背景空间"是指能赋予质素"属性运动"及"属性作用"性质的物理背景基底，其性质由物质的"属性运动"及"属性作用"规律所表征。"宇宙背景空间"是三维平直空间，其空间结构性质不受"我们宇宙"物质的密度分布及运动状态的影响。

"经验空间"（普通空间）是人们在长期的生活实践中，从对"宇宙背景空间"的许多基本属性的间接感知中，抽象出特有属性概括而成的。"经验空间"应是"宇宙背景空间"的衍生概念，或说"宇宙背景空间"是"经验空间"理论外推的极限愿景。

"经验空间"的物理本原性质虽与"宇宙背景空间"的相同，但由于其概念的产生源于物质间的相对运动，所以在"经验空间"的测量上，会出现因观测系统的运动状态不同而导致测量结果不同的"相对论效应"。一句话："经验空间"是一种"相对性空间"。在后面，若无特别专称，"空间"即指"经验空间"。

二、"空间"概念的形成机理

"空间"的本原背景是一种特殊的客观存在，其物理特性只有通过物质的运动、变化才能向外展现。然而，对于物质运动的持续性、顺序性及广延性规律，亦只有具备"记忆"功能的生命能动体才能感知。人类是最高级的生命能动体，能感觉、认知物质运动的基本规律，并逐步形成"空间"概念。

"空间"概念虽是人类反映物质运动特有属性的一种思维形式，但形成"空间"概念的核心机制仍是人类大脑的"记忆"功能。如果没有"记忆"功能，人所看到的外部世界就只能是一帧帧静态、独立的画面，即不可能在大脑里形成任何连动的事件映像，更不可能产生高级的思维形式而形成所谓的"空间"概念。

所以说，"空间"概念同"时间"概念的形成机理一样，一是离不开客观世界物质运动与变化的信息，二是离不开感觉、认知物质运动规律的能动体。并且，"空间"概念与"时间"概念的形成，关系密不可分。

第四节　探寻时间的物理运行机制

"时间"概念是人们从物质的运动变化与发展中抽象而来的认识对象。然而，我们不能只满足于对物质运动变化表面现象的感知形成一个"时间"概念而已，而是要不断地探寻物质运动变化与时间运行的本质联系。

一、内禀运动与内禀空间

（一）内禀运动与内禀空间

内禀运动指的是"场源"核内物质的一种旋转频率极高且角动量守恒的涡旋运动。我们将"场源"的内禀自旋运动历程简称为"内禀历程"，将内禀自旋运动对应的内禀自旋能量，简称为内禀能（前面已有介绍）。"场源"内禀运动的速度极高，由质素的恒定极速分解提供。维持"场源"核内物质高速旋转的向心力，是由物质间的属性作用力提供。

自宇宙暴胀开始，宇宙物质团内的压力、温度迅即下降，物质演进的外部环境发生急剧改变。引力源产生于宇宙暴胀的开始，电力源的诞生紧随其后，强力源的形成在稍晚期。引力源、电力源及强力源，均为物质演变早期的基元结构，均有超强的稳定性及相对的独立性。由于各级"源核"半径与人类生活的空间尺度相比存在太大的差距，以及这些"场源"均有超强的稳定性与相对的独立性，我们可将这些"源核空间"看作是相对独立的空间，并把这类空间称作"内禀空间"。

内禀空间分强力内禀空间、电力内禀空间及引力内禀空间三个层次。引力源是电力源的亚结构组分，引力内禀空间包含于电力内禀空间之中。同理，电力源是强力源的亚结构组分，电力内禀空间亦包含于强力内禀空间之中。

各层次"场源"的"内禀空间"均存在三个自由度，即三个维度，且空间大小依次非常之悬殊。强力内禀空间半径应小于 1×10^{-18}m，电力内禀空间半径应小于 1×10^{-24}m，引力内禀空间半径应小于 1×10^{-34}m。引力源、电力源的源核结构比强力源更封闭、更稳固。引力源、电力源的结构，只有在与宇宙暴胀初始作用条件相当的情况下才会发生解体。

（二）"内禀空间"与"额外维空间"的对比

本论提出的"内禀空间"概念，与高维空间理论中的"额外维空间"有相通的部分。弦论科学家们认为：时空是10维或11维的，但人们在日常生活中所经历的却是四维时空，这是因为所有"额外维"的尺度非常小，甚至如普朗克尺度那样小，实在难以观测到。而本论提出的"内禀空间"亦是对微尺度空间的描述。如引力源、电力源的"内禀空间"，它们均存在三个自由度，即共有6个极小尺度的维度。这与高维空间理论中所表述的有6个或7个普朗克尺度的"额外维"的意义基本一致，这是"内禀空间"与"额外维空间"的相通之处。

然而，产生"内禀空间"与"额外维空间"这两个概念的理论背景却存在着本质的区别："额外维空间"指的是有别于"经验空间"（即普通空间）性质的另类层次的物理背景结构。"额外维空间"曲率非常之大，空间维均蜷缩在很小很小的尺度里，人类很难探测到它。"超弦理论"认为，宇宙是建立在多维空间之中，在"额外维空间"里，一定能发现更多、更完整的宇宙。

"内禀空间"则与"经验空间"（即普通空间）一样，皆为"宇宙背景空间"的衍生概念，它们的空间性质与"宇宙背景空间"所具性质完全一致。"内禀空间"是本论对物质"内禀运动"范域的一种自然描述，并不具有超然的神秘性质。笔者认为"内禀空间"即是"高维空间"的物理"真身"。

二、"场源"内禀历程与时间的关系

我们知道，时间的本质核心是物质的运动变化，离开了物质的运动变化，时间将不复存在。日常经验告诉我们：物质运动变化的历程越长，则时间过得即越多；物质运动变化的历程越短，则时间过得即越少。然而，这种能直接影响物体时间流逝快慢的"运动变化"，并非人们通常意义下所理解的那种外部空间运动的变化，而是指能从物质本原层面影响物体运行节律的"内禀运动变化"。

引力源、电力源、强力源是形成各层级物质的基元结构，它们的内禀自旋运动历程，包含了质素在"场源"内的全部运行过程。亦即是说，这些"场源"的内禀运动历程决定着物体时间的流逝。即有："场源"的内禀运动历程越长，物体流逝的时间越多；"场源"的内禀运动历程越短，物体流逝的时间越少。

然而，严格说来，我们还不能把强力源的内禀自旋运动视为能直接影响物体时间流逝的本原运动。因为：

（1）强力源（或称夸克）与引力源、电力源相比，在宇宙的进变过程中，是最晚时期形成的一种"场源"结构，其结合能最小，源核结构较为松散。比如从强力源（或称夸克）中可产生出各种高能粒子射线等。

（2）强力源（或称夸克）与光子、轻子是同一物质层次（其亚结构物质同为正、负电力源）但结构形式不同的物质粒子。因强力源（或称夸克）有超强的场力耦合环，所以不像光子与轻子那样，能以单质的形式存在。强力源（或称夸克）只可能是两个或两个以上地聚绕在一起，形成相对稳定的粒子结构。现代物理学"标准模型"理论，将这类物质结构统称为"强子"。

（3）强力源（或称夸克）与光子、轻子（是否包括中微子，待定）一样，在其质心运动状态发生改变时，亦会受到自身亚结构层面上的电磁自感内力的作用，并产生"视在运动"效应（已在"质能篇"中做过论述），从而使其质心运动速度永远不会超过光速。

由此可知，能直接决定物体时间流逝的，只可能是引力源与电力源的内禀自旋运动历程。而强力源的内禀自旋运动，只能被看作其亚结构物质电力源（或称胶子）的非内禀性质的旋转运动，即如同轻子、光子的亚结构物质的非内禀旋转运动一样。

三、1秒时间的物理意义

（一）时间在国际单位制中的意义

时间（秒），是国际单位制（SI）中严格定义的7个基本单位之一。在1967年召开的第13届国际度量衡大会上，对秒（s）的定义是，铯-133原子基态两个超精细能级之间跃迁所对应的辐射9,192,631,770个周期的持续时间。

比秒（s）小的单位有：毫秒（ms），即10^{-3}秒；微秒（μs），即10^{-6}秒；

纳秒（ns），即 10^{-9} 秒；皮秒（ps），即 10^{-12} 秒；飞秒（fs），即 10^{-15} 秒；阿秒（as），即 10^{-18} 秒。阿秒（as）是目前可测量的最短时间，科学家用来对瞬时事件进行计时。

从哲学理论上讲，物质的运动是绝对的，或说时间的流逝是连续不断的，再微小的时间段，其间亦能分割出无穷多的"瞬时"。然而，从物理学的实验规则上讲，这种无穷的追究又是不可能实现的，亦是无意义的。所以，有科学家利用量子理论及相对论推算出了时间的量化极限，即普朗克时间——10^{-43} 秒（准确与否暂且不论）。

（二）时间的意义新解

为了有意义地、更本质地探寻时间的物理运行机制，本论把"1 秒"的时间等分成 N 个"时段"，即指"1 秒"的时间是由 N 个"时段"组成。这里的"时段"，是指一切事物发展变化所经历的最短过程，我们将其简称为"时"。并设定，物体历"时"的多少与物质的内禀运动历程成正比。则有

$$T = kS_n \tag{13-1}$$

其中：T 代表物体历"时"的多少，即时间；S_n 代表质素在"复合场源"（引力源及电力源）中的内禀自旋运动历程；k 代表比例常量。由此，我们可将质素在"复合场源"（引力源及电力源）中的内禀自旋运动历程 S_n 专称为"时程"。

若以 S_{n0} 表示 1 个单位的"时程"，即质素在"复合场源"（引力源及电力源）中的 1 个内禀自旋循环历程，以 T_0 表示 1 个"时"，则有

$$T_0 = kS_{n0} \tag{13-2}$$

又因为 1 秒等于 N 个"时"，所以有

$$1\text{ 秒} = NT_0 = NkS_{n0} \tag{13-3}$$

为简化计算，我们可将质素在"复合场源"（引力源及电力源）中较为复杂的内禀周期循环运动，按简单的圆周运动处理，即有

$$S_{n0} = 2\pi r_{nf} \tag{13-4}$$

其中，r_{nf} 是折合的回转半径。此回转半径，只有在"复合场源"（引力源及电力源）受到像宇宙暴胀初期那样的极高能环境的作用才会发生改变，一般情况下均可当作常量看待。

根据式（13-3）与（13-4），可确定比例常量 k

$$k = (2N\pi r_{nf})^{-1} \text{（秒/米）} \tag{13-5}$$

式中的 N 与 r_{nf} 是我们待确定的、有相互关联的两个物理参数。并且，这两个参数是不随参照系运动而改变的物理常量。

以上结论表明：在任意的运动参照系内，"1秒"时间所对应的"时程"（即内禀历程）均是一样的。或者更一般地说：对于任意运动参照系，物质的历"时"T与所对应的"时程"S_n之比是一常量。这一常量是在宇宙质素形成"场源"后才产生的。

第五节　时间与空间的关联

一、关于时空概念

"时空"，在人类文明中是一个古老的哲理概念，既平常，又神秘。从古典哲学时期，到经典物理时代，再到相对论的问世，直至现在，"时空"概念的内涵与外延均在与时俱进。

早期，"时空"一词的原义只是时间与空间的合称表述，并无表达两者间存有物理关联的含义。而在相对论问世以后，物理学对"时空"本质的认识发生了根本性的变化：狭义相对论否定了绝对时间与绝对空间的形而上学概念，抛弃了具有一定特权地位的绝对坐标系，从根本上改变了经典物理学的"绝对时空观"，从而建立了时间、空间不可分割的"狭义相对论时空观"；广义相对论更是将时间、空间、物质及物质的运动关联在一起，构建出了一个几何化、多维度的"引力时空"模型。

自此以后，科学家及哲学家们给"时空"赋予了许多新奇的含义。有观点认为，"时空"不只是"时"与"空"的合称表述，还应是一个"整体存在"的谓称；亦有观点认为，因"时空"是物质的客观存在形式，而这些形式又依赖于物质本身，所以"时空"应是对一种客观实在的描述，并且有与之对应的物理图像存在；还有观点认为，"时空"不仅是一个不可分割的整体，而且"时空"的结构（即曲率）还受物质分布的影响；等等。

本论认为：

（1）时间是物质运动的一种特殊表现形式，物体"内禀运动"所产生的各种变化，是时间运行的本质内涵。这种"变化"停止，时间即停止，没有这种"变化"，时间的意义即消失。

（2）空间是物质运动的另一种特殊表现形式。空间的产生源于物质间的相对运动；空间的基本性质，源于物质的本原运动特性，即本原物质运动的持续性、顺序性及广延性。

(3) 在相对运动的物质世界里，时间与空间均是人们从物质的运动与变化中抽象出来的认识对象，均是用来表征事物存在的基本元素，二者缺一不可。然而，时间与空间的关联，又只是一种以物质运动变化为联系内容的函变关系，不存在实际的物理"时空"图像与之相对应。即是说，"时空"对人类来讲，只是一种关联密切的存在关系，而不是一个整体实在结构。

二、质素时空锥

（一）构建"质素时空锥"模型

物质的运动可以看作一连串事件的发展变化过程。世界上每时每刻均有无数的、各种各样的事件出现，但它们总是在一定的地点于一定的时刻发生。时间与空间既是事件客观存在的形式，亦是构成及表征事件的最基本元素。因此，物理学即用三维空间与一维时间坐标（x, y, z, t）来描述事件，定义一个事件为四维时空中的一个坐标点。

为了能够从更本原的角度解析时间与空间的物理关联，本论构建了一个能粗略描述宇宙事件迹线集合的模型——质素时空锥（如图13-1所示）。

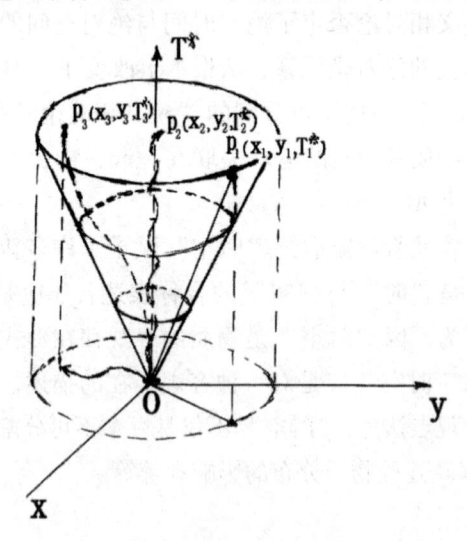

图13-1 质素时空锥

"质素时空锥"在形式上与相对论构建的"光锥"模型有些相似，但所表征的内容有其本质的区别。本论的做法是：

（1）以"宇宙背景空间"为参考系，以静置在宇宙物理背景上的"时钟"读数为宇宙时，以宇宙质素的"属性运动"为考察内容，建立一个"宇宙背景时空"模型。

（2）将"质素时空锥"的顶点设为宇宙暴胀的始点，即宇宙"奇点"，并假定宇宙"奇点"质心相对宇宙物理背景静止。

（3）将"质素时空锥"的锥轴即 z 轴设为"宇宙时"轴。"宇宙时"轴方向代表宇宙事件的"累加"方向，或说是宇宙事物发展变化的方向。（不要误认为这是质素的空间运动方向）

（4）将"质素时空锥"中的 xy 平面设定为质素的运动空间。（为方便用直观图像表示，只能把质素的运动缩限于二维空间）

（5）以"质素时空锥"的母线与轴线形成的斜率，代表质素在"宇宙背景空间"中的"属性运动"速率，即物质在"宇宙背景空间"中最大且恒定的速率，亦称质素的恒极速率。

（二）"质素时空锥"所表达的物理意义

宇宙中的每一个质素，从宇宙诞生开始即以宇宙最大且恒定的速率在"宇宙背景空间"中运动着。质素在"质素时空锥"内所经过的每个时空点均可代表一个事件。随着宇宙的不断膨胀、演变，直到终结，每个质素均会从锥顶到锥底产生一条连续不断的"宇宙背景时空线"，或说事件轨迹线（不是空间运动轨迹线）。

宇宙里有多少个质素，"质素时空锥"内就应含有多少条"宇宙背景时空线"（以下简称"时空线"），且"时空线"条数恒定不变。在这些"时空线"中，有的呈直线状，有的呈螺线状。呈直线状的，即在锥体母线位置的"时空线"，它们代表以恒极速率做直线运动的质素所产生的事件轨迹线；呈螺线状的，如在锥体内部的所有"时空线"，它们代表以恒极速率做各种曲线运动的质素所产生的事件轨迹线。并且，"时空线"（即事件轨迹线）上各点的切线方向，总会与锥体上某条母线的方向平行（因为质素在宇宙物理背景中的运动速率是恒定的）。锥体内部的"时空线"，它们会缠绕旋进，但绝不会合并，更不会发生单线裂变。

"质素时空锥"的正截面，即与 xy 平面平行的截面，是表示宇宙发展变化的瞬态断面，本论称其为"宇宙时横截面"，亦可称"宇宙同时面"，还可称"宇宙等时面"（相对于"时空锥"顶点而言）。时空锥内，每条"时空线"与正截面的交点代表一个时空点，即一个质素的事件点。每个正截面上的事件点数均相等。并且，在任意两个正截面之间，所截得的时空线的"线长"均相等。

如果我们把单个质素运动的每一瞬间（即时空坐标中的一个点）看作一个"基元事件"，则宇宙中其他各种复合事件均可看成"基元事件"的不同组合。

于是，宇宙中所有质素的运动即构成了一个"宇宙事件集合"。所以说，"质素时空锥"是一个粗略描述"宇宙事件集合"的模型。

三、质素的三类"时空线"

本论曾在前面多次谈道，质素的恒定极速在引力源与电力源的"复合场源"中，被正交分解到"复合场源"的内禀自旋运动与质心运动上。如图13-2所示。

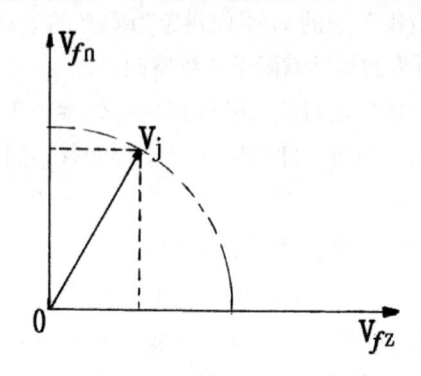

图13-2　质素恒极速率分解图

图中，V_j 代表质素的恒定极速，V_{fn} 代表质素在"复合场源"（引力源与电力源）中的内禀自旋速率，V_{fz} 代表正交于 V_{fn} 的"复合场源"质心运动速率。质素在"宇宙背景空间"中的每一即时速率或说恒极速率 V_j，总可以分解投影到 V_{fn} 与 V_{fz} 两个方向上。V_j 的大小是恒量，且有

$$V_j^2 = V_{fn}^2 + V_{fz}^2 \tag{13-6}$$

若将式（13-6）与"质素时空锥"模型结合在一起分析，我们即会得到以下几种情况：

（1）当 $V_{fn}=0$，即 $V_j=V_{fz}$ 时

此种运动情况表示，物质系统的质心运动速率等于质素的恒定极大速率，其复合内禀自旋速率等于零。这种运动的事件历程，在"质素时空锥"模型中对应的是锥体母线位置的"时空线"，图13-1中的时空点 $P_1(x_1, y_1, T_1^*)$ 所代表的即是这类"时空线"上的一个事件。处于"质素时空锥"母线位置的"时空线"在 xy 平面上的投影，对应的是质素单质在宇宙背景空间上的恒极速直线运动。然而，这种对应在现实中并不存在。因为，在宇宙暴胀的始端，所有质素都会被均匀地结构到巨量的引力源中。如果真还有没被结合上的质素，那么，它们在宇宙暴胀后，亦将自然失去它们的"宇籍"。这些质素由于已经失去了初始的相互作用条件，它们在宇宙演化中不可能再担当任何角色，我们的

宇宙亦不可能再感知到它们的存在。所以说，在我们宇宙中不存在质素单质形式的极速运动，而只有质素复合形式的运动。至于质素在 $V_{fn}=0$，即 $V_j=V_{fz}$ 的运动状态下产生的"时空线"，只能是"质素时空锥"中的一种理论极限情况。

（2）当 $V_{fz}=0$，即 $V_j=V_{fn}$ 时

此种运动情况表示，物质系统的质心运动速率等于零，其复合内禀自旋速率等于质素的恒定极大速率。这种运动的事件历程，在"质素时空锥"模型中对应的是与锥体轴线平行的"时空线"。与"质素时空锥"轴线平行的"时空线"，在 xy 平面上的投影为一个点。它表示物质系统的质心在宇宙背景参考系中"绝对静止"，系统的内禀自旋速率等于质素的恒定极大速率。然而，这种运动状态亦只能存在于宇宙暴胀的始点，不可能在宇宙演化过程中形成连续的"时空线"。所以说，与"质素时空锥"轴线平行的"时空线"实际上并不存在。而质素在 $V_{fz}=0$，即 $V_j=V_{fn}$ 时的运动状态下产生的"时空线"，亦只能是"质素时空锥"中的另一种极限情况。

（3）当 V_{fz} 与 V_{fn} 均不为 0 时

这类运动的事件历程，在"质素时空锥"内所对应的是除上面（1）、（2）两种情况以外的各种旋进曲线。图 13-1 中的时空点 $P_2(x_2, y_2, T_2^*)$、$P_3(x_3, y_3, T_3^*)$，代表的均是这类"时空线"上的事件。此类旋进曲线为质素在多重"属性作用"下做各种复合形式的运动所产生的"时空线"。这类"时空线"，是对质素在宇宙演化过程中所产生的各种事件轨迹的最全面描述。即是说，宇宙的全部"事件"无不包含于质素的这类"时空线"中。

四、物理四维空间

"质素时空锥"虽然能从宇宙整体进变的角度来呈现质素的"时空轨迹"，并能反映一些质素"时空线"的性质特点，但对质素的运动只能是粗线条的、示意性的描述。若要更具体、更细致地了解自然界中的物质运动，则须将质素在"质素时空锥" xy 平面（即宇宙背景空间）上的"本原运动"单独地分立出来，并建立相应的空间坐标体系来与之互补。

对于所要建立的空间坐标体系，笔者已在前面的论述中做过一些铺垫，它是由场源的内禀运动空间与质心运动空间（我们的常态空间）一起构成。我们之所以能够建立这样的空间坐标系，是因为场源的"内禀空间"与其质心运动的"外部空间"总是相互正交的。而场源的这种"性质"，是由质素恒极速率的正交分解规律而获得。

为了方便描述与更贴近实际，在前面几节的论述中，我们已将引力源与电力源等效成了一个"复合场源"，并给出了质素在"复合场源"中的"恒极速率分解式"（13-6）

$$V_j^2 = V_{fn}^2 + V_{fz}^2$$

我们依据此式可构建一个由场源的内禀运动空间与质心运动空间（我们的常态空间）一起构成的"物理四维空间"。

在建立"物理四维空间"坐标系之前，我们还须完成以下几方面的设定。

（1）把静置于"宇宙背景空间"上的"时钟"走时设定为"宇宙时"，并表示为 T^*。

（2）把质素的恒极速率 V_j 乘以"宇宙时"T^*，将所得结果称作"本原历程"，表示为 S_b。

（3）把质素在"复合场源"中的内禀自旋速率 V_{fn} 乘以宇宙时 T^*，将所得结果称作"内禀历程"（或"时程"），表示为 S_n。

（4）把质素所在"复合场源"的质心速率 V_{fz} 乘以宇宙时 T^*，将所得结果称作"质心历程"，表示为 S_z，并有 $S_z^2 = x^2 + y^2 + z^2$。

由此，我们可以构建一个由"内禀历程"与"质心历程"组成的物理四维空间（如图13-3所示）。

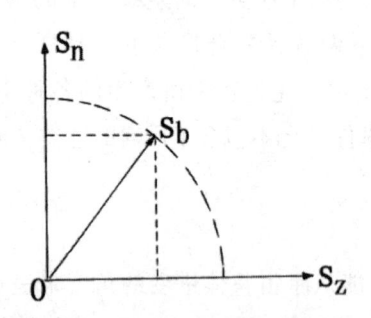

图13-3 内禀—质心历程四维空间

图中，"本原历程"S_b 代表质素在宇宙背景空间中的"属性运动"历程，即最本原的运动历程。其他各种形式的运动历程，均是"本原历程"在各类空间坐标中的分解或说"投影"。如"内禀历程"S_n，代表质素在"复合场源"核内空间的自旋运动历程，即"本原历程"在内禀空间上的"投影"；"质心历程"S_z（$S_z^2 = x^2 + y^2 + z^2$），代表"复合场源"质心的空间运动历程，即"本原历程"在常态空间上的"投影"。

依据"内禀—质心历程四维空间"的性质，我们可得出"本原历程"S_b、

"内禀历程" S_n、"质心历程" S_z 三者之间的关系

$$(V_j dT^*)^2 = (V_{fn} dT^*)^2 + (V_{fz} dT^*)^2 \qquad (13\text{-}7)$$

或表示为

$$dS_b^2 = dS_n^2 + dS_z^2 \qquad (13\text{-}8)$$

如果"复合场源"的内禀自旋速率 V_{fn} 与质心运动速率 V_{fz} 大小不变，则可得

$$(V_j T^*)^2 = (V_{fn} T^*)^2 + (V_{fz} T^*)^2 \qquad (13\text{-}9)$$

或表示为

$$S_b^2 = S_n^2 + S_z^2 \qquad (13\text{-}10)$$

式（13-8）表明：在任一微分时段，场源"内禀历程"微分段的平方与其"质心历程"微分段的平方之和，总等于质素"本原历程"微分段的平方。

式（13-10）表明：如果"复合场源"的内禀自旋速率 V_{fn} 与质心运动速率 V_{fz} 大小不变，则在任一时段，场源"内禀历程"的平方与其"质心历程"的平方之和，总等于质素"本原历程"的平方。

五、宇宙时与自然时

（一）宇宙时

"宇宙时"是本论在前面设定的一种时标，即把静置于宇宙背景空间上的"时钟"走时，设定为"宇宙时"，并表示为 T^*。

如果应用质素在"复合场源"中的"恒极速率分解式"

$$V_j^2 = V_{fn}^2 + V_{fz}^2$$

及质素"属性运动"分解式

$$S_b^2 = S_n^2 + S_z^2$$

对"宇宙时钟"进行分析，则可得出：静置于宇宙背景空间上的"时钟"，其所含"复合场源"的质心运动速率 V_{fz} 等于零，所含"复合场源"的内禀自旋速率 V_{fn} 等于质素的恒极速率 V_j。即

$$V_{fz} = 0, \quad V_j = V_{fn}$$

或说静置在宇宙背景空间上的"时钟"，其所含"复合场源"的质心运动历程 S_z 等于零，所含"复合场源"的内禀运动历程 S_n 等于质素的本原运动历程 S_b。即有

$$S_z = V_{fz} T^* = 0,$$
$$S_n = V_{fn} T^* = V_j T^* = S_b$$

以上结果表示："宇宙时钟"的内禀自旋速率最大，内禀运行节律最快，时间的流逝亦最快。

"宇宙时"的表达式为：

$$T^* = kS_n$$
$$= kS_b \quad (V_{fn}=V_j,\ S_n=S_b) \tag{13-11}$$

（二）自然时

"自然时"是本论相对于"宇宙时"提出的另一种时标概念。"宇宙时"是一种理论极限时标，只存在于宇宙暴胀的起始端。而"自然时"则是物质在宇宙暴胀、演化过程中所形成的一种常态的时间运行机制。

自宇宙奇点大暴胀后，所形成的物质系统相对于宇宙背景空间的质心运动速率 V_{fz} 均大于零。根据质素在"复合场源"中的"恒极速率分解式"（13-6）

$$V_j^2 = V_{fn}^2 + V_{fz}^2$$

可知，所有物质系统的内禀自旋速率 V_{fn} 均要小于"宇宙时钟"的内禀自旋速率 V_j。这即是说，在自然界，任何物体的时间流逝均比"宇宙时钟"流逝得要慢。因此，本论把所有物体中的"时钟"走时统称为"自然时"，并表示为 T。

"自然时"的表达式为：

$$T = kS_n \quad (S_n < S_b) \tag{13-12}$$

通过对式（13-11）与式（13-12）的比较可知，"宇宙时"实为"自然时"在 $V_{fn}=V_j$ 或 $S_n=S_b$ 情况下的一种理论极限时标。

六、时率

"时率"，是本论提出用来描述物体时间流逝快慢的物理量。"时率"是一个较为复杂且颇具争议的物理概念，物理学至今都没有对此给予明确的定义。

古希腊哲学家、科学家亚里士多德，在论述时间的流逝是均匀的时说："变化总是或快或慢，而时间没有快慢。"对此他论证说："因为事物变化的快慢是用时间确定的：所谓快，就是时间短而变化大；所谓慢，就是时间长而变化小；而时间的快慢不能用时间来确定，也不能用运动已达到的量或变化已达到的质来确定。"亦即是说没有什么方法能确定时间的快与慢，因而时间无快慢，是均匀地流逝着。因此，"对时间本身不能说'快慢'，而是说'多少'或'长短'"。

亚里士多德的这些论述，代表的是西方古典朴素时空观的一部分。虽然受历史的局限，亚里士多德否定了"时间的流逝有快有慢"，但他的"时间的快慢不能用时间来确定，也不能用运动已达到的量或变化已达到的质来确定"的观点，还是不无道理的。因为，若把"时间流逝的快慢"简单地描述成"时间与时间之比"，所得结果是毫无意义的。

那么，"时率"究竟是一个什么样的物理量呢？它的物理表达式及单位又是怎样的呢？

本论认为："时率"是描述物体时间流逝快慢的物理量，即描述物体在单位"宇宙时间"内流逝"自然时间"多少的物理量。"时率"可定义为："自然时间"随"宇宙时间"的变化率，或说"自然时间"与产生其时段所用的"宇宙时间"之比值。由于定义"时率"时，是以静止在宇宙背景空间上的"时钟走时"为对比基数，所以，我们把这种定义的"时率"称之为"宇宙背景时率"。

若以 η_j 表示"宇宙背景时率"，则其定义表达式为

$$\eta_j = dT/dT^* \tag{13-13}$$

若将"宇宙时"表达式（13-11）及"自然时"表达式（13-12），代入"宇宙背景时率"定义式（13-13）式，并参考"质素属性运动分解图"（如图13-3）的意义，则可得

$$\eta_j = dT/dT^*$$
$$= kdS_n / (kdS_b) = dS_n/dS_b$$
$$= d(V_{fn}T^*) / d(V_jT^*) = dV_{fn}/dV_j$$

在上式中，由于 V_j 是质素恒极速率，V_{fn} 是物体在一定运动状态下的内禀自旋速率，所以，物体在一定运动状态下的"宇宙背景时率"为

$$\eta_j = dT/dT^* = V_{fn}/V_j \tag{13-14}$$

此式表明："宇宙背景时率"是物体在某一运动状态下的内禀自旋速率与"宇宙时钟"的内禀自旋速率（即质素的恒极速率）之比。

"时率"的大小，反映物质基元结构运行节律的快慢："时率"大，表示物质的内禀运行节律快，即时间过得快；"时率"小，表示物质的内禀运行节律慢，即时间过得慢。质素在"复合场源"（引力源与电力源）中的内禀自旋速率 V_{fn}，是影响物体"时率"大小的本原变量。

"时率"是个无量纲物理量。宇宙中所有物质系统的"背景时率"值，均只在大于0跟小于1之间变化。"宇宙时钟"是宇宙里时间走得最快的"时钟"。

七、时空关联的物理机制

物质的运动与变化，既是时间与空间客观存在的共同基础，亦是时间与空

间关联的纽带。"时空关联"的物理机制，实质上即是物体的质心运动与所含"复合场源"的内禀运动之间的相互转换。物体的外部空间运动加快，必会导致其内禀运动变慢，即时率变小。

我们可以由质素在"复合场源"中的"恒极速率分解式"（13-6）

$$V_j^2 = V_{fn}^2 + V_{fz}^2$$

及物体的"宇宙背景时率"表示式（13-14）

$$\eta_j = dT/dT^* = V_{fn}/V_j$$

联解得到

$$\eta_j = dT/dT^* = V_{fn}/V_j$$
$$= (1 - V_{fz}^2/V_j^2)^{1/2} \quad (13\text{-}15)$$

式（13-15）是反映时间与空间关联的核心表达式，此式表达的意义是：物体的"宇宙背景时率"随其质心运动速率 V_{fz} 而变。即质心运动速率越大，物体的"宇宙背景时率"越小（时间流逝越慢）；质心运动速率越小，物体的"宇宙背景时率"就越大（时间流逝越快）。

若设物体的质心运动速率 V_{fz} 不随时间而变，则物体的时间流逝量为

$$\Delta T = (1 - V_{fz}^2/V_j^2)^{1/2} \Delta T^* \quad (13\text{-}16)$$

其中，ΔT^* 为宇宙时间的流逝量。

第六节 相对时空的测量

一、绝对参考系

本论在开篇即已设定：宇宙物理背景是研究我们宇宙物质运动的物理参考系；宇宙物理背景赋予了质素"属性运动"与"属性作用"两大基本属性；质素的恒定极速 V_j 是相对宇宙物理背景这个参考系而言的。

将"本原空间"（宇宙物理背景）设定为绝对参考系，是本论从研究的实际意义出发，以历史性的审视观念做出的一个相对性的假设。对于"置身于本原空间（宇宙物理背景）以外又是何等境况？"的追问，眼下的人类恐无力做出回答。但我们深知，世间一切的一切，均被包含在"本原空间"（宇宙物理背景）的怀抱之中。

我们在前面介绍的"质素时空锥""质素恒极速率分解图"及"内禀历程—质心历程"四维空间图等，均是以"本原空间"（宇宙物理背景）为参考系而构建的。本论将"本原空间"（宇宙物理背景）这种独立于一切物质运动之外的"理想"参考系，称之为"绝对参考系"。

宇宙中，所有的物体相对"本原空间"（宇宙物理背景）不仅有"内禀"的自旋运动，同时亦有"质心"的外部空间运动。然而，我们对这种"绝对"的质心运动不可能进行实际测量，只能从理论上进行逻辑性的推理。因为，"本原空间"（宇宙物理背景）毕竟是一种特殊的客观存在，它不像由质素构成的物质那样，能被我们直接感知或测量。所以说，任何相对于"绝对参考系"设立的物理量，其量值只能是理论上的一种推定，而不可能有任何真实的测量结果。

从将"本原空间"（宇宙物理背景）设定为"绝对参考系"这个意义上讲，我们可把那些依赖"绝对参考系"而设立的物理量，专称为"本原量"。例如质素的恒极速率 V_j，及在"复合场源"中正交分解出的内禀自旋速率 V_{fn} 与质心运动速率 V_{fz}。还有质素的"本原历程" S_b，"复合场源"的"内禀历程" S_n，"复合场源"的"质心历程" S_z，宇宙时 T^*、自然时 T、绝对时率 η_j 等，这些均是依赖"绝对参考系"而设立的本原物理量。然而，这些"本原量"均是"可想而不可测"的物理量。

本论提出的所谓"绝对参考系"，并非一切客观运动的归宿，它亦只是我们在深入探索宇宙本原的途中需要借用的一个过渡性的基础平台。"绝对参考系"虽不具实际测量的意义，但我们可借助它构建宏观的宇宙模型，以便人类"居高临下"地探寻宇宙的历史演变，从而避免人们被一直困在迷茫的、肤浅的"相对世界"里而不能自拔。

二、相对参考系

（一）相对参考系

我们生活在相对运动的物质世界中，人们所能观测到的运动现象，均只是物体间的相对运动。我们不可能得到相对"本原空间"（宇宙物理背景）运动的任何观测结果。因为，整个宇宙的物质相对"本原空间"（宇宙物理背景）均在运动，我们根本不可能通过观测物质间的相对运动来确定"绝对参考系"（宇宙物理背景）的存在，进而实现对"本原量"的测定。

在相对运动的物体上，建立以"自己"为中心的物理观测体系，这是物理学研究运动的一种基本方法，亦是人类的经验做法。这样的观测体系，它们均有"自己的时间"与"自己的空间"，或说是"自己的时间度规"与"自己的空间度规"。我们将这样的观测体系称为相对运动参考系，简称"相对参考系"。

"相对参考系"有四个性质：一是标准性，即用来做参考系的物体均是假定不动的，被研究的物体是运动还是静止，均是相对于参考系而言的；二是任意性，即参考系的选择具有任意性，但应以观察方便与对运动的描述尽可能简单为原则；三是统一性，即比较不同的运动时，应选择同一参考系；四是差异性，即同一运动选择不同的参考系，观测结果一般不同。

（二）惯性参考系与非惯性参考系

自然界中，物体的运动形式多种多样，但从物理学的角度，我们可以将其分为两大类：一类是匀速直线运动；另一类是变速（含方向变化）运动。然而，不管是哪一类运动形式的物体，均可以用来当作物理学中的"相对参考系"。

我们根据物体的运动形式，亦可把"相对参考系"相应地分成两类：一类是把做匀速直线运动的参考系，称之为"惯性参考系"；另一类是把做变速（含方向变化）运动的参考系，称之为"非惯性参考系"。这两类参考系的本质区别是："惯性参考系"的运动状态不随时间而变，"非惯性参考系"的运动状态则会随时间发生改变。

在物理学的研究及应用中，"惯性参考系"较"非惯性参考系"有许多优越之处。一般情况下，选择惯性参考系可以使分析问题更方便，使描述运动的方程有着最简单的形式。除此之外，更本质的特点即是，"惯性参考系"的"时率"稳定，且所附属的"空间"均匀并各向同性；"非惯性参考系"则不然。

不同的"惯性参考系"所具的"时率"有可能会各不相同，但它们均不会随时间发生改变。这种特性，我们可以从"绝对时率"表示式（13-15）

$$\eta_j = dT/dT^* = V_{fn}/V_j$$
$$= (1 - V_{fz}^2/V_j^2)^{1/2}$$

中看到，只要物体的质心运动速率 V_{fz} 不变，即参考系的运动速率不变，则参考系的"绝对时率" η_j 即不会发生改变。

三、本原量与相对量的对应转换

相对于"本原量"而言，我们亦可把物理学在研究物质相对运动规律时所确立的物理量，统称为相对观测量，简称为"相对量"。"本原量"是相对宇宙物理背景（绝对参考系）设立的系列物理量，而"相对量"则是依赖自然实在物（相对参考系）而建立的系列物理量。由于"本原量"的不可测性，"本原量"与"相对量"之间，总像是隔着一道看不见的天然屏障。

（一）"绝对时率"与"相对时率"的类比转换

本论在开篇设定了宇宙物质的本原——质素，并赋予了其恒定极大的速率V_j。质素在向引力源、电力源等较为复杂的物质结构演进时，产生了恒极速率在"复合场源"中正交分解的规律，如式（13-6）

$$V_j^2 = V_{fn}^2 + V_{fz}^2$$

其中，V_j是质素相对宇宙物理背景的恒定极大速率，V_{fn}是"复合场源"的内禀自旋速率，V_{fz}是"复合场源"的质心运动速率。并且，V_{fn}的大小直接与物体时间流逝快慢相关，V_{fz}的大小直接与物体在空间中的运动快慢相关。

然而，在相对运动的世界里，人类目前所认定的物质本原是"光量子"。人们认为："光量子"构建了我们的物质世界；"光量子"的运动，形成了我们的时间与空间。

虽然，自然界里的"相对参考系"有无穷多，物体间的相对运动关系特别复杂，但在所有的"相对参考系"中，却存在着一个共同的观测结果，即："光量子"在真空中的运动速率$c=299792458$米/秒。这种奇妙的观测结果，被狭义相对论理论提炼为"光速不变原理"。"光速不变原理"是人类的一个不朽的发现，它就像"上帝"给人类的一个暗示，即：沿着这个"观测结果"，去寻找现实世界与宇宙本原之间存在着的某种契合对应，或说沟通的"桥梁"。

"光速不变原理"从广义的角度提示我们：每个"相对参考系"（含惯性系与非惯性系）均是一个相对独立的时空观测体系；"光量子"作为相对运动世界中的"本原物质"，其物理特性在所有"相对参考系"中是一致的，所具有的运动规律在各参考系中亦是平权的。

我们如果依据质素恒极速率在"复合场源"中正交分解的表示式（13-6），将光的真空速率c亦作类似的分解，则有

$$c^2 = v_n^2 + v^2 \tag{13-17}$$

其中，c为"光量子"在相对运动世界中的恒极速率，v_n为物体的相对内禀自旋速率，v为物体质心的空间相对运动速率。并设定，v_n的大小直接与物体时间流逝快慢相关，v的大小直接与物体质心在空间中运动的快慢相关。

由此，我们可借用"绝对时率"表示式（13-15）

$$\eta_j = dT/dT^* = V_{fn}/V_j$$
$$= (1-V_{fz}^2/V_j^2)^{1/2}$$

将式中的 η_j 代之以 η_d，T^* 代之以 t，T 代之以 t'，V_j 代之以 c，V_{fn} 代之以 v_n，V_{fz} 代之以 v，即可得到

$$\eta_d = dt'/dt = v_n/c$$
$$= (c^2-v^2)^{1/2}/c = (1-v^2/c^2)^{1/2} \tag{13-18}$$

式中，η_d 表示"相对时率"，dt' 表示被考察物体（系）的"时钟"走时量，dt 表示参考系上的"时钟"走时量。式（13-18）为物体的"相对时率"表示式。

由"相对时率"表示式（13-18）分析可知：

（1）与"相对参考系"静止在一起的物体，其相对运动速率 v 为零，该物体的"相对时率"值为 1，即该物体上的"时钟"走时与参考系上的"时钟"走时快慢一样。

（2）相对于参考系，物体的运动速率 v 越大，则其"相对时率"值比 1 越小，该物体的时间相对于参考系而言流逝得更慢。

（3）当物体相对于参考系的运动速率 v 趋近于光速 c 时，则物体的时率趋近于零，即时间的流逝趋于静止。（光量子本身的"时率"会为零吗？这个问题将在后面讨论）

（二）相对时间的测量

在上一节，我们依据"绝对时率"表示式（13-15）

$$\eta_j = dT/dT^*$$
$$= V_{fn}/V_j = (1-V_{fz}^2/V_j^2)^{1/2}$$

并假设物体相对宇宙物理背景的质心运动速率 V_{fz} 不变，从而求得物体的自然时间流逝量为

$$\Delta T = (1-V_{fz}^2/V_j^2)^{1/2}\Delta T^*$$

其中，ΔT^* 为宇宙时间的流逝量。

同理，我们亦可依据"相对时率"表示式（13-18）

$$\eta_d = dt'/dt = v_n/c$$
$$= (c^2-v^2)^{1/2}/c = (1-v^2/c^2)^{1/2}$$

并假设被考察物体相对惯性参考系的运动速率 v 不变，从而可求得物体的相对时间流逝量为

$$\Delta t' = (1-v^2/c^2)^{1/2}\Delta t \tag{13-19}$$

其中，$\Delta t'$ 为被考察物体的相对时间流逝量，Δt 为惯性参考系的时间流逝量。式中，参考系取惯性系，并设定相对运动速率 v 不变，均为分析与计算的方便。

本论将所有参考系上的"时钟"走时 t，统称为"标准时"，将被考察物体上的"时钟"走时 t'，统称为"动体时"。

其实，在宇宙中并不存在什么绝对的或说统一的"标准时间"，所存在的除了"宇宙时"这种理论极限时标外，具有实际测量意义的就只有被考察物体上的"动体时"与所选参考系上的"标准时"之对比。所以说，任一个参考系（当然，惯性参考系最方便）上的"时钟"走时，只要我们需要，均可以用来做"标准时间"。

（三）相对空间的测量

人们平常所说的空间，并非本论所提出的"本原空间"（宇宙物理背景），而是指在"本原空间"中运动着的物质的一种存在形式，即人们所能经验感受并可观测度量的一种"经验空间"。"经验空间"是一种"相对性空间"，并附属于每个物理参考系。

在不同的运动参考系上，相对同一个空间长度，一般会得出不同的测量结果。因为，不同的运动参考系一般会有不同的时空标度。然而，导致时空标度发生变化的根本原因，仍然是由于相对运动改变了参考系的"时率"所致。例如在第十一章"狭义相对论时空观"的论述中，谈到的 μ 子穿越地球大气层的现象即能很好地说明这一点：

宇宙射线中含有许多能量极高的 μ 子，这些 μ 子是在距地面大约 15000 米高的大气层上部产生的。静止 μ 子的平均寿命只有 2.1971×10^{-6} 秒，如果这些高能量的 μ 子以接近光的速度运动时，即只能飞越约 660 米，是不可能到达地面的。而实际上，很大部分 μ 子还是穿透大气层到达了地面。其中的缘由，我们既可以认为是：因为地面与 μ 子分属在两个不同的参考系，它们以各自不同的时空标度对地面大气层厚度进行测定，从而得出两个不相同的结果，即地面参考系认定大气层厚度为 15000 米，而 μ 子参考系测定的这个大气层厚度要比 660 米少得多；亦可以认为是：由于 μ 子相对地面做高速运动，而使其"时率"变小，时间流逝变慢，平均寿命延长为 $2.1971\times10^{-6}/(1-v^2/c^2)^{1/2}$ S，如果 $v\approx c$，则这个时间是很长的，所以足以穿过 15000m 的距离。

四、关于"时空间隔"的几点新看法

（一）"时空间隔"的物理本质

我们从前面相关章节的论述中已经知道：在相对运动的世界里，时间与空间均是人类从物质的运动与变化中抽象出来的认识对象。物质的运动可以看作一连串事件的发展变化过程。世界上每时每刻皆有无数的、各种各样的事件出现，并且，它们总是在一定的地点于一定的时刻发生。物理学用三维空间与一维时间坐标（x，y，z，t）描述事件，并定义一个事件为四维时空中的一个坐标点。

虽然，物理学用三维空间与一维时间坐标（x，y，z，t）能够很好地描述事件，并定义一个事件为四维时空中的一个坐标点，然而，它却不能给出对事件"时空间隔"的明确表述。因为，有因果关联的两个事件点之间的"时空间隔"，是由物质的"时间形式"的运动与"空间形式"的运动来共同描述的，而非时间与空间这两个不同量纲物理量的合并表述。

本论认为：

（1）"时空间隔"原是人们为研究"时空关联"运动规律而引入的物理概念，它所描述的应是有因果关联的两个事件之间的"时空距离"的平方，即物质"本原历程"的平方。物质"本原历程"的表达式应为 $dS_b^2 = dS_n^2 + dS_z^2$，其中 S_b 代表物质的"本原历程"，S_n 代表物质的"内禀历程"，S_z 代表物质的"质心历程"。

（2）无论是两个事件点间的"时空距离"，还是两个时空点间的"时空间隔"，它们均应表示为物质"真实运动"的结果。即是说，只要有两个时空点（两个事件）相继产生，那么这两点之间的"时空距离"或说"时空间隔"就不可能为零，更不可能为负数。

（3）在没有因果关联的事件之间谈论"时空间隔"，是没有物理意义的。

（二）"相对时空间隔"

我们在前面曾依据质素恒极速率在"复合场源"中的正交分解规律，将光的真空速率 c 做过类似的分解。即有式（13-17）

$$c^2 = v_n^2 + v^2$$

式中，c 为"光量子"在真空中的运动速率，亦是所有物体在相对运动世界中的极限趋近速率；v_n 为物体的相对内禀自旋速率；v 为物体的相对质心运动速率（即空间运动的相对速率）。v_n 的大小直接与物体时间流逝的快慢相关，v 的大小表示物体在常态空间中运动的快慢。

若将式（13-17）两边同乘以参考系"标准时"微元 dt 的平方，则可得

$$c^2 dt^2 = v_n^2 dt^2 + v^2 dt^2 \qquad (13-20)$$

式中，cdt 等于光量子及其他物质粒子在相对时空中的"本原历程"，用 dS_c 表示；$v_n dt$ 等于物体在相对时空中的内禀自旋历程，即相对时间的运动历程，简

称"相对时程"，用 dS_n 表示；vdt 等于物体在相对时空中的质心运动历程，即相对空间的运动历程，简称"相对空程"，用 dr 表示。从而有

$$dS_c^2 = dS_n^2 + dr^2 \qquad (13-21)$$

其中，$dr^2 = dx^2 + dy^2 + dz^2$。

若以"间隔"概念表示，dS_c^2 或 c^2dt^2 所代表的即是事件的"相对时空间隔"，式（13-21）即为本论所构建的"相对时空间隔"表示式。

我们从对式（13-20）及式（13-21）的分析中，可以得到"相对时空间隔"的如下性质：

（1）"相对时空间隔"恒大于零。因为物质的"本原运动"连续，永远不会中断，且光速在各参考系中恒为同一常量。

（2）"相对时空间隔"在四维时空坐标中，可正交分解为"相对时程"与"相对空程"。只要"相对时空间隔"不等于零，"相对时程"与"相对空程"即不可能同时为零。"相对时程"的平方与"相对空程"的平方之和恒等于"相对时空间隔"。

（3）当"相对时程"为零（即物体的相对内禀自旋速率为零）时，物质的质心运动速度即等于光速，物质的"相对时空间隔"等于"相对空程"的平方。比如"光量子"的运动即是如此。

（4）当"相对空程"为零，即被考察物体相对于参考系静止时，物体的内禀自旋速率等于光速，物体的"相对时空间隔"等于"相对时程"的平方。

（5）"相对时程"与"相对空程"均不为零，即被考察物体相对于参考系的运动速率 v 大于零小于 c 时，物体的"相对时空间隔"等于其"相对时程"的平方与"相对空程"的平方之和。此种情况是物体在"相对时空"中的一般运动状态。

（6）在相对时空中，"相对时空间隔"在不同的参考系中有不同的描述，其描述情况会随运动参考系时率的变化而有所不同。

（三）"闵氏空间"中的时空间隔

我们从第十一章"狭义相对论时空观"中已了解到："闵可夫斯基空间"是一个仿四维空间，或说是一个（伪）欧几里得四维几何空间。因为，在闵可夫斯基四维空间中，有一维即"ict"维，就其空间性质而言，还不能算作真正的欧几里得几何空间维。

"闵可夫斯基空间"理论虽然在一定程度上揭示了时间与空间相互关联的运动规律，但在对"时空关联本质"的诠释上，却又误导了人们。例如在对表示式

$$ds^2 = dx^2 + dy^2 + dz^2 - c^2dt^2$$

或

$$ds^2 = dx^2 + dy^2 + dz^2 + i^2 c^2 dt^2$$

所具意义的诠释中，"闵氏空间"理论将 ds^2 定义为四维世界中两个相邻世界点间的"距离"，或说是四维时空中两个相邻时空点间的"时空间隔"。然而，"闵氏空间"中的这个线元 ds^2 并非真正意义上的"时空间隔"，它所代表的真正"身份"，实为物质粒子的"内禀历程" dS_n（即"时程"）平方的负数。

以"相对时空间隔"表示式（13-21）

$$dS_c^2 = dS_n^2 + dr^2$$

对比闵氏"时空间隔"表示式

$$ds^2 = dx^2 + dy^2 + dz^2 + i^2 c^2 dt^2$$

进行解析，不难看出闵氏"时空间隔"是一个显含数学意义的概念，其所描述的图景不具物理实在的对应。比如：

（1）当 $ds^2 = 0$ 时，由

$$ds^2 = dx^2 + dy^2 + dz^2 + i^2 c^2 dt^2 = 0$$

移项整理得

$$c^2 dt^2 = dx^2 + dy^2 + dz^2$$

此式与"相对时空间隔"在 $dS_n^2 = 0$ 的情况下的表示式等价，即

$$\begin{aligned}dS_c^2 &= c^2 dt^2 = dS_n^2 + dr^2 \\ &= 0 + dx^2 + dy^2 + dz^2 \\ &= dx^2 + dy^2 + dz^2\end{aligned}$$

由上可见，$ds^2 = 0$ 这种所谓的"类光间隔"，其背后所隐含的物理事实，应与"相对时空间隔"在"相对时程" dS_n 项等于零时的状况相对应。此种情况下，真实的"时空间隔" dS_c^2 并非等于零，而是等于"相对空程"的平方 dr^2，亦等于 $c^2 dt^2$。

（2）当 $ds^2 < 0$ 时，由

$$ds^2 = dx^2 + dy^2 + dz^2 + i^2 c^2 dt^2 < 0$$

移项整理得

$$c^2 dt^2 > dx^2 + dy^2 + dz^2$$

此式与"相对时空间隔"在 $0 < dS_n^2 < c^2 dt^2$ 的情况下的表示式等价，即

$$\begin{aligned}dS_c^2 &= c^2 dt^2 \\ &= dS_n^2 + dx^2 + dy^2 + dz^2 \\ &> dx^2 + dy^2 + dz^2\end{aligned}$$

由上可见，$ds^2<0$ 这种所谓的"类时间隔"，其背后所隐含的物理事实，应与"相对时空间隔"在"相对时程"dS_n 项大于零小于 cdt 时的状况相对应。此种情况是物体在"相对时空"中的一般运动状态（即 $0<v<c$），其真实的"时空间隔"dS_c^2 仍然为 c^2dt^2，且等于"相对时程"dS_n 的平方与"相对空程"dr 的平方之和，并非小于零。

（3）当 $ds^2>0$ 时，由

$$ds^2 = dx^2 + dy^2 + dz^2 + i^2 c^2 dt^2 > 0$$

移项整理得

$$c^2 dt^2 < dx^2 + dy^2 + dz^2$$

将此式与"相对时空间隔"表示式

$$dS_c^2 = c^2 dt^2$$
$$= dS_n^2 + dx^2 + dy^2 + dz^2$$

相对比可知，只有当物体的"相对时程"dS_n 的平方为负值时，真实的"时空间隔"dS_c^2 才有可能小于零。然而，这种可能只存在于数学的虚数运算之中，并不存在于客观现实中。亦即是说，$ds^2>0$ 这种所谓的"类空间隔"，并非因为"传递信号受光速的限制"而不能产生因果关联，而是因为"类空间隔"本身只是一种数学的存在，并无客观现实的对应。

从上面的"诠释"中可以看出，"闵可夫斯基空间"的"时空间隔"只是一个数学意义上的概念，它所表述的三种情况实际上为物体"内禀历程"（"时程"）的三种取值，而非物理意义上的"时空间隔"描述。它所描述的图景不具物理实在的对应。笔者认为：在相对运动的世界里，"时空间隔"的物理图景应该是物质运动的"本原历程"。

（四）对"时空间隔不变性"的再认识

通过对上述两种"时空间隔"的分析比照可知："闵可夫斯基空间"所定义的"时空间隔"ds^2，只是一个数学意义上的概念，其实质意义即是"相对时程"的平方与虚数平方的乘积，即 $i^2 dS_n^2$。此结果可由本论构建的"相对时空间隔"表示式（13-21）变形而得。即由

$$dS_c^2 = dS_n^2 + dr^2$$

移项得

$$dr^2 - dS_c^2 = -dS_n^2$$

引入虚数 i（$i = \sqrt{-1}$），可得

$$dr^2 + i^2 dS_c^2 = i^2 dS_n^2$$

其中，$dr^2=dx^2+dy^2+dz^2$，$dS_c=c^2dt^2$，$dS_n^2=v_n^2dt^2$。进而可得
$$dx^2+dy^2+dz^2+i^2c^2dt^2=i^2v_n^2dt^2$$
所以有
$$ds^2=dx^2+dy^2+dz^2+i^2c^2dt^2=i^2v_n^2dt^2$$

"闵可夫斯基空间"是以"光速不变原理"及"相对性原理"为立建基础，通过引入伪空间维"ict"，并令闵氏"时空间隔"（此"时空间隔"实为本论提出的"相对时程"的平方与虚数 i 的平方之积）为零，从而使其获得"时空间隔不变"性质的。即由
$$dx^2+dy^2+dz^2+i^2c^2dt^2=i^2v_n^2dt^2=0$$
$$dx'^2+dy'^2+dz'^2+i^2c^2dt'^2=i^2v_n'^2dt'^2=0$$
得出
$$dx^2+dy^2+dz^2+i^2c^2dt^2=dx'^2+dy'^2+dz'^2+i^2c^2dt'^2$$
然后，以此等量关系建立"四维空间坐标"（如图 13-4 所示）。

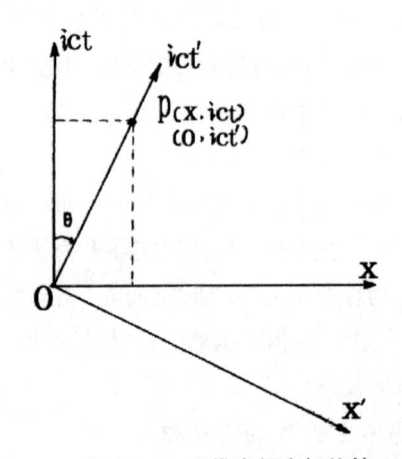

图 13-4 四维空间坐标旋转

操作"四维空间坐标"在 x—ict 平面内旋转，并通过其新旧坐标关系式
$$ict'=ict\cos\theta+x\sin\theta$$
$$x'=x\cos\theta-ict\sin\theta \quad (13-22)$$
$$\cos\theta=ict/(i^2c^2t^2+v^2t^2)^{1/2}$$
$$\sin\theta=vt/(i^2c^2t^2+v^2t^2)^{1/2}$$

的推导转换（关系式中的 v，为动系 Σ' 沿静系 Σ 坐标 x 轴正方向上的运动速率），进而得出洛伦兹变换关系式

$$x = (x'+vt') / (1-v^2/c^2)^{1/2}$$
$$y = y'$$
$$z = z'$$
$$t = (t'+vx'/c^2) / (1-v^2/c^2)^{1/2}$$

及

$$x' = (x-vt) / (1-v^2/c^2)^{1/2}$$
$$y' = y$$
$$z' = z$$
$$t' = (t-vx/c^2) / (1-v^2/c^2)^{1/2}$$

虽然，"闵可夫斯基空间"能在数学形式上满足"洛伦兹变换"的要求，但它却是建立在"时空间隔为零或小于零"这样一个无客观实在对应的数学假定之上。物理的"时空间隔"应恒大于零。

"闵可夫斯基空间"是一种数学理论空间。我们可以借助"相对时空间隔"表示式（13-21）

$$dS_c^2 = dS_n^2 + dr^2$$

对"闵可夫斯基空间"进行一个小小的数学变换，以便人们对"闵可夫斯基空间"的立建基础有一个更清楚的认识。例如，将表示式（13-21）移项并引入虚数 i ($i = \sqrt{-1}$) 得

$$dS_c^2 + i^2 dr^2 = dS_n^2 \tag{13-23}$$

或表示为

$$c^2 dt^2 + i^2 (dx^2 + dy^2 + dz^2) = v_n^2 dt^2 \tag{13-24}$$

式（13-23）、（13-24）是将"闵可夫斯基空间"微调后的新"四维间隔"表示式。

虽然，微调后的新"四维间隔"表示式相比于闵可夫斯基的"时空间隔"表示式，虚数 i ($i = \sqrt{-1}$) 的位置发生了变化，但这并不影响对"洛伦兹变换"的导出。因为，虚数 i ($i = \sqrt{-1}$) 的引入纯粹是一种数学变换需要，不具任何的物理意义。

依据"光速不变原理"及"相对性原理"，我们同样可令微调后的新"四维间隔" $v_n^2 dt^2$（即本论提出的"相对时程"的平方）为零。由于用光信号联系的事件之间，其"相对时程"均为零，于是有

$$c^2 dt^2 + i^2 (dx^2 + dy^2 + dz^2) = v_n^2 dt^2 = 0$$

及
$$c^2 dt'^2 + i^2(dx'^2 + dy'^2 + dz'^2) = v'^2_n dt'^2 = 0$$

进而可得出微调后的新"四维间隔"（实为本论提出的"相对时程"的平方）不变式

$$c^2 dt^2 + i^2 dx^2 + i^2 dy^2 + i^2 dz^2 = c^2 dt'^2 + i^2 dx'^2 + i^2 dy'^2 + i^2 dz'^2 \quad (13-25)$$

我们同样可依据微调后的新"四维间隔"不变关系，建一个新"四维空间坐标图"（如图 13-5 所示）。

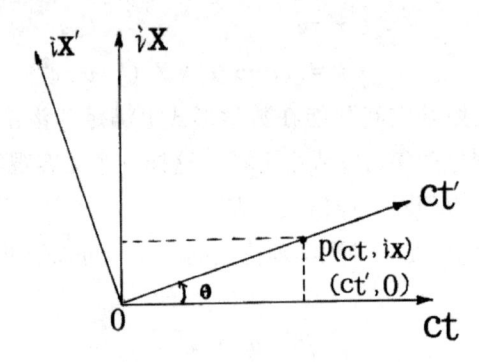

图 13-5　"新四维空间"坐标旋转图

操作"新四维空间"坐标在 ix—ct 平面内旋转，得其新旧坐标关系式

$$ct' = ct\cos\theta + ix\sin\theta$$
$$ix' = ix\cos\theta - ct\sin\theta \quad (13.26)$$
$$\cos\theta = ct/(c^2t^2 + i^2v^2t^2)^{1/2}$$
$$\sin\theta = ivt/(c^2t^2 + i^2v^2t^2)^{1/2}$$

关系式中的 v，为动系 Σ' 坐标沿静系 Σ 坐标 x 轴正方向上的运动速率。联解上式，同样可以得出洛伦兹变换关系式

$$x = (x' + vt')/(1 - v^2/c^2)^{1/2}$$
$$y = y'$$
$$z = z'$$
$$t = (t' + vx'/c^2)/(1 - v^2/c^2)^{1/2}$$

及

$$x' = (x - vt)/(1 - v^2/c^2)^{1/2}$$
$$y' = y$$
$$z' = z$$
$$t' = (t - vx/c^2)/(1 - v^2/c^2)^{1/2}$$

依据本论提出的"相对时空间隔"表示式（13-21）
$$dS_c^2 = dS_n^2 + dr^2$$
对微调后的新"四维间隔"表示式
$$dS_c^2 + i^2 dr^2 = dS_n^2$$
进行如下解读：

（1）当新"四维间隔"（本论所提的"相对时程"的平方）$dS_n^2 = 0$ 时，则有 dS_c^2 等于 dr^2，即有 $cdt = dr$。这表示以光速运动的物质，时间停止，时率为零，其相对时程为零。

（2）当新"四维间隔"（实为本论所提的"相对时程"的平方）$dS_n^2 > 0$ 时，则有 dS_c^2 大于 dr^2，即有 $cdt > dr$。这种情况是物体在"相对时空"中的一般运动状态。

（3）新"四维间隔"（本论所提的"相对时程"的平方）$dS_n^2 < 0$ 的情况不存在。因为 dr 是 dS_c 的分量，恒有 $dS_n^2 = dS_c^2 - dr^2 \geq 0$。

综上分析可得："闵氏空间"理论中的"时空间隔不变性"，在笔者的"相对时空间隔"看来，其实质反映的即是当用光信号关联事件时，无论是在哪个参考系观测，光信号的"相对时空间隔"均等于其"相对空程"的平方，而光信号的"相对时程"则恒等于零。即有：

由"相对时空间隔"表示式
$$dS_c^2 = dS_n^2 + dr^2$$
移项并引入虚数 i 得
$$dr^2 + i^2 dS_c^2 = i^2 dS_n^2$$
并由 $dS_n = dS_n' = 0$ 获得"闵氏空间"的"时空间隔不变"性质：
$$dr^2 + i^2 dS_c^2 = dr'^2 + i^2 dS_c'^2$$
或表示为
$$dr^2 + i^2 c^2 dt^2 = dr'^2 + i^2 c^2 dt'^2$$

然而，真实的时空间隔即"相对时空间隔"dS_c^2 的不变性质，并非表现在不同参考系的变换上，而是反映在：同一参考系中的所有物体，无论各自以怎样的速度运动，但它们在相等的时间内产生的"时空间隔"一定相等。即有
$$dS_c^2 = c^2 dt^2$$
$$= dS_{n1}^2 + dr_1^2$$
$$= v_{n1}^2 dt^2 + v_1^2 dt^2$$
$$= dS_{n2}^2 + dr_2^2$$

$$= v_{n2}^2 dt^2 + v_2^2 dt^2$$

对于同一个"相对时空间隔"（或称事件间隔），不同的参考系有不同的描述，其描述情况会随运动参考系时率的变化而发生改变。若设"相对时空间隔"在动系 Σ' 中被描述为 $dS_c'^2$，在静系 Σ 中被描述为 dS_c^2，则有

$$dS_c'^2 = c^2 dt'^2 = c^2 \eta_d^2 dt^2$$
$$= (1-v^2/c^2) c^2 dt^2$$
$$= (1-v^2/c^2) dS_c^2$$

其中，v 为动系 Σ' 相对静系 Σ 的运动速率。

五、"光本原"理论的相对性

现代物理学把"光量子"看作万物的本原，认为"光量子"既是物质的分割极限，亦是能量的最基本载体。"光本原"理论受当代科技实验的强力支持，是当代物理学的主流理论。

本论认为，"光本原"理论并非自然的终极理论，它代表的亦只是人类在目前的科技水平下，所建立的一个过渡性的理论平台。笔者在前面曾论述过，"光量子"并非物质的本原，它只是一种由正、负电力源相间耦合而成的环状物质结构，其环的直径会随"光量子"质量的增大而变小。"光量子"与轻子、强力源（夸克）均属于同一物质层级，均是由正、负电力源相间聚合而成，只是它们的具体结构有所不同而已。

我们以相对地面实验室参考系静止的一个电子（简称实验室电子）为例，来分析所含质素的恒极速率 V_j 被引力源与电力源内禀自旋运动分解的情况，以及质素的恒极速率 V_j 与相对参考系中的光速 c 之间的关联。

设质素的恒极速率 V_j 在经过引力源与电力源两次的内禀自旋正交分解后，剩余速率为 V_{fz}。即有

$$V_j^2 = V_{yn}^2 + V_{dn}^2 + V_{fz}^2 = V_{fn}^2 + V_{fz}^2$$

其中，V_{yn} 为引力源内禀自旋速率，V_{dn} 为电力源内禀自旋速率，V_{fn} 为引力源构成电力源后的复合内禀自旋速率。V_{fz} 既代表质素恒极速率经引力源与电力源两次的内禀自旋正交分解后的剩余速率，又代表电力源的质心运动速率。

其实，构成"实验室电子"的电力源，其质心运动速率 V_{fz} 还会被许多运动分解，如绕电子质心的非内禀自旋运动，在原子、分子层面的规则或无规则的运动，随地球的自转运动，绕太阳的公转运动，太阳系绕银河系的运动，银河系在星系团中的运动，以及总星系的运动等。这即是说，我们不可能找出质素

恒极速率 V_j 相对宇宙物理背景的全部运动分量，亦不可能准确地计算出质素的恒极速率值。亦即是说我们只能依靠"相对参考系"这种相对独立的时空测量体系，来观测研究自然界中实际发生的运动。尽管如此，我们还是希望在相对运动的现实世界中，努力寻找出一条能与本原世界相关联的"信息通道"。

若将"实验室电子"置于高能粒子加速器中进行不断加速，电子的亚结构物质"电力源"，其内禀自旋速率将不断地减小，质心运动速率即会不断增大。这个在外力作用下，由内禀自旋速率不断转化而来的质心运动速率增量，是"电力源"相对实验室参考系的空间运动速率增量，亦是本论在第八章第五节"质能关系式"中谈到过的电子的"视在速率" V_s。虽然我们无法确定电子亚结构物质"电力源"相对宇宙物理背景的质心运动速率 V_{fz} 值的大小，但可以测出该物理量在相对参考系中的增量 V_s 的大小。在第八章第五节"质能关系式"中本论已经给出

$$V_s = (V_k^2 + V_L^2)^{1/2}$$
$$= (v^2 + V_L^2)^{1/2}$$
$$= v / (1 - v^2/c^2)^{1/2}$$

其中，V_k（即 v）为电子质心相对"实验室参考系"的运动速率，是电子"视在速率" V_s 的一分量；V_L 为电子自旋速率（此非电子所含引力源、电力源的内禀自旋速度），是电子"视在速率" V_s 的另一分量；c 为光速。

在"光本原"理论框架下，我们建有光速正交分解式（13-17）

$$c^2 = v_n^2 + v^2$$

及相对时率表示式（13-18）

$$\eta_d = dt'/dt = v_n/c$$
$$= (c^2 - v^2)^{1/2}/c$$
$$= (1 - v^2/c^2)^{1/2}$$

然而，上式所描述的只是物质运动的一种表象，并不能代表物质运动的真实状态。我们既要遵从物理参考系时空的"相对独立性"，维护光速 c 常量的特殊地位，亦要正视相对运动与"本原运动"之间存在着的必然关联。本论认为，若以下列表示式

$$V^{*2} = c^2 + V_s^2 = c^2 + v^2/(1 - v^2/c^2) \qquad (13\text{-}27)$$

代替式（13-17）

$$c^2 = v_n^2 + v^2$$

来描述物质的时空运动规律，或许情况会更真实一些。

式（13-27）中的 V^*，相当于式（13-17）中的 c 的地位，代表相对参考

系中物体的"本原运动"速率；式（13-27）中的 c 相当于式（13-17）中的 v_n 的地位，代表相对参考系中物体的一种等效内禀自旋速率；式（13-27）中的 V_s，相当于（13-17）式中的 v 的地位，代表相对参考系中物体的"视在运动"速率。

式（13-27）中的 V^* 不像光速 c 那样，是一恒定值，它会随物体的"视在运动"速率 V_s 变化而变化。光速 c 在两个表示式中虽然均为同一定值，但所代表的意义却有不同。下面我们仍以"实验室电子"为例，来对式（13-27）进行解析：

当"实验室电子"相对于参考系的运动速率 $v=0$ 时，有
$$V_s = v/(1-v^2/c^2)^{1/2} = 0$$
从而有
$$V^{*2} = c^2 + V_s^2 = c^2$$
$$V^* = c$$

即表明，一切相对于参考系静止的物体，其在参考系内的本原运动速率即等于其内禀自旋速率 c。

当"实验室电子"的质心运动速率 v 向光速 c 趋近时，则有
$$V_s = v/(1-v^2/c^2)^{1/2}$$
趋向于无穷大，从而有
$$V^* = (c^2 + V_s^2)^{1/2}$$
亦趋向于无穷大。

"视在速率"表示式
$$V_s = v/(1-v^2/c^2)^{1/2}$$
是物质粒子的宏观相对运动与其深层内禀运动之间相互转换的桥梁。若以表示式（13-27）
$$V^{*2} = c^2 + V_s^2$$
$$= c^2 + v^2/(1-v^2/c^2)$$
作为物质的"本原运动"分解式，物体的相对"时率"表示式则可表现为另一种形式，即有
$$\eta_d = dt'/dt = c/V^*$$
$$= c/(c^2 + V_s^2)^{1/2}$$
$$= (1-v^2/c^2)^{1/2} \quad (13-28)$$

"相对时率"表示式（13-28），与前面的"相对时率"表示式（13-18）

<<< 时空篇　论时间与空间的物理关联

$$\eta_d = dt'/dt = v_n/c$$
$$= (c^2-v^2)^{1/2}/c$$
$$= (1-v^2/c^2)^{1/2}$$

虽是殊途同归，但两表示式的立建基础却大不相同。"相对时率"表示式（13-18），是在当下流行的"光本原"理论框架下建起的一种经验表达式，此式解释不了微观粒子亚结构物质的运动。而"相对时率"表示式（13-28），却是"光本原"理论向"质素本原"理论过渡的一种扩展式，此式能较好地解释微观粒子亚结构物质的时空运动。

表示式（13-28）与表示式（13-18）的关系，还可从下面的几何图中得到显示，如图 13-6 所示。

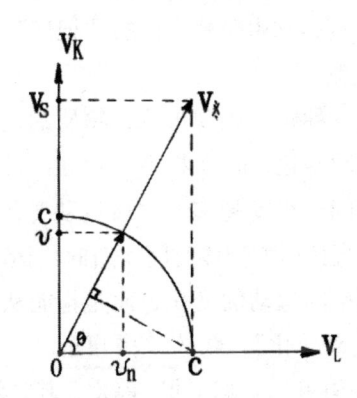

图 13-6　两种"相对时率"几何关联图

从上图中既可以得到"光本原"理论框架下的相对时率：

$$\eta_d = dt'/dt = \cos\theta$$
$$= v_n/c = (c^2-v^2)^{1/2}/c$$
$$= (1-v^2/c^2)^{1/2}$$

亦可得到由"光本原"理论向"质素本原"理论过渡的一种相对时率扩展式

$$\eta_d = dt'/dt = \cos\theta$$
$$= c/V^* = c/(c^2+V_s^2)^{1/2}$$
$$= (1-v^2/c^2)^{1/2}$$

篇尾结语：

笔者的"新时空观"主要体现在以下三个方面。

1. 关于时间、空间概念的形成要素

①时间与空间概念的形成，一方面离不开客观世界的物质运动与变化，另一方面离不开感觉、认知物质运动规律的"能动体"，二者缺一不可。我们把产生运动与变化的物质世界称为"信息客体"，把能感觉、认知物质运动变化持续性与顺序性规律的"能动体"称为"时感本体"。

②"时感本体"是一个具有"记忆"功能的特殊物体，可独立完成对接收信息的"记录、复写"过程，并能感觉、认知物质运动变化的持续性与顺序性规律，能使物质的运动状态与变化情况得以"备份"与"重现"，从而使物质运动的持续性与顺序性规律在相应层面上得到正确反映。"时感本体"是时间与空间概念的创造者，抑或是"时空"效应的感知者。时间与空间概念的产生，或者说"时空"效应的出现，均由时感本体的"记忆"机制所实现。

2. 关于时间的运行机制

①时间是物质运动的一种特殊表现形式，物质的运动变化是时间运行的本质核心。离开了物质的运动变化，时间将不复存在。日常经验告诉我们：物质运动变化的历程越长，时间过得就越多；物质运动变化的历程越短，则时间过得就越少。然而，这种能直接影响物体时间流逝的"运动变化"，并非人们通常意义下所理解的那种外部空间运动的变化，而是指能从物质本原层面影响物体内部运动节律的"内禀运动变化"。物体"内禀运动"所产生的各种变化，是时间运行的本质内涵。物体的"内禀运动"停止，其时间就停止。

②引力源电力源是形成各层级物质的基元结构，它们的内禀自旋运动历程，包含了质素在"场源"内的全部运动过程。就是说，这些"场源"的内禀运动历程决定着物体时间的流逝。即"场源"的内禀运动历程越长，物体流逝的时间越多；"场源"的内禀历程越短，物体流逝的时间越少。

③"质素时空锥"模型清楚地表明："宇宙时"轴的方向标志着宇宙事件累加的"方向"，或说宇宙事件累加、发展的方向代表着时间流逝的"方向"。"时光"之所以不会倒流，是因为质素运动的"恒定性"导致宇宙事件只会永恒持续地累加，而绝无可能会减少或保持不变。请注意：所谓的时间"方向"并不具任何的空间指示意义，它只是一个广义的"方向"概念。

3. 关于时间与空间的物理关联

①物质的运动与变化，既是时间与空间客观存在的共同基础，亦是时间与空间关联的纽带。然而，时间与空间的关联只是一种以物质运动变化为联系内容的函变关系，并不存在实际的"时空"物理图景。也就是说"时空"对人类来讲，只是一种关联密切的存在关系，而非一个整体实在结构。

②时间与空间关联的物理机制，实际上是物体的质心运动与所含"复合场源"的内禀运动之间的相互转换。物体的外部空间运动加快，它必会导致其内禀运动变慢，即时率的变小；物体的外部空间运动变慢，必会导致其内禀运动的加快，即时率的变大。

探讨篇 04

关于相对论、量子力学及天体物理学若干理论问题的讨论

第十四章

关于相对论若干问题的再解析

第一节 关于"狭义相对性原理"的立建基础问题

"狭义相对性原理"指的是：在相对做匀速直线运动的一切惯性参照系中，物理定律均具有相同的形式。亦即是说，在一个惯性参照系的内部，不能通过任何实验（力学的，电磁学的，光学的）测出该惯性参照系相对于其他惯性参照系的速度来。或者说，任何现象对一切惯性参照系而言，进行的情况都是完全一样的。

"狭义相对性原理"是爱因斯坦对"力学相对性原理"的推广。"力学相对性原理"最早由伽利略提出，是经典力学的基本原理。"力学相对性原理"表述：力学定律在一切惯性参考系中具有相同的形式，任何力学实验均不能区分静止与匀速运动的惯性参考系。这即是说，一切彼此做匀速直线运动的惯性系，对于描写机械运动的力学规律来说完全是等价的，并不存在一个比其他惯性系更为优越的惯性系。爱因斯坦把伽利略相对性原理从力学领域推广到包括电磁学在内的整个物理学领域，指出任何力学与电磁学实验均不能区分静止与匀速直线运动的参考系。

"狭义相对性原理"向世人告示：自然界不存在普适参照系。假如物理定律对于相对做匀速直线运动的不同观测者具有不同的形式，那么，从这些差别即可以决定哪个对象是"静止的"与哪个对象是"运动的"。但由于不存在普适参照系，所以在自然界中这种差别是不存在的。

那么，"狭义相对性原理"的立建基础又是什么呢？或者说，是什么机理保证了一切物理规律在所有惯性参考系中"具有相同的形式"呢？

我们知道：物质的运动，物质间的相互作用，作用力与运动的关系，是构成一切物理规律的基本内容，而时间、空间、质量、作用力则又是描述这些基本内容的物理元量。所以说，一切物理规律在所有惯性参考系中的"等价性"，与时间、空间、质量、作用力这四个物理因素密切相关。

我们还知道：人类认识的自然空间是一种经验性空间，亦称相对性空间，其空间性质依附于物理参考系，并随参考系的"时率"变化而变化。相对于选定的静止参考系，运动参考系的"时率"会变小，时间的流逝会变慢，"所属空间"亦会因"物体沿运动方向时间滞后导致沿运动方向长度缩短"的效应而发生改变。即是说，相对于选定的静止参考系而言，运动参考系的时间与空间度规会随其运动速率的变化而发生同步的改变。

笔者认为：自然界中的属性力、万有引力、电力及强力四个基本相互作用，除属性力外，其他三种力皆为"场环耦合模式"，均属"超距瞬时"作用，作用时间皆可忽略不计。即是说，"基本相互作用"不会因物体运动状态的变化而有什么不同；质量亦是物体的一种基本属性，与物体的状态、形状、温度及所处空间位置变化无关。因此说，物体的质量在任何惯性参考系中亦不会发生改变。

综上所述，我们可以得出这样的结论：

作用力及质量的"不变性"，时间与空间度规的"同步转换性"，既是保证"一切物理规律在所有惯性参考系中具有相同的形式"的根本，亦是"狭义相对性原理"立建的基础所在。

第二节 关于"光速不变原理"的形成机制问题

对"光速不变原理"的形成机制，须从光源、光量子及观测者三个部分进行解析。

一、光源、光量子

笔者认为：一切由正、负电力源构成的物质粒子，均可作为光源，比如轻子、介子、重子等微观粒子，及由这些微观粒子组成的其他各种物质粒子。

光量子是一个由正、负电力源相间组成的"电偶环"。在一定的范围内，"电偶环"的半径与其质量成反比，或者说"电偶环"的质量与其半径的乘积恒为常量（对应于普朗克常量）。光量子虽产生于光源，但在光源内部并不存在独立的光量子结构。"光量子环"是光源在受到某种外部作用，或是因其内部的某种"动态微扰失衡"，导致其部分亚结构物质——正、负电力源脱离光源本体而瞬时产生的一种新物质结构。

我们曾在"电磁量子动能公式"部分中论述过：光量子（电磁量子）是一种特殊的能量载体，只有动态，没有静态，且其质心动量方向与角动量方向垂直。光量子的"视在动能"亦可像电子的"视在动能"那样，表示为

$$E_s = 1/2 \cdot mV_s^2$$
$$= 1/2 \cdot mV_k^2 + 1/2 \cdot mV_L^2$$
$$= E_k + E_L$$

光量子的"视在速度"V_s，是其亚结构物质"电力源"的质心相对运动速度。此速度，是质素的"恒定极速"经"引力源"与"电力源"几次的内禀速度正交分解后的"相对剩余速度"。并且，在光量子产生前，该速度储存于光源内高速运转的"电力源"上。

光量子的初始"视在动能"，等于脱离光源构成光量子的每个"电力源"动能的总和。光量子的"视在速度"分解，亦是在"电力源"脱离光源形成光量子结构的一瞬间完成的。其分解机理，同样是因其亚结构物质间的电磁自感内力作用所致，并遵从"量子化"的对应规则。

从"电磁量子动能公式"部分的推演中，还可得到

$$E_s = 1/2 \cdot mV_s^2$$
$$= 1/2 \cdot mV_k^2 + 1/2 \cdot mV_L^2$$
$$= 1/2 \cdot mc^2 + 1/2 \cdot mc^2$$
$$= mc^2$$

即

$$V_s = \sqrt{2}c$$

的结果。这个结果表明：相对于观测者静止的电磁辐射源（光源），所辐射出的电磁量子（光量子）的"视在速度"均为$\sqrt{2}c$，且电磁量子（光量子）的质心运动速度V_k与其亚结构物质绕质心轴旋转的线速度V_L，均为光速c。

如果电磁辐射源（光源）迎着观测者运动，则所辐射出的电磁量子（光量子）的"视在速度"V_s即会大于$\sqrt{2}c$。并且，V_s的这个增量，会因其亚结构物质间的电磁自感作用，而全部转换在亚结构物质绕质心轴旋转的线速度V_L上。由此，将导致等质量的电磁量子（光量子）的辐射频率变大，而其质心运动速度V_k则保持在c值不变。

如果电磁辐射源（光源）背离观测者运动，则所辐射出的电磁量子（光量子）的"视在速度"V_s即会小于$\sqrt{2}c$。并且，V_s的这个减小量，亦会因其亚结构物质间的电磁自感作用，而全部由亚结构物质绕质心轴旋转的线速度V_L给出。

由此，将导致等质量的电磁量子（光量子）的辐射频率变小，而其质心运动速度仍保持在 c 值不变。

综合以上几种情况分析得出：电磁量子（光量子）在真空中相对于宇宙物理背景的运动速率是一常量，且被人类在相对参考系中测定为 $c = 299792458$ 米/秒。

以上即是真空中的光速与光源运动无关，但光源的相对运动会产生多普勒效应（光频的红移或蓝移）的物理机制。

二、观测者

每个做相对运动的观测者均是一个相对参考系。相对参考系均有各自独立的时间与空间度规。时间度规与空间度规均会随观测者的运动而发生改变，并且是同步、同比例地一起发生改变。这一特性，即是我们在不同的观测系统中对同一光束进行测量能得出相同速度值的物理保证。

如图 14-1 所示。

图 14-1　光速不变原理分析图

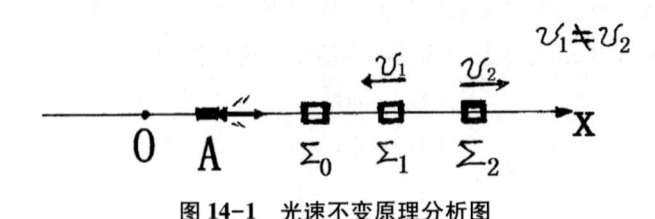

图中设有光源 A 及三个光速测量系统 Σ_0、Σ_1、Σ_2，它们均处在参考系的 x 轴线上。测量系统 Σ_0、Σ_1、Σ_2 对光源 A 发出的同一光束分别进行光速测量。光源 A、测量系统 Σ_0 均静止在参考系上；测量系统 Σ_1 以速率 v_1 逆着光束方向运动；测量系统 Σ_2 以速率 v_2 顺着光束方向运动。v_1 不等于 v_2。

若以相对光源静止的测量系统 Σ_0 上的时钟为基准时，则运动观测系统 Σ_1、Σ_2 的相对时率分别为

$$\eta_{10} = dt_1/dt_0 = (1-v_1^2/c^2)^{1/2}$$

$$\eta_{20} = dt_2/dt_0 = (1-v_2^2/c^2)^{1/2}$$

由于各观测系统的相对时率不同（时间流逝的快慢不同），则会使各观测系统在沿其运动方向上的时刻越来越滞后（与 Σ_0 系统对比）的程度有所不同，同时亦导致各系统在沿其运动方向上的空间测量长度发生收缩（相比于 Σ_0 系统）的程度不同，从而保证了

$$\Delta x_2/\Delta t_2 = \Delta x_1/\Delta t_1 = \Delta x_0/\Delta t_0 = c$$

至于运动观测系统相对于静止参考系沿运动方向时间滞后及长度收缩的变换关系，已由洛伦兹变换关系式给出，这里不再赘述。

总之，"光速不变原理"形成于两大物理因素基础之上：一是因为"光量子环"本身结构的特殊，加上"视在动能"的转换效应，从而保证了光量子在自然界的物质粒子中，拥有恒定极大的运动速率；二是因为观测者系统的时间与空间"度规"，会在相对于光源运动的方向上发生同步的改变，从而保证了各观测系统对光量子速率测量结果的一致性。当然，光量子的运动均是以真空为物理背景。

最后还要特别强调："光速不变"不代表光频率或光能量不变，而正是有了光频率或光能量的可变，才保证了光速的不变。例如：相对运动的三个观测系统 Σ_0、Σ_1、Σ_2，它们在同一条轴线上对光源 A 发出的同一光束进行测量，虽然它们测得的光速值均为 c，但所对应的光频率会因多普勒效应而产生光频的红移或蓝移现象，即有 $\nu_1 > \nu_0 > \nu_2$。

光的多普勒效应产生机理，仍可由光量子的"视在动能"公式

$$\begin{aligned}E_s &= 1/2 \cdot mV_s^2 \\ &= 1/2 \cdot mV_k^2 + 1/2 \cdot mV_L^2 \\ &= h\nu\end{aligned}$$

给出解释：

当观测者迎着光源运动时，光量子与观测者作用的"视在动能"即会增加（相比于静止观测者），即有

$$\begin{aligned}E_s + \Delta E_s &= 1/2 \cdot m(V_s + \Delta V_s)^2 \\ &= 1/2 \cdot mV_k^2 + 1/2 \cdot m(V_L + \Delta V_L)^2 \\ &= 1/2 \cdot mc^2 + 1/2 \cdot m(V_L + \Delta V_L)^2 \\ &= h(\nu + \Delta\nu)\end{aligned} \quad (14\text{-}1)$$

当观测者背离光源运动时，光量子与观测者作用的"视在动能"即会减小（相比于静止观测者），即有

$$\begin{aligned}E_s - \Delta E_s &= 1/2 \cdot m(V_s - \Delta V_s)^2 \\ &= 1/2 \cdot mV_k^2 + 1/2 \cdot m(V_L - \Delta V_L)^2 \\ &= 1/2 \cdot mc^2 + 1/2 \cdot m(V_L - \Delta V_L)^2 \\ &= h(\nu - \Delta\nu)\end{aligned} \quad (14\text{-}2)$$

第三节 关于"孪生子佯谬"问题

所谓的"孪生子佯谬"问题，是一个争论多年的老问题。设想有一对孪生子 A 与 B，A 乘宇宙飞船在极短的时间内加速到一个接近光速的高速 v，然后匀速直线飞行相当长的一段时间后很快地调转头来在相反方向做匀速直线飞行，回到地面时紧急停船，与一直停留在原地的 B 会面。

A 除了只在启动、掉头、停船三阶段极短时间内有加速度外，其余时间均在以速度 v 高速运动，处于狭义相对论适用的惯性系。因此，可以应用式（11-31）

$$\Delta t = \Delta t' / (1-v^2/c^2)^{1/2}$$

其中，$\Delta t'$ 表示 A 在飞船上度过的时间，Δt 表示 B 在地面上度过的时间。由上式可知，二人在重逢时 A 显得比 B 年轻。

然而，在 A 的眼光中，A 自己静止不动，只是 B 开始时朝反方向加速，然后匀速飞离，再掉头回来，匀速飞回，最后减速停止。根据相对运动的观点，A、B 二人互换"角色"，上述计算仍然有效的话，那么结论是：二人在重逢时 B 显得比 A 年轻。

那么，究竟是谁年轻些？还是皆错了，二人应该一样年轻？这个问题即称作"孪生子佯谬"问题。

有人说，要彻底解决"孪生子佯谬"问题，最终还得用上广义相对论中的"引力影响时间"的公式才能完成。

本论以为，所谓的"孪生子佯谬"问题并不存在。仍然拿前面所举的例子来说：飞船通过改变自己的运动状态离开地球，并在宇宙空间高速巡游。巡游一段时间后，飞船返回到地球的原出发点上，发现飞船上的时间要比地球上的时间过得慢。这种现象应是物质"时空"运动规律的必然结果，并没有什么含糊的地方。因为，两个静止在同一惯性系的物体所具的"时率"相等，若有物体受到非平衡力的作用而离开原地做相对运动，那么这个物体在其回原地之前的整个运动过程中，所具"时率"即必然地会变小，时间流逝亦必然地会变慢。所以，当两个物体重合时，运动状态未曾改变的那个物体，其时间流逝得就要多一些。

若以本论在前面建立的"内禀历程—质心历程"四维空间图来说明，则更容易理解。为配合此图的说明，我们先做一些假设：假设在中国酒泉卫星发射中心的某发射场，有两个经过校准的"原子钟"，一个置放在发射场上的固定设施内,另一个放在准备升空的宇宙飞船上。当然,最好是把这两个"原子钟"均吊在"弹簧测力计"下,且"弹簧测力计"能自动记录下"原子钟"受力的变化情况。

我们把留在地面上的"原子钟"记为 B,把装在飞船上的"原子钟"记为 A。从飞船离开地面两钟开始计时,到飞船经过若干时间的深空旅行后返回出发地点,计时结束。检查两钟的计时,A"原子钟"计时为 $\Delta t'$,B"原子钟"计时为 Δt。

将 A、B 两个"原子钟"从分开到重合这段时间内所经过的"本原历程"分别设为 S_{bA} 与 S_{bB},则有 $S_{bA} = S_{bB} = S_b$。任何两个物体从分开到再次重合,它们的"本原历程"之所以一定相等,是因为它们所含质素的"本原运动速率"与所用的"宇宙时"均相等,即有

$$S_{bA} = S_{bB} = S_b = V_j T^* \tag{14-3}$$

如 14-2 图所示。

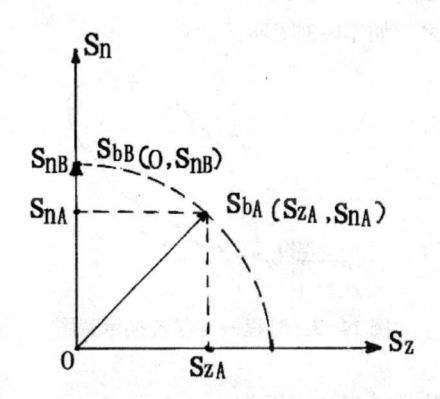

图 14-2 "内禀运动—质心运动"四维空间图

图中,纵坐标轴 S_n 代表物体的内禀空间历程,横坐标轴 S_z 代表物体的质心运动空间(常态三维空间)历程。在 A、B 两"原子钟"分开的这段时间内,它们经过的"本原历程"均等于 S_b。这段时间内,A"原子钟"所经过的"本原历程"S_{bA},在"四维空间"中可分解为

$$S_{bA}^2 = S_{nA}^2 + S_{zA}^2 = S_b^2 \tag{14-4}$$

这段时间内,B"原子钟"所经过的"本原历程"S_{bB},在"四维空间"中可分解为

$$S_{bB}^2 = S_{nB}^2 + S_{zB}^2$$
$$= S_{nB}^2 + 0 = S_b^2 \tag{14-5}$$

式(14-4)表示,A"原子钟"在它与 B"原子钟"分开的这段时间内,

因受到非零的合外力作用（挂在"原子钟"上的测力计有记录），运动状态发生了改变，从而使其"本原历程"在质心运动空间（常态三维空间）上有了分量，即"质心历程"S_{zA}，其"内禀历程"分量即相应地变小。

式（14-5）表示，B"原子钟"在它与A"原子钟"分开的这段时间内，因一直停在原地未动（挂在"原子钟"上的测力计有记录），运动状态始终没有发生改变，从而使其"本原历程"在质心运动空间（常态三维空间）上的分量为零，"内禀历程"分量即等于"本原历程"。

总之，对于惯性系内两个分开又重合的物体，哪个物体是"主动离开"（受非平衡力作用，运动状态发生了改变）并相对惯性系运动，那么，这个物体就会有"质心历程"产生，其"内禀历程"即会必然地减少，时间流逝必然会变慢。

注意：我们强调比较"两个物体从分开到再重合"这段过程，为的是保证两个物体运行的"本原历程"绝对相等。

最后以一图而概之，如14-3图所示。

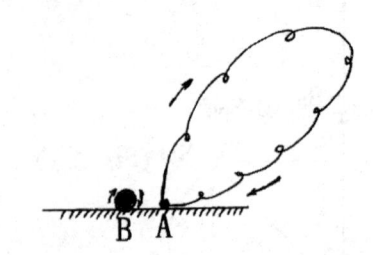

图 14-3 时程—空程转换示意图

上图所显意义用数学式表达，即为：

$$S_{bA}^2 = S_{nA}^2 + S_{zA}^2 = S_b^2$$

$$S_{bB}^2 = S_{nB}^2 + S_{zB}^2 = S_{nB}^2 + 0 = S_b^2$$

$$S_{nB} > S_{nA}$$

若将上式转换为本论所构建的"相对时空间隔"表示式来表达，则有：

$$dS_{cA}^2 = dS_{nA}^2 + dr_A^2 = c^2 dt^2$$

$$dS_{cB}^2 = dS_{nB}^2 + dr_B^2 = dS_{nB}^2 + 0 = c^2 dt^2$$

$$dS_{nB} > dS_{nA}$$

即原子钟A绝对要比原子钟B走得慢，或说，原子钟B绝对要比原子钟A走得快。

第四节　关于广义相对论的理论基础问题

一、广义相对论的理论基础

爱因斯坦把他的广义相对论建立在等效原理与广义相对性原理的基础之上。等效原理与广义相对性原理是两条彼此独立而又相互联系的基本原理。等效原理容许我们采用非惯性系描绘物理过程，它是广义相对性原理成立的先决条件。但等效原理并不一定导致广义相对性原理，亦即是说，并非后者的充分条件，所以两者又是相互独立的。这两条彼此独立而又相互联系的基本原理，共同构成了广义相对论的基础。

（一）等效原理

等效原理有弱形式与强形式两种表述："惯性力场与引力场的动力学效应是局部不可分辨的"，这是等效原理的弱形式表述，它是建立在引力质量与惯性质量相等的实验基础上，强调的仅仅是动力学效应；如果把"动力学效应"概念推广，用"任何物理效应"代替，便得等效原理的强形式表述，即"引力场中任一时空点，当采用局部惯性系时，除引力外的一切物理学规律应是洛伦兹协变的"。

爱因斯坦把"惯性质量与引力质量相等"这一实验事实提升为定律，并以此作为"等效原理"的一个强有力的论据。爱因斯坦在他的《狭义与广义相对论浅说》著作中有这样一段论述：

"我们设想在一无所有的空间有一个相当大的部分，这里距离众星及其他可以感知的质量非常遥远，可以说我们已经近似地有了伽利略基本定律所要求的条件。这样就有可能为这部分空间（世界）选取一个伽利略参考物体，使对之处于静止状态的点继续保持静止状态，而对之做相对运动的点永远继续做匀速直线运动。我们设想把一个像一间房子似的极宽大的箱子当作参考物体，里面安置一个配备有仪器的观测者。对于这个观测者而言引力当然并不存在。他必须用绳子把自己拴在地板上，否则他只要轻轻碰一下地板就会朝着房子的天花板慢慢地浮起来。

"在箱子盖外面的当中，安装了一个钩子，钩上系有绳索。现在又设想有一"生物"（是何种生物对我们来说无关紧要）开始以恒力拉这根绳索。于是箱子连同观测者就要开始做匀加速运动"上升"。经过一段时间，它们的速度将会达到前所未闻的高值——倘若我们从另一个未用绳牵的参考物体来继续观察这一切的话。"

但是箱子里的人会如何看待这个过程呢？箱子的加速度要通过箱子地板的反作用才能传给他。所以，如果他不愿意整个人卧倒在地板上，他就必须用他的腿来承受这个压力。因此，他站立在箱子里实际上与站立在地球上的一个房间里完全一样。如果他松手放开原来拿在手里的一个物体，箱子的加速度就不会再传到这个物体上，因而这个物体就必然做加速相对运动而落到箱子的地板上。观测者将会进一步断定：物体朝向箱子的地板的加速度总是有相同的量值，不论他碰巧用来做实验的物体为何。

依靠他对引力场的知识（如同在前节所讨论的），箱子里的人将会得出这样一个结论：他自己以及箱子是处在一个引力场中，而且该引力场对时间而言是恒定不变的。当然他会一时感到迷惑不解：为什么箱子在这个引力场中并不降落？但是正在这个时候他发现箱盖的当中有一个钩子，钩上系着绳索；因此他得出结论，箱子是静止地悬挂在引力场中的。

我们是否应该讥笑这个人，说他的结论错了呢？如果我们要保持前后一致的话，我认为我们不应该这样说他；我们反而必须承认，他的思想方法既不违反理性，亦不违反已知的力学定律。虽然我们先认定为箱子相对于"伽利略空间"在做加速运动，但是亦仍然能够认定箱子是在静止中。因此我们确有充分理由可以将相对性原理推广到把相互做加速运动的参考物体亦能包括进去的地步，因而对相对性公理的推广亦即获得了一个强有力的论据。

我们必须充分注意到，这种解释方式的可能性是以引力场使一切物体得到同样的加速度这一基本性质为基础的；这亦即等于说，是以惯性质量与引力质量相等的这一定律为基础的。如果这个自然律不存在，处在做加速运动的箱子里的人就不能先假定出一个引力场来解释他周围物体的行为，他即没有理由根据经验假定他的参考物体是"静止的"。

假定箱子里的人在箱子盖内面系一根绳子，然后在绳子的自由端拴上一个物体。结果绳子受到伸张，"竖直地"悬垂着该物体。如果我们问一下绳子上产生张力的原因，箱子里的人即会说："悬垂着的物体在引力场中受到一向下的力，此力为绳子的张力所平衡；决定绳子张力大小的是悬垂着的物体的引力质量。"另一方面，自由地稳定在空中的一个观测者将会这样解释这个情况："绳子势必参与箱子的加速运动，并将此运动传给拴在绳子上的物体。绳子的张力大小恰好足以引起物体的加速度。决定绳子张力大小的是物体的惯性质量。"我们从这个例子看到，我们对相对性原理的推广隐含着惯性质量与引力质量相等这一定律的必然性。这样我们即得到了这个定律的一个物理解释。

（二）广义相对性原理。

在狭义相对论建立之后，爱因斯坦并没有停止他科学创造的步伐。在1907年，当绝大部分物理学家还没有理解狭义相对论所带来的物理学思想的重大革命意义时，爱因斯坦却远远超出了他同时代的物理学家，发现了狭义相对论理论受惯性系的限制及与牛顿的万有引力定律不相容两大根本缺陷，并开始了新的理论构想。

1922年，爱因斯坦在京都大学访问期间所作的《我是如何创立相对论》的讲演中，谈到1907年他对狭义相对论的想法时说道："当时，我对狭义相对论并不满意，因为它被严格地限制在一个相互具有恒定速度的参考系中，它不适用于一个任意运动的参考系，于是我努力把这一限制取消，以使这一理论能在更多一般的情况下讨论。"对坚信自然运动规律的普遍性与统一性的爱因斯坦来说，当然不能容许惯性系与非惯性系之间这种内在的不一致性的情况存在。如何解决这个难题？其最根本、最自然的做法，即是扩大狭义相对性原理的物理范围与内容。于是，即有了后来的"广义相对性原理"，亦称"广义协变性原理"。

爱因斯坦对"广义相对性原理"的初步表述是："对描述自然现象（表述普遍的自然界定律）而言，所有参考系物体 k、k' 均是等效的，不论它们的运动状态如何。"爱因斯坦对"广义相对性原理"的严格表述是："所有的高斯坐标系对于表述普遍的自然界定律在本质上是等效的。"

对于"广义相对性原理"的严格表述，其深层的诠释词是：（1）时空是由物质分布状况决定的引力场结构性质；（2）有引力场存在时，时空是弯曲的（黎曼空间），引力场强度分布与空间曲率分布一一对应；（3）只有在无引力场存在时，时空才是平直的（欧几里得空间）。

二、对"电梯思想实验"意义的再解析

"等效原理"的建立，源于爱因斯坦的"电梯思想实验"。"电梯思想实验"，是爱因斯坦根据人们在日常生活中对惯性力与引力的一种普遍的经验感受，而设定推演的一个情景感验过程。这个"思想实验"所要表达的中心意思是：在一个非惯性系统中的运动特性与在一个有引力场存在的惯性系统中的运动特性一样。或者说，一个做加速运动的非惯性系与另一个存在着引力场的惯性系比较，并没有本质上的区别，或说是等效的。

爱因斯坦对"电梯思想实验"提出了两个限定条件：一是电梯的局域性，二是电梯的封闭性。"局域性"是为了消除引力在电梯中的潮汐作用效应；"封闭性"是为了使观测者的判断不受电梯外的情况影响。

潮汐效应是万有引力作用的结果，它源于在一个星体的直径上各点的引力不相等。当引力源对物体产生力的作用时，由于物体上各点到引力源距离不等，所以受到的引力大小也不同，从而产生引力差，这种引力差即是潮汐力。潮汐力在"等效原理"中，是真实引力场与非惯性系的重要区别。

为了方便对"等效原理"的客观真实性做进一步的探讨，我们有必要将爱因斯坦的"电梯思想实验"再扩展一下，编拟出一个"小型飞船群实验"：

设参与实验的有若干艘小型宇宙飞船，每艘小型飞船相当于一个局域参考系。每艘飞船上有一个密封实验舱，舱内挂有一支弹簧测力计，弹簧测力计下吊有一个质量为一千克的标准砝码。宇宙飞船均停在同一发射场待命，由"小型飞船群实验"指挥中心统一指挥。每艘飞船的实验舱内配有一名实验观测员。观测员接到统一指令，进入实验舱，关闭舱门。此时，观测员们观察到舱内弹簧测力计上的读数均为9.8牛顿。随后，观测员们进入全休眠状态。

过若干时间后，各飞船实验舱中的观测员统一结束休眠。观测员们醒来，随即观察到那支吊着一千克砝码的弹簧测力计上的读数还是9.8牛顿。观测员们立即与"小型飞船群实验"指挥中心取得联系，查询各飞船运动状态的变化情况。他们得到的回复分别是：

（1）xx号飞船，你们现在正悬停在发射场的上空；

（2）xx号飞船，你们现在正以0.1米/秒^{2}的加速度离开地球；

（3）xx号飞船，你们现在正以9.8米/秒^{2}的加速度穿过地月引力平衡点飞向月球；

（4）xx号飞船，你们现在正以11米/秒^{2}的加速度从外太空再入地球大气层；

（5）xx号飞船，你们现在仍在发射场的地面待命；

……

在这个"实验"中，有一项很关键的设定还没交代，即离开地面的所有实验飞船，在观测员们结束休眠状态时，飞船的动力均会被自动地锁定在一个程序上，以保证飞船内的"惯性力"加速度稳定在9.8米/秒^{2}上，直到实验观测结束。

飞船内的惯性力加速度$a_{惯}$，其大小可以从砝码所受惯性力$f_{惯}$与其质量$m_{砝}$

之比中得出,即 $a_惯=f_惯/m_砝$。$f_惯$ 的大小等于弹簧测力计上的读数。

"小型飞船群实验"虽然亦是一个假想实验,但在目前的科技水平下完成此项实验,应该是不难的。况且,大部分推演的实验结论已经被类似的实验所证实。

"小型飞船群实验"给我们的启示是:密封实验舱内的观测员根据舱内物体所获惯性力加速度等于 9.8 米/秒^2 之现象,对飞船运行状态的判断不应该是"二选一"(要么认为飞船是在无引力的太空中以 9.8 米/秒^2 的加速度做匀加速运动;要么认为飞船是静置在地球表面),而应该有"无限多种可能"的选择(可以认为飞船是在无引力的太空中以 9.8 米/秒^2 的加速度做匀加速运动;亦可以认为飞船是静置在地面、悬停或匀速飞行在地表上空;还可以认为飞船是在任意强度的引力场中做着任一种形式的变速运动)。如果真是这样,那么,惯性力场与引力场之间的"等效关系"就要被打上一个大大的问号。

三、对引力场、电力场与惯性力场关系的再探讨

本论已在"作用篇"中对引力源、电力源、强力源等基本作用源的产生及其作用机制做过较详细的论述。下面我们将从物体对不同性质的力做出的不同响应上,来探讨引力、电力的作用特点以及惯性力的性质,厘清惯性力与电力及引力的关联本质。

(一) 引力的作用特点

引力的产生离不开引力源。引力源是我们宇宙中最初始、最稳定的物质结构,是一切物质粒子的最基本组分,亦是能量的最基本载体。引力源由引力环与引力源核两部分构成。引力环好比引力源与外界发生作用的"触手",而引力源核则好比引力源质心运动速率与其内禀自旋速率之间的"速率转换器"。

引力产生的宏观效应,表现在引力场的相互作用之间。然而,单个的引力源形成不了引力场,引力场是由巨量的、高密度聚在一起的引力源所带引力环共同形成的一个空间范域。

由于引力源是构成一切物质粒子的基本单元,占据了物体质量的全部,再加上场相互作用的"超距"特点,从而形成了引力作用的"全质同步性"。万有引力作用在局域物体上,得到的是"全质同步性"的响应,物体内部不存在力的传递过程。即是说,万有引力在"局域参考系"内,不会引起物质间的任何相对运动变化(包括位变)。或者说,在引力场中,无论"局域参考系"(比如小型飞船实验封闭舱)怎样运动,该参考系内的一切物理过程均不会受到影

响。还可以说，无论科学家在"局域参考系"（比如小型飞船实验封闭舱）内通过什么样的实验，均无法检测到外面引力场的存在。

（二）电力的作用特点

电力源是引力源演进的自然结果。电力源已从引力源较为单一的结构形式演变成性质相反的两种作用源，即"正电力源"与"负电力源"。电力源不像引力源那样只有"相互吸引"的单种作用模式，它具有"同性相斥、异性相吸"两种作用机制。"正电力源"与"负电力源"的产生，为构建丰富多彩的粒子世界提供了必要而充分的演化条件，将物质的进变推向了一个崭新的阶段。

电力源与引力源一样，在自然界中不存在单质结构，正、负电力源均以"电偶对"的形式聚集构建各种物质粒子。这样的物质组合有光子、中微子、中性强力源等。若"电偶对"发生"破偶"，则所形成的物质组合，必定会显现出一个（只能是一个）正电力源或负电力源的作用。此"净余"电力源在巨量的"电偶对"中，位置是迅即变化的，所对应的"净余"电力环在空间形成的动态分布域，即是自然界中一个"元电荷"所产生的电场。这样"破偶"的基本物质组合，有正、负强力源及正、负电轻子等。在这些"破偶"的物质组合中，由于电荷数是一定的（一个元电荷），但"电偶对"的总数各不相等，或说荷电粒子的质量各不相等，所以会出现不同的电荷—质量比值。物理学将这种比值称为"荷质比"，又称比荷。例如，正、负强力源（正、负夸克）的"荷质比"要比正、负电子的小得多，而质子的"荷质比"又要比正、负强力源（夸克）的小很多。

在宇宙演进的过程中，物质的结构变得越来越复杂，尤其是正、负电力源的"中和"效应，在宏观层面给电力作用的呈现平添了许多变数。即是说，在宏观世界里，物体的荷电数量并不代表所含电力源（或说所含物质）的多少。正因如此，电场力作用在物体上，得到的是"非全质同步性"的响应，并且，在物体内部必伴有力的传递过程发生。这个过程，是由力的作用点（或力的作用面，或力的部分作用空间）沿着力的作用方向传递的。若受力物体是液体或气体，则要考虑液体或气体的压强传递规律。

（三）惯性力的本质

惯性力是力学中的一个重要概念。然而，在对其物理意义的解释上，各类力学书籍的说法不同。传统的说法有两种：多数《工程力学》与工科用《理论力学》把惯性力解释为完全真实的力，即物体在受力作用产生加速度的同时由于本身的惯性而表现出对施力物体有一种反抗作用，这种反抗作用即定义为惯性力。而多数理科用《理论力学》与普通物理学则把惯性力解释为一种虚拟的

"假想力"。前一种说法是在讲授动静法原理（达朗贝尔原理）时引入并定义的。而后一种说法是在讨论非惯性参考系中的相对运动时，为了使牛顿第二定律仍能适用于非惯性系引入并定义的，但为了区别于通常公认的真实相互作用力（简称牛顿力），又特别强调惯性力是一种"假想力"。

笔者赞同惯性力是一种"假想力"的说法。本论认为：惯性力不是真实的力，它只是一种在电力（磁力包含在其中）作用下产生的"力学效应"，我们把这种效应称为"惯性力效应"。"惯性力效应"的突出特点表现在：物体在受到电力（磁力包含在其中）作用时，其内部一定会产生"位变"。

（四）惯性力与电力、引力的关系

在人们的日常生活中，或说在宏观表现层面，能改变物体运动状态的只有引力与电力（磁力包含于电力之中）这两种力场。根据万有引力与电场力的作用特性可知：万有引力作用在局域参考系上，得到的是"全质同步性"的响应，因此，万有引力在局域参考系中既不会发生传递现象，亦不会使物体之间产生相对的加速运动；电场力（磁场力包含于电场力之中，以下不再做专门注明）作用在局域参考系上，得到的是"非全质同步性"的响应，因此，在局域参考系内会伴有力的传递过程发生，会使物体之间产生相对的加速运动。本论认为：惯性力场只存在于受外加电场力作用的参考系之中，与外加引力场无关。惯性力场加速度的大小与电场力对参考系产生的加速度相等，但方向相反。

（五）受外加电场力作用的局域参考系在外加引力场中的运动变化规律

外加电场力与外加引力（如地球引力）同时作用在局域参考系上，局域参考系相对惯性系的加速度则为

$$a_{系合} = f_{合}/m_{系}$$
$$= (f_{电外}^2 + f_{地}^2 + 2f_{电外}f_{地} \cdot \cos\theta)^{1/2}/m_{系}$$
$$= (a_{系电}^2 + a_{地}^2 + a_{系电}a_{地} \cdot \cos\theta)^{1/2} \tag{14-6}$$

其中，$f_{电外}$ 为外加电场力，$f_{地}$ 为地球引力，$m_{系}$ 为局域参考系的质量，θ 为外加电场力方向与地球引力方向之间的夹角，$a_{系电}$ 为局域参考系在外加电场力 $f_{电外}$ 作用下所产生的加速度，$a_{地}$ 为局域参考系在地球引力 $f_{地}$ 作用下所产生的加速度。

根据爱因斯坦"电梯思想实验"的条件假设，我们可依据式（14-6），分两种情况来讨论受外加电场力作用的局域参考系在外加引力场中运动变化的规律：

（1）局域参考系受外加电场力 $f_{电外}$ 的作用，参考系所获加速度 $a_{系电}$ 恒为 9.8 米/秒²（与地球表面的重力加速度 g 值相等）。在此前提下，局域参考系可以以

任意的方向夹角 θ（即 $a_{系电}$ 与 $a_{地}$ 的夹角）在地球引力场中运行（含静置）。

依据式（14-6）

$$a_{系合} = (a_{系电}^2 + a_{地}^2 + 2a_{系电}a_{地} \cdot \cos\theta)^{1/2}$$

分析可知，在 $a_{系电}$ 不变，$a_{地}$ 与 θ 均为变量的情况下，局域参考系相对惯性系的加速度 $a_{系合}$ 亦为变量。即是说，在惯性力场保持不变（因为 $a_{惯} = -a_{系电}$）的情况下，局域参考系在外加引力场中可以有无数种不同形式的运动存在。这其中包括 $a_{系合} = 0$，即局域参考系为惯性系的情况。

（2）局域参考系受外加电场力 $f_{电外}$ 的作用为零，即 $a_{惯} = -a_{系电} = 0$。在此前提下，参考系以任意的初速度（包括大小与方向）运行在地球引力场中，可以有无数种不同的运动形式，这其中包括自由落体运动。然而，在这无数种不同运动形式的局域参考系上，均有一个共同现象，即物体均处于完全失重的状态。即是说，这些不受外加电场力 $f_{电外}$ 作用的局域参考系，在引力场中不管是做自由落体运动，还是做上抛、下抛、斜抛运动，还是绕星球匀速或非匀速地运转，参考系内均不存在惯性力，物体均处于完全失重的状态。

（六）重力的本质

"重力"，是人们在漫长的生活中提炼出的物理概念。人们对"重力"最直接、最原始的感知是"物重"。"物重"给人们的感受最深刻，亦最普遍，容易被人们测量。早在17世纪，奠定力学基础的伽利略就曾经写道："我们感觉到肩头上有重荷，是在我们不让这个重物落下的时候。但是，假如我们跟我们肩上的重物一起用同样的速度向下运动，那么这个重物怎么会压到我们呢？这情形就跟我们想用手里的长矛刺杀一个人，而这个人却在跟我们一起用同样的速度奔跑的情形一样。"伽利略的这段论述，是从侧面对"重力"本质的一个追问。

人们在经典引力理论的长期影响下，已经很普遍、很自然地形成了一种共识，认为："物重"即物体所受的"重力"，"重力"来源于星球的引力。若不考虑星球自转等因素，"重力"即等于星球对物体的引力。

在物理学上，还有人将"物重"分成"真重"与"视重"两类，认为："真重"即星球对其表面周围物体所产生的引力，是物体所受重力的"真实值"；"视重"即用弹簧测力计可以测量到的"物重"，是对物体所受重力的"感测值"。若按这种定义分类，在实际观测中则会有下列三种情况出现：

（1）当物体只受引力的作用，在引力场中做各种"自由运动"（包含自由落体运动）时，物体即会完全失重，即"视重"为零，"真重"等于物体所受的引力。

（2）当物体在没有外加引力存在的空间做加速运动时，物体的"真重"为零，"视重"的大小即等于使物体加速的电场力的大小，"视重"的方向与加速力的方向相反（即物体所受惯性力的方向）。

（3）当物体在星球表面静止时，物体的"真重"等于"视重"，即物体所受引力与外加电场力平衡（不考虑星球自转等因素的影响）。

以上三种情况使我们对重力本质的认识不是越来越清晰，而是更加迷茫。我们不禁要问：重力的本质意义究竟是反映在物体的"真重"上，还是"视重"上？我们是否应该考虑以重力产生的"物理效应"作为重力存在的判据？

本论认为："重力"概念本来就是从对"重力物理效应"（主要是指在物体内部的物质之间或相互接触的物体之间产生定向的压力）的认识中提炼出来的，有无"重力物理效应"理当成为"重力"是否存在的唯一判据。即是说，有"重力物理效应"显现的物体表明其受到"重力"的作用，不存在"重力物理效应"的物体则表明其没有受到"重力"的作用。实质上，重力同离心力一样，均为惯性力的一种。而惯性力并非真实的力，它只是附属在某作用环境下的一种"力学效应"。

笔者认为：能在局域参考系中产生"重力物理效应"的只能是电场力，而非万有引力。因为，万有引力作用在局域参考系上得到的是"均匀"的、"全质同步性"的响应，引力在局域参考系内既不会发生传递，亦不会使物体（或物质）之间产生相对的加速运动。而电场力作用在局域参考系上，得到的是"非全质同步性"的响应，在局域参考系内会伴有力的传递过程发生，会使其内部的物质之间产生相对的加速运动。物体受到"重力"的作用与受到万有引力的作用，是风马牛不相及的两回事，它们之间不存在任何物理本质的关联。因此说，"重力"并非由万有引力产生，而是由外加在物体上的电场力所引起。

四、重新审视广义相对论的理论基础

在本节的开始，我们谈道：爱因斯坦把他的广义相对论建立在等效原理与广义相对性原理的基础之上。等效原理与广义相对性原理是两条彼此独立而又相互联系的基本原理。等效原理容许我们采用非惯性系描绘物理过程，它是广义相对性原理成立的先决条件，但并不一定导致广义相对性原理。亦即是说，等效原理并非广义相对性原理成立的充分条件，所以两者又是相互独立的。这两条彼此独立而又相互联系的基本原理，共同构成了广义相对论的基础。

然而，作为广义相对论的理论基础——等效原理，并非一条真实的客观规律，它是人们的一个认识误区。如果等效原理不具真实性，那么，广义相对论亦将变成一座"空中楼阁"。

(一) 引力质量与惯性质量相等的真实机理

在广义相对论中,爱因斯坦把"惯性质量与引力质量相等"这一实验事实提升为定律,并以此作为"等效原理"的一个强有力的论据。本论认为,这是一个牵强的论证引用。

本论曾在第六章"物质及质量"的论述中谈道:物体的惯性与引力性质,并非如爱因斯坦所说的那样——"导源于物体的同一本质",而应分属于同一物质载体(引力源)的两种不同的"物理特性"。因为:

(1) 物体的惯性是质素的"本原运动属性"在引力源功能的转换下,而表现出的一种"宏观运动"(相对质素的"属性运动"而言)性质。而物体的万有引力特性,则是质素的"属性作用"在引力源的转换下表现出的一种"宏观作用"性质。

(2) 引力源既是物体运动状态的"转换器",亦是引力场的"场源",物体的惯性及引力的场强均与所含引力源的个数严格地成正比。若选择国际单位,将式(6-2)

$$m_{惯} = \sum F/a = nm_y$$

与式(6-4)

$$m_{引} = f/g = nm_y$$

联解,即可得到

$$m_{惯} = m_{引}$$

由此可知,"惯性质量"与"引力质量"相等,是惯性与引力性质同附于引力源而出现的必然结果,而与"坐标系的选取"无关,与"时空几何背景"更无关。

总之,影响物体惯性及引力大小的是同一个变量因素,即"物体所含引力源的多少"。所以说,只要我们选择适当的单位,即可以使物体的引力质量的数值完全地、必然地等于它的惯性质量的数值。这即是引力质量与惯性质量相等的真实机理。

(二) 等效原理是个认识误区

等效原理的建立,源于爱因斯坦的"电梯思想实验"。"电梯思想实验"是爱因斯坦根据人们在日常生活中对惯性力、引力及重力的一种普遍的经验感受,而编拟的一个感验推理情景。这个"思想实验"所要表达的中心意思是:在一个非惯性系统中的运动特性与在一个有引力场存在的惯性系统中的运动特性一样。或者说,惯性力场与引力场的动力学效应是局部不可分辨的。

虽然，"电梯思想实验"所提出的"不可分辨"现象是客观存在的事实，但是，这种"不可分辨"现象所反映的物理本质并非如"等效原理"所表述的那样——惯性力场与引力场等效。笔者认为：

（1）万有引力作用于物体上得到的是"全质同步性"的响应，在物体内部不存在力的传递过程。无论外加引力场如何变化（指场的大小与方向），它只能改变物体或局域参考系的整体运动状态，但不会在物体或局域参考系内产生任何相对性的物理效应（包括重力效应）。亦即是说，在封闭的局域参考系内，用任何物理实验均无法判断出外加引力场是否存在。或者说，外加引力与局域参考系内产生的任何相对性的物理效应毫无关系。

（2）电场力（包含磁力）作用于物体上时，得到的是"非全质同步性"的响应，在物体内部必伴有一个力的传递过程发生。无论是在没有外加引力场存在的非惯性系中所发生的一切物理效应，还是在有引力场存在的惯性系或非惯性系中所发生的一切物理效应，包括重力效应，均是由外加在这些参考系上的电场力（包含磁力）所引起。因此说，发生在没有外加引力场存在的非惯性系中的一切物理效应，与发生在有引力场存在的惯性系中的一切物理效应，它们均属于"惯性力效应"。由于这些物理效应本质同源，所以不可分辨。

然而，爱因斯坦创建"等效原理"的思维逻辑是：因为"重力产生于万有引力"，所以说"重力物理效应即引力物理效应"。又因为"重力物理效应与惯性力物理效应在局域参考系内不可分辨"，所以有"引力场的任何物理效应与惯性力场的任何物理效应在局域参考系内不可分辨"，即得"等效原理"。

本论认为："重力物理效应与惯性力物理效应在局域参考系内不可分辨"是必然的客观现象，因为这些"物理效应"归属从一，本质同源。这些"物理效应"均是由外加在局域参考系上的电场力所引起，与万有引力无关。

因此说，"重力由引力产生，重力物理效应即引力物理效应"的传统观点，既是"等效原理"的创建基础，亦是"等效原理"的致命错误。万有引力同惯性力（重力）之间并不存在什么必然的关联，更不存在等效关系。"等效原理"是人们在探讨引力场、重力场及惯性力场相互关系问题上的一个认识误区。

（三）广义相对论是一座"空中楼阁"

我们知道，"等效原理"与"广义相对性原理"是广义相对论的理论基础，且"等效原理"又是"广义相对性原理"成立的先决条件。如果"等效原理"是虚拟的，不具真实性，那么，广义相对论就等于是座"空中楼阁"。

下面我们以爱因斯坦的"转盘思想实验"为例，来分析广义相对论是怎样失去理论基础的。

217

本论在第十二章第三节"空间时间的弯曲"的论述中，对爱因斯坦的"转盘思想实验"已做过较详细的介绍。"转盘思想实验"旨在将运动物体的"钟缓尺缩"效应转换为引力场的固有性质，为构建引力时空理论做铺垫。

如前面已列出的图 12-1 所示。

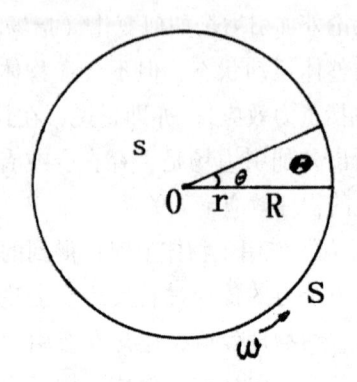

图中设有两套坐标系：$S(R, \Theta)$ 为惯性系，$s(r, \theta)$ 为随转盘转动的非惯性系。令两个坐标面重合。当 s 与 S 相对静止时，调整好一系列的标准钟与标准尺，分配到 s 与 S 各点上。当 s 系匀速转动起来以后，在 s 面与 S 面上划两个完全重合的圆周。

现在，我们来看看 s 系中的时空几何是怎样随圆盘转动而发生改变的：

（1）考察时间。设转盘转动前 $t=T=0$，转动后，从 S 系看转盘 (r, θ) 处标准钟有爱因斯坦延缓：

$$t = T(1-r^2\omega^2/c^2)^{1/2} \approx T(1-1/2 \cdot r^2\omega^2/c^2)$$

只有盘心处才有 $t=T$。从 s 系的盘心看，观测结果与 S 系中观测结果完全相同，亦即是说，静置转盘各处的标准钟不可能保持同步。

这里的讨论应假设加速度对标准钟无影响。这已为高能基本粒子实验直接证实。在高能加速器中，当 μ 子以同一速率分别沿直线与圆周飞行时，比较它们的寿命（或衰变率），从而可以对此做出判断。1966 年，Farley 等人以 2% 的精度证实 μ 子的衰变率与加速度无关。

（2）考察空间。S 系中观测者用标准尺测量半径与圆周得

$$圆周/半径 = 2\pi$$

即欧几里得几何成立。s 系中观测者测量的结果无法事先知道，但可以从 S 系来观测 s 系中的测量过程。测半径时，由于任一瞬间半径与标准尺均与运动方向垂直，半径与标准尺均无洛伦兹收缩，故测量结果与 S 系中完全相同，即有

$$r = R$$

218

测圆周时，设测量次数为 n（这是绝对的），但从 S 系看来，是以在 S 中缩短了的标尺 $1 \cdot (1-\beta^2)^{1/2}$ （$\beta=r\omega/c$）进行的，其圆周为

$$\oint dl/[1 \cdot (1-\beta^2)^{1/2}] = \int_0^{2\pi} Rd\theta/(1-\beta^2)^{1/2}$$
$$= 2\pi R/(1-\beta^2)^{1/2} = n$$

这里亦应假设加速度对标准尺无影响，那么 s 系中测量的结果为

圆周/半径 = n/r
$$= 2\pi R/[R(1-\beta^2)^{1/2}]$$
$$= 2\pi/(1-\beta^2)^{1/2} > 2\pi$$

这说明欧几里得几何不成立，而应该是罗巴切夫斯基几何成立。

(1)、(2) 两项的考察，是 S 系观测者对转动圆盘所属时间与空间的描述。那么，s 系的观测者又是如何来解释这种测量结果呢？按等效原理 s 系中出现了引力场，因此他只能得出结论：静置转盘各处的标准钟的变化及几何学对欧几里得几何的偏离均是引力场影响的结果，即引力场中的时空发生了"弯曲"——这是广义相对论的逻辑推理。

本论认为：s 系中的时空发生"弯曲"，实则为 s 系中的时间度规与空间度规发生了改变，其变化的物理机制应由狭义相对论的"钟缓尺缩效应"来解释。然而，爱因斯坦通过所谓的"等效原理"硬是把 s 系中的"惯性力场"等效成了引力场，从而把原本属于运动物体的"钟缓尺缩效应"等效成了引力场固有的时空几何性质。由此可见，"等效原理"在爱因斯坦构建引力时空理论过程中所起的作用是何等的关键。

因此说，广义相对论这座"理论大厦"，如果失去了"等效原理"这根主梁的支撑，它便是一座"空中楼阁"。

第五节 关于广义相对论的"三个经典实验"的讨论

我们在上一节的论述中已经明确指出：广义相对论就像是一座"空中楼阁"，建立在不具真实性的"等效原理"基础之上。即是说，所谓的"引力时空几何"理论是一个虚拟杜撰的理论。若真是这样，那么请问，对验证广义相对论的"三个经典实验"我们又该做何解释？笔者将在下面给出自己的看法。

一、关于水星近日点进动实验

（一）水星近日点进动

根据牛顿力学理论，行星绕太阳运动的轨道是椭圆，太阳位于椭圆的一个焦点上，这个椭圆轨道是不变的。可实际上行星的绕日轨道并非像经典力学中所描述的那样是个严格闭合的椭圆。行星虽沿着椭圆轨道运动，但椭圆轨道本身又在自己的轨道平面沿着行星运动的方向缓慢地向前移动。结果轨道上最靠近太阳的一点（即近日点），即会在空间移动，这种现象称作行星近日点的进动。

在太阳系中有许多行星，它们相互作用，亦可以造成行星近日点的进动，但是当把这些影响除去以后，它们的近日点仍然有一定的进动。例如水星，当除去其他行星的扰动后，仍有观测值每百年移动角为

$$\varphi_{理论} = 43.11'' \pm 0.45''$$

的进动。科学家们把这种除去了其他行星干扰等因素后的进动值称为近日点进动"剩余值"。这个进动现象是用牛顿的引力理论无法解释的困难之一。

如图 14-4 所示。

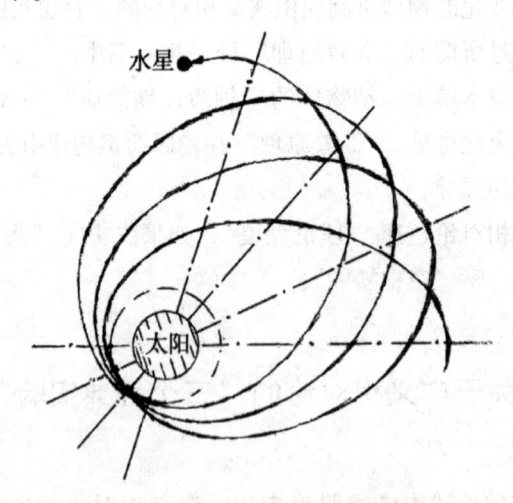

图 14-4　水星近日点进动轨迹示意图

（二）产生水星近日点进动"剩余值"的原因分析

在爱因斯坦看来，太阳引力场使其周围的时空发生了弯曲，水星近日点进动的"剩余值"即由水星在太阳周围的"弯曲时空"中运行所产生。有文献资料记载：用广义相对论的引力方程计算出的水星近日点进动值为每百年进动

$$\varphi_{理论} = 43.03''$$

这与对水星这一效应的观测值相比,应该说是符合得相当好的。人们欢呼广义相对论解决了牛顿万有引力无法解决的困难。正因如此,爱因斯坦在给艾伦菲斯特的信中说道:"……方程给出了水星近日点进动的正确数字,你可以想象我有多么高兴,我高兴得不知怎样才好。"

然而,本论已从根本上否定了"等效原理"的正确性,并明确指出:"引力时空几何结构"不具真实性。本论既然否定了"引力时空几何结构"的存在,那么,对水星近日点进动的"剩余值"又该作何解释呢?本论认为:水星近日点进动"剩余值"的出现,并非因水星运行在所谓的"弯曲时空"中所致,而是由水星绕日运动的"视在效应"直接造成。

1. "视在动能"及"视在效应"

我们在第八章的相关论述中曾经谈道:包括夸克、电轻子及光子在内的基本粒子(中微子除外),在受万有引力或电场力的作用时,其内禀能与动能之间会发生非经典形式的能量转化。因为,基本粒子所具的动能并非单一形式的能量,它是由粒子的"质心动能"E_k与"自旋角动能"E_L两部分构成。即

$$E_s = E_k + E_L$$

或表示为

$$1/2 \cdot mV_s^2 = 1/2 \cdot mV_k^2 + 1/2 \cdot mV_L^2$$

本论将此"质心动能"与"自旋角动能"合在一起,专称为基本粒子的"视在动能",并以E_s表示。

这里要特别说明的是基本粒子的"自旋角动能"E_L,它既不代表场源物质(即电力源、引力源)的"内禀自旋能",亦不代表一般物体的自旋角动能,它代表的是组成基本粒子的亚结构物质"正、负电力源"绕其质心旋转的角动能,它属于基本粒子"视在动能"的一部分。

在第八章第五节"质能关系式"的论述中,本论依据"视在动能"的转化机制,还推出了一组"视在物理量"与经典力学量之间的关系表示式。如:

$$a_s = a/(1-v^2/c^2)^{3/2};$$
$$V_s = v/(1-v^2/c^2)^{1/2};$$
$$F_s = ma_s$$
$$\quad = ma/(1-v^2/c^2)^{3/2};$$
$$\quad = F/(1-v^2/c^2)^{3/2};$$
$$P_s = mV_s$$
$$\quad = mv/(1-v^2/c^2)^{1/2}$$

$$= P / (1-v^2/c^2)^{1/2};$$
$$E_s = 1/2 \cdot mV_s^2$$
$$= 1/2 \cdot mv^2 / (1-v^2/c^2)$$
$$= E_k / (1-v^2/c^2)$$

式中，a_s代表与物体运动方向平行的"切向视在加速度"的大小，a代表与物体运动方向平行的"切向质心加速度"的大小；V_s代表物体"视在速度"的大小，v代表物体的"质心运动速度"的大小；F_s代表"视在力"的大小，F代表"牛顿力"的大小；P_s代表"视在动量"的大小，P代表"牛顿动量"的大小；E_s代表"视在动能"，E_k代表"质心动能"。

在第八章"质能关系式"的相关论述中，笔者为避免偏离主题，有一个很重要的物理量没有得到进一步的表述，这即是与物体运动方向垂直的"法向视在加速度"a_{sn}。实际上我们利用"洛伦兹变换"已经推导出了与物体运动方向垂直的相对论加速度变换式，即

$$a_y = d^2y/dt^2$$
$$= [(1-v^2/c^2) / (1+vv'/c^2)^2] d^2y'/dt'^2$$
$$= [(1-v^2/c^2) / (1+vv'/c^2)^2] a'_y$$
$$a_z = d^2z/dt^2$$
$$= [(1-v^2/c^2) / (1+vv'/c^2)^2] d^2z'/dt'^2$$
$$= [(1-v^2/c^2) / (1+vv'/c^2)^2] a'_z$$

设被考察的物体静止在运动参考系上，即有 $v'=0$，加速度变换式则可简化为

$$a_y = d^2y/dt^2$$
$$= (1-v^2/c^2) d^2y'/dt'^2$$
$$= (1-v^2/c^2) a'_y$$
$$a_z = d^2z/dt^2$$
$$= (1-v^2/c^2) d^2z'/dt'^2$$
$$= (1-v^2/c^2) a'_z$$

为讨论方便，我们现在只需选取与物体运动方向垂直的两个坐标方向其中一个的变换式来分析，如

$$a_y = (1-v^2/c^2) a'_y \tag{14-7}$$

式中，a_y表示在s参考系中对静止在运动参考系s'上的粒子所测得的横向加速度，a'_y表示在s'参考系中测得粒子相对s'参考系速度为$v'=0$时的横向加速

度。$a'_y = F_s/m$（F_s、m 不随粒子运动状态而变）。当 $v = 0$ 时，亦有 $a_y = F_s/m = a'_y$。

在式（14-7）中，a_y' 对应着本论的"法向视在加速度"的大小 a_{sn}，a_y 则对应着经典物理学上讲的"法向加速度"的大小 a_n，因而有

$$a_{sn} = a_n / (1-v^2/c^2) \tag{14-8}$$

或表示为

$$a_n = (1-v^2/c^2) a_{sn}$$

式（14-8）是"法向视在加速度"表示式。此式还可由经典力学的向心加速度公式与切向"视在速度"表示式联解得出，即有：

$$\begin{aligned} a_{sn} &= V_s^2/r \\ &= [v/(1-v^2/c^2)^{1/2}]^2/r \\ &= (v^2/r) / (1-v^2/c^2) \\ &= a_n / (1-v^2/c^2) \end{aligned}$$

我们在前面曾依据"切向视在加速度" a_s 与"切向质心加速度" a 的关系，得出了跟物体运动方向平行的"切向视在力"与"切向牛顿力"的关系式

$$F_s = F / (1-v^2/c^2)^{3/2}$$

同样，我们亦可依据"法向视在加速度" a_{sn} 与"法向质心加速度" a_n 的关系，得出跟物体运动方向垂直的"法向视在力"与"法向牛顿力"的关系式

$$F_{sn} = F_n / (1-v^2/c^2) \tag{14-9}$$

从前面介绍的"视在动能"转化机制及相应的物理关系表达式中，我们可以看出：由于"视在动能"转化机制的存在，导致实际发生的力学过程与经典力学所描述的过程不相符，且偏差的程度会随物体运动速度的增加变得越来越大。本论把这种现象简称为物体运动的"视在效应"。

2. 牛顿力学理论下的水星绕日轨道

为了便于分析对比，我们先列出由牛顿力学理论得出的水星绕日运行轨道微分方程，即

$$mh^2u^2 (d^2u/d\theta^2 + u) = -F \tag{14-10}$$

其中，$u = 1/r$，r 为太阳与水星之间的距离，θ 为水星绕日转动的角度，m 为水星的质量，F 为使水星绕日运行的向心力，h（即 ωr^2）是水星绕日角动量守恒中的一个常量。

牛顿力学认为，水星与太阳之间的万有引力即是支持水星绕日运行的向心力，即有

$$F = F_{引} = -GMm/r^2 \tag{14-11}$$

式中，G 为万有引力常量，M 为太阳的质量，r 为太阳与水星之间的距离。

将式（14-11）代入式（14-10），并化简整理得

$$d^2u/d\theta^2+u=GM/h^2 \qquad (14-12)$$

解微分方程式（14-12）得

$$u=GM/h^2+A\sin(\theta+\varphi)$$

即有

$$r=1/\left[GM/h^2+A\sin(\theta+\varphi)\right] \qquad (14-13)$$

此式为水星绕日运行的轨道方程，其中 G、M、h 均为常量，A、φ 亦为常量，并由水星运行的初始状态确定。

若令 $K=h^2/GM$，$e=Ah^2/GM$，则可得到

$$r=K/\left[1+e\sin(\theta+\varphi)\right] \qquad (14-14)$$

此式为极坐标系中的圆锥曲线方程，方程中的 e 为行星绕日运行的轨道离心率。水星绕日运行轨道的离心率为 $0<e<1$，其运行轨迹是一个闭合的椭圆。

3. 产生水星近日点进动"剩余值"的真实机制

牛顿力学理论下的水星绕日轨道，是一个闭合且稳定的椭圆运行轨道。然而，它与人们的实际观测并不相符。实际的水星运行轨道是一个非封闭的、近日点沿水星运动方向不断前移的椭圆运行轨道。本论认为，水星近日点进动的"剩余值"，并非由所谓的"时空弯曲"造成，而是由水星运动的"视在效应"所引起。

太阳对水星的引力，是支持水星绕太阳运行的向心力。水星在太阳引力场中运行，其内禀能（对应着经典力学的引力势能）与"视在动能"之间发生周期性的互逆转化。在水星的"视在动能"中，"质心动能"部分为人们通常所能观测到的动能量 E_k，"自旋角动能"部分 E_L 则隐藏于"质心动能"的背后，并按

$$E_L=v^2/(c^2-v^2)\cdot E_k \qquad (14-15)$$

的存在关系发生变化。其中，v 代表水星相对于太阳的质心运动速度，c 代表真空中的光速。

由于"视在效应"的存在，太阳引力对水星做功，一部分用在水星的质心动能与引力势能的相互转化上，另一部分用在基本粒子的自旋角动能与引力势能的相互转化上，但皆是用在水星的"视在动能"与引力势能（实为内禀能）的相互转化上。

由于"视在效应"的存在，太阳引力对改变水星运动状态的作用效果与牛顿第二运动定律（即 $\sum F=ma$）的描述并不相符。比如，在水星与太阳的连线

方向上,有

$$F_{引}=ma/\ (1-v_r^2/c^2)^{3/2}$$
$$=F_{牛}/\ (1-v_r^2/c^2)^{3/2}$$

或表示为

$$F_{牛}=md^2r/dt^2$$
$$=(1-v_r^2/c^2)^{3/2}F_{引}$$
$$=-(1-v_r^2/c^2)^{3/2}GMm/r^2$$

在水星与太阳连线的垂直方向上,有

$$F_{引}=ma_n/\ (1-v_\theta^2/c^2)$$
$$=F_n/\ (1-v_\theta^2/c^2)$$

或表示为

$$F_n=mv_\theta^2/r$$
$$=(1-v_\theta^2/c^2)\ F_{引}$$

即是说:在水星的运动方向上,太阳对水星的引力作用不仅是改变水星的质心运动速率,同时亦改变着水星所含基本粒子的自旋运动速率;在与水星运动垂直的方向上,太阳引力不仅是对水星的质心运动进行法向加速,同时还要对水星所含基本粒子的自旋运动进行法向加速。

依据上述观点并结合图 14-4 "水星近日点进动轨迹示意图"分析,我们可以更直接地看出:在水星朝向近日点运行的过程中,随着水星速度的逐渐变大,太阳引力对水星运动状态的改变相对于牛顿力学的计算值会逐渐变小。尤其是在与水星运动垂直的方向上,太阳引力对水星质心运动的法向加速会按照

$$F_n=(1-v_\theta^2/c^2)\ F_{引}$$

的关系逐渐变小,从而导致水星的实际运行轨迹相对于牛顿理论的计算轨道向外偏移得越来越多(在水星背离近日点朝向远日点运行的过程中,运行轨迹的偏移,与水星朝向近日点运行的过程刚好相反)。在牛顿理论轨道预期的近日点,水星的切向运动速度为最大值,其在轨道上的实际位置会因水星运动的"视在效应"而向外发生较大的偏移,从而推迟了水星近日点的到来。

水星与太阳构成的是一个保守作用系统,该系统具有能量守恒与角动量守恒的性质,在初始条件一定的情况下,水星轨道的近日点距离及远日点距离不会因水星运动的"视在效应"而发生改变。因为,"视在效应"属于粒子内部运动形式的相互转化,不会改变系统的总能量与初始条件。所以说,水星近日点的位置虽然相对于牛顿理论轨道预期值向后有所延移,但它不会消失。

以上的表述，只是本论从物理机制上对水星近日点进动原因所做的初步分析，而要从数学上精确地算出水星近日点每周进动的角度，还得从解微分方程

$$d^2u/d\theta^2+u = (1-v^2/c^2)^{3/2}GM/h^2 \qquad (14\text{-}16)$$

入手。

将式（14-16）中的变量 v 以变量 u 及相关常量代替，并整理得出下述方程

$$\begin{aligned}d^2u/d\theta^2+u &= [c^2/(V_s^2+c^2)]^{3/2}GM/h^2\\ &= \{c^2/[2GM(r^{-1}-r_0^{-1})+V_{s0}^2+c^2]\}^{3/2}GM/h^2\\ &= \{c^2/[2GM(u-u_0)+v_0^2c^2/(c^2-v_0^2)+c^2]\}^{3/2}GM/h^2\end{aligned}$$

$$(14\text{-}17)$$

在上述方程中，r_0、v_0 皆为由初始状态确定的常量。其他常量均在前面做过介绍。关于上述方程的正解比较复杂，详解请另见附论。

（三）显有"视在效应"的其他事例

笔者认为，在宇宙中，不只是水星有近日点进动现象，所有围绕恒星做椭圆运动的行星应该均有类似的进动现象。因为，在它们的轨道运行中均存在着"视在效应"，只是由此效应所产生的"周期进动角"各有不同。

不仅如此，在自然界里像这样由"视在效应"引起的各种奇异现象还有很多。例如，围绕原子核高速运转的电子，在原子核库仑场中的运动正如行星绕太阳的运动一样，是受着与距离平方成反比的保守力作用的。这样的运动，按照牛顿力学一般应该是椭圆轨道的运动。如果假定原子核不动，那么原子核应处在椭圆的一个焦点上。然而，事实并非如此。因为绕原子核高速运转的电子亦会受到"视在效应"的影响，实际的运行轨道不是闭合的椭圆轨道，而是一个开放性的有连续进动的准椭圆轨道。又因为电子围绕原子核运转是被束缚在微观空间之中，且电子的运行速度相对于宏观物体运动来讲是非常之高的，所以，单个电子的绕核运行能在原子核周围呈现"云"分布。

除此之外，还有许多与物体运动方向垂直的"视在效应"事例，即"法向视在效应"现象。例如：

在地球表面，与地面平行并高速旋转的圆盘因受到"法向视在效应"的影响，而使圆盘的视重变轻（除开经典力学的各种干扰因素后）。

再有，升温后的物体，其视重亦会有所变小。因为，在升温后的物体内部，分子的热运动加剧，分子的运动速度增大，所产生的"法向视在效应"亦随着增大。尽管分子的热运动是一种无规则的运动，但其中仍然包含了大量的与地面平行，或说是与地心引力垂直方向的分子运动。

还有同名磁极被挤压在一起的两块永磁体，以及被充了电的电容器等，它们与其之前状态下的称重相比，视重均会有所变小。而产生这些现象的本质原因皆是一个，即增加了物体内部相关分子、电子的运动速度，从而加大了"法向视在效应"对物体视重的影响程度。

注意：上面反复提到的"法向视在效应"，其物理意义集中地反映在"法向牛顿力"F_n与"法向视在力"F_{sn}的关系表达式上，即

$$F_n = (1-v^2/c^2) F_{sn}$$

式中的"法向牛顿力"F_n即经典的向心力。"法向视在力"F_{sn}有可能是万有引力，亦有可能是电场力（磁力含于其中）。

二、关于光谱线引力红向移动实验

我们知道，每一种原子被激发后均能发光，通过光谱仪可以获得原子发光的光谱，测出光谱线的波长及频率。由于引力的作用，从太阳或其他恒星上的原子所辐射出来的光的频率，与地球上的同类原子光谱线相比，要发生红向移动。我们把光谱线的这种移动，称为引力红向移动。

（一）"光谱线引力红移"之爱因斯坦解释

光谱线的引力红向移动实验，是科学家们为验证爱因斯坦创建的"引力时空几何"理论模型而进行的一项实验，是所谓的广义相对论"三大验证"之一。

光谱线的引力红向移动，虽是宇宙中普遍存在的一种自然现象，但人们对产生这种现象的物理机制并不十分清楚。因为，引力的本质对人类来说到现在还是个谜。本论虽然在前面已从理论基础上否定了"引力时空几何"模型的存在，但为了更清楚地说明广义相对论将"光谱线的引力红移"现象作为"引力时空弯曲"例证的虚伪性，我们有必要将爱因斯坦在他的《狭义与广义相对论浅说》一书中对"光谱线的红向移动"所做的一段说明列出，以方便进行分析对比。

爱因斯坦在书中这样写道：

"在第23节中曾经表明，在一个相对于伽利略系 K 而转动的 K' 系中，构造完全一样而且被认定为相对于转动的参考物体保持静止的钟，其走动的时率与其所在的位置有关。现在我们将要定量地研究这个相倚关系。放置于距圆盘中心 r 处的一个钟有一个相对于 K 的速度，这个速度由

$$v = \omega r$$

决定，其中 ω 表示圆盘 K' 相对于 K 的转动角速度。设 v_0 表示这个钟相对于 K 保

持静止时，在单位时间内相对于 K 的嘀嗒次数（这个钟的'时率'），那么当这个钟相对于 K 以速度 v 运动、但相对于圆盘保持静止时，这个钟的'时率'，按照第12节，将由

$$\nu = \nu_0 (1-v^2/c^2)^{1/2}$$

决定，或者以足够的准确度由

$$\nu = \nu_0 (1-1/2 \cdot v^2/c^2)$$

决定。此式也可以写成下述形式：

$$\nu = \nu_0 (1-1/c^2 \cdot 1/2 \cdot \omega^2 r^2)$$

"如果我们以 φ 表示钟所在的位置与圆盘中心之间的离心力势差，亦即将单位质量从转动的圆盘上钟所在的位置移动到圆盘中心为克服离心力所需要做的功（取负值），那么我们就有

$$\varphi = -1/2 \cdot \omega^2 r^2$$

由此得出

$$\nu = \nu_0 (1+\varphi/c^2)$$

"首先我们从此式看到，两个构造完全一样的钟，如果它们的位置与圆盘中心的距离不一样，那么它们走动的时率亦不一样。由一个随着圆盘转动的观测者来看，这个结果亦是有效的。

"现在从圆盘上去判断，圆盘系处在一个引力场中，而引力场的势为 φ，因此，我们所得到的结果对于引力场是十分普遍地成立的。还有，我们可以将发出光谱线的一个原子当作一个钟，这样下述陈述即得以成立：

"一个原子吸收的或发出的光的频率与该原子所处在的引力场的势有关。

"位于一个天体表面上的原子的频率与处于自由空间中的（或位于一个比较小的天体的表面上的）同一元素的原子的频率相比要低一些。这里 $\varphi = -KM/r$，其中 K 是牛顿引力常量，M 是天体的质量。因此，在恒星表面上产生的光谱线与同一元素在地球表面上所产生的光谱线比较，应发生红向移动，移动的量值是

$$(\nu_0-\nu)/\nu_0 = K/c^2 \cdot M/r$$

"……如果引力势导致的光谱线红向移动并不存在，那么广义相对论就不能成立。"

我们从爱因斯坦对"光谱线的引力红移"所做的这段说明中，不难看出其论证逻辑是：

（1）借"等效原理"把惯性力场等效成引力场。

（2）在引力场与惯性力场等效的基础上，借"圆盘实验"，把运动物体"时缓尺缩"的狭义相对论性质过渡成引力场所具有的所谓的"时空几何"性质。

（3）将发出光谱线的原子当作时钟，并把发出的光谱线的频率红移归因于发光原子的"时率"变小（时间流逝变慢）。

（4）将发光原子所具"时率"的不同，归结于原子在引力场中所处位置的"势"不同，即由引力场的"时空几何"性质所决定。

（5）得出结论：如果引力势导致的光谱线红向移动并不存在，那么广义相对论即不能成立（反之即是如果引力势导致的光谱线红向移动存在，那么引力场的"时空几何"性质即存在，广义相对论即成立）。

本论认为：爱因斯坦对"光谱线的引力红移"所做的这段论述，不能证明"引力时空几何"性质的存在，或说不能证明广义相对论即成立。因为：

（1）引力场与惯性力场之间并不存在物理上的必然关联，更谈不上等效，"等效原理"不具真实性（本章第四节已有论证）。

（2）由于"等效原理"不存在，惯性力场（如"转动圆盘"）中的"时缓尺缩"效应，不能转换为引力场所固有的所谓的"时空几何"性质。

（3）受引力作用而发生改变的光谱线频率，不能作为发光原子的"时率"显征，更谈不上与所谓的"时空曲率"相联系。

（二）"光谱线引力红移"之本论解释

我们既然已认定"光谱线的引力红移"并非由所谓的"引力时空几何"性质来决定，那么，其真实的物理机制又是什么呢？为了更好地回答这个问题，我们有必要先回顾一下前面相关章节对光量子结构所做的一些论述。

在第三章第四节"电磁场"中，我们曾经论述过：

光子实为一个由"电偶对"交合组成的电偶环结构，且电偶环的角动量方向与环的质心运动方向相互垂直。

光子虽由"电偶对"结环而成，对外不显电性，但由于光子的整体直线运动及角动量方向与其质心运动方向垂直等因素，使光子电偶环中"电偶对"形成的电场平衡被打破，从而产生出伴随光子直线运动的交变电场。

光子交变电场的场强变化，与光子电偶环旋转的角频率及光子的运动速度密切相关。光子电偶环旋转的角频率为光频率的 2π 倍，光子质心在光子电偶环旋转周期内移动的距离为光的波长，光子的频率与波长成反比。光子在真空中的质心运动速度是个常量。

从上面对"光量子结构"论述的简单回顾中，我们可以粗略地知道一些关于光量子频率产生的机理。那么，光量子在引力场中运动，其频率究竟是怎样受到影响的呢？

我们在前面讨论"光速不变原理"时曾特别强调："光速不变"不代表光频率及光动能不变，并且，正是有了光频率与光动能的可变性，"光速不变"才能得到保证。然而，这里所说的光动能并非光子的总能量，而指的是光子的"视在动能"。光子的总能量等于光子的"内禀能"与"视在动能"之和，且恒定不变。不仅如此，任何物体只要不发生物质转移，其总能量（"内禀能"与"视在动能"之和）皆恒定不变。

光子在引力场中运动，引力做功会使光子的"内禀能"与"视在动能"相互转化。光子远离引力场中心时，引力场做负功，光子的"视在动能"减小，"内禀能"增大。光子向着引力场中心运动时，引力场做正功，光子的"视在动能"增大，"内禀能"减小。然而，光子在引力场中运动时，光子环的质心运动速度（人们常说的光速）却是恒定不变的。那么，光子"视在动能"的变化又是怎样得到体现的呢？

其实，光子的"引力频移"与"多普勒频移"在能量形式的转化上机理是一样的，均可由光子的"视在动能"关系式

$$E_s = 1/2 \cdot mV_s^2$$
$$= 1/2 \cdot mV_k^2 + 1/2 \cdot mV_L^2$$
$$= h\nu$$

给出解释。只不过，导致光子产生"多普勒频移"的受力过程，与产生"引力频移"的受力过程不一样。产生"多普勒频移"的受力过程，是发生在光子被发射或被接收的始末两端，是一个短暂的过程，而产生"引力频移"的受力过程，却是发生在光子运行于引力场的全程当中。

在上面给出的光子"视在动能"关系式中，E_s 表示光子的"视在动能"，m 表示光子的质量，V_s 表示光子的"视在速度"，V_k 表示光子的质心运动速度（光速 c），V_L 表示光子"电偶环"旋转的线速度，h 表示普朗克常量，ν 表示光子的频率。

我们知道：在光子远离引力场中心的过程中，引力场对光子做负功，光子的"视在动能"减小，"内禀能"增大；在光子向着引力场中心运动的过程中，引力场对光子做正功，光子的"视在动能"增大，"内禀能"减小。即有

$$W = \int_r^{r'} dW$$
$$= \int_r^{r'} F_{引} \cdot dr$$

$$= \int_r^{r'} (-GMm/r^2)dr$$
$$= GMm(1/r' - 1/r) \qquad (14-18)$$

以及

$$W = E_s' - E_s$$
$$= 1/2 \cdot mV_s'^2 - 1/2 \cdot mV_s^2$$
$$= 1/2 \cdot m(V_k'^2 + V_L'^2) - 1/2 \cdot m(V_k^2 + V_L^2)$$
$$= 1/2 \cdot m(c^2 + V_L'^2) - 1/2 \cdot m(c^2 + c^2)$$
$$= 1/2 \cdot mV_L'^2 - 1/2 \cdot mc^2 \qquad (14-19)$$

在式（14-19）中，E_s、E_s' 分别为光子受引力作用前后的"视在动能"，V_s、V_s' 分别为光子受引力作用前后的"视在速度"，V_k、V_k' 分别为光子受引力作用前后的质心运动速度，V_L、V_L' 分别为光子受引力作用前后"电偶环"旋转的线速度。式中 V_k、V_k'、V_L 均为真空中的光速 c，其依据是"光速不变原理"及本论在第八章第五节中提出的"电磁量子动能公式"。

将式（14-18）代入式（14-19）并经整理得

$$V_L'^2 = 2GM(1/r' - 1/r) + c^2 \qquad (14-20)$$

从第八章第五节关于"电磁量子动能公式"的论述中，我们还知道普朗克常量量子表示式（8-63）

$$h = 2\pi Rmc$$

式中，m 代表光子质量，R 代表光子半径，即光子电偶环半径（为了与引力公式中的 r 区别，已将原式中的 r 换成 R），c 为真空中的光速。

从普朗克常量量子表示式（8-63）中可以看出，只要光子不发生物质转移，即质量 m 保持不变，光子半径 R 就不会发生改变。即是说，光子在引力场中运行，虽受引力作用，但光子质量 m 不会改变，光子半径 R 亦不会改变。则有

$$V_L' = \omega' R' = \omega' R = 2\pi \nu' R \qquad (14-21)$$

及

$$V_L = c = \omega R = 2\pi \nu R \qquad (14-22)$$

将式（14-22）代入式（14-21），消去 R 得

$$V_L' = \nu'/\nu \cdot c \qquad (14-23)$$

将式（14-23）代入式（14-20）得

$$(\nu'/\nu \cdot c)^2 = 2GM(1/r' - 1/r) + c^2$$

经整理得光子的引力频移值公式

$$\Delta\nu/\nu = (\nu' - \nu)/\nu$$

$$= [2GM/c^2 \cdot (1/r'-1/r) +1]^{1/2}-1 \qquad (14-24)$$

上式中，ν 代表光子离开辐射源时的频率，ν' 代表光子受引力作用结束时的频率，G 是引力常量，M 是星体质量，c 是真空中的光速，r 代表光子离开辐射源时所处的位置与星体引力中心之间的距离，r' 代表光子受引力作用的最后位置与星体引力中心之间的距离。

一般情况下，光谱线的引力频移效应非常微弱，很不容易观察。我们可以讨论两种极端情况下的引力频移现象：

一是当 r 趋向无穷大时，由式（14-24）可得

$$(\nu'-\nu)/\nu = (2GM/c^2 \cdot 1/r'+1)^{1/2}-1 \qquad (14-25)$$

从此式中我们可以看出，光谱线的引力频移值总大于零，即光子受引力作用结束时的末端频率 ν'，总大于其离开辐射源时的初始频率 ν。我们把这种引力频移现象简称为光谱线的"引力蓝移"。

二是当 r' 趋向无穷大时，由式（14-24）可得

$$(\nu'-\nu)/\nu = (1-2GM/c^2 \cdot 1/r)^{1/2}-1 \qquad (14-26)$$

从此式中我们可以看出，在实数范围内，光谱线的引力频移值在大于或等于负1与小于或等于0之间。对于光谱线的引力频移值等于0的情况我们不做讨论。对于光谱线的引力频移值等于负1的情况我们亦在稍后做专门的讨论。那么，对于光谱线的引力频移值在大于负1与小于0之间的情况，则有：光子受引力作用结束时的末端频率 ν'，总小于其离开辐射源时的初始频率 ν。我们把这种引力频移现象简称为光谱线的"引力红移"。

我们现在来讨论光谱线的引力频移值等于负1的情况。

先看式（14-26）左边等于负1时的意义，即

$$(\nu'-\nu)/\nu = -1$$

整理得

$$\nu' = 0$$

这个结果显示的物理意义是：引力对光子做负功，光子的频率降为零，即光子电偶环的旋转频率降为零，或说光子电偶环的自旋角动能降为零，光子的部分"视在动能"转化为其"内禀能"。或许还有另一种可能，即在光子的频率还未降到零之前，光子电偶环有可能会在某个频率解体，而被其他物质吸收。

再看式（14-26）右边等于负1时的意义，即

$$(1-2GM/c^2 \cdot 1/r)^{1/2}-1 = -1$$

整理得

$$r = 2GM/c^2 \qquad (14-27)$$

式（14-27）是著名的"史瓦西半径"公式。此式表明，一个物体的"史瓦西半径"与其质量 M 成正比。"史瓦西半径"是任何具有质量的物质均存在的一个临界半径特征值。1916 年卡尔·史瓦西首次发现了"史瓦西半径"的存在，他认为这个半径是一个球状对称、不自转的引力场的精确解。当然，这是卡尔·史瓦西从广义相对论的角度来解析"史瓦西半径"的物理意义的，而本论则是用光量子的"视在动能模型"来推论光频率是如何在引力的作用下发生变化的。

三、关于光线在引力场中的偏转实验

（一）爱因斯坦对"光线在引力场中会发生偏转"的解释

"光线在引力场中会发生偏转"不是广义相对论独有的预言。早在 1704 年，持有光微粒说的牛顿即提出，大质量物体可能会像弯曲其他有质量粒子的轨迹一样，使光线发生弯曲。一个世纪后，法国天体力学家拉普拉斯独立地提出了类似的看法。1804 年德国慕尼黑天文台的索德纳（Johann Von Soldner, 1766—1833）根据牛顿力学，把光微粒当作有质量的粒子，预言了光线经过太阳边缘时会发生 0.875 角秒的偏折。但在十八世纪与十九世纪里，光的波动说逐渐占据上风，牛顿、索德纳等人的预言没有被认真对待。

1911 年，时任布拉格大学教授的爱因斯坦才开始在他的广义相对论框架里计算太阳对光线的弯曲，当时他算出日食时太阳边缘的星光将会偏折 0.87 角秒。1912 年回到苏黎世的爱因斯坦发现空间是弯曲的，到 1915 年已在柏林普鲁士科学院任职的爱因斯坦把太阳边缘星光的偏折度修正为 1.74 角秒。

爱因斯坦在他的《狭义与广义相对论浅说》一书中，关于"光线在引力场中的偏转"有这样一段论述：

"按照广义相对论，一道光线穿过引力场时其路程发生弯曲，此种弯曲情况与抛射一物体通过引力场时其路程发生弯曲相似。根据这个理论，我们应该预期一道光线经过一个天体的近旁时发生趋向该天体的偏转。对于经过距离太阳中心 Δ 个太阳半径处的一道光线而言，偏转角（α）应等于

$$\alpha = 1.7''/\Delta$$

可以补充一句，按照理论，这个偏转的一半是由于太阳的牛顿引力场造成的；另一半是太阳导致的空间几何形变（'弯曲'）造成的。

这个结果可以在日全食时对恒星照相从实验上进行检验。我们之所以必须等待日全食的唯一原因是在所有其他的时间里大气受阳光强烈照射以致看不见

位于太阳圆面附近的恒星。所预言的效应可以清楚地从图 5 中看到。

图 5

如果没有太阳（S），一颗实际上可以视为位于无限远的恒星，由地球上观测，将在方向 D_1 看到。但是由于来自恒星的光经过太阳时发生偏转，这颗恒星将在方向 D_2 看到，亦即这颗恒星的视位置比它的真位置离太阳的中心更远一些。

在实践中检验这个问题是按照下述方法进行的。在日食时对太阳附近的恒星拍照。此外，当太阳位于天空的其他位置时，亦即在早几个月或晚几个月时，对这些恒星拍摄另一张照片。与标准照片比较，日食照片上恒星的位置应沿径向外移（离开太阳的中心），外移的量值对应于角 α。"

爱因斯坦在他的这段论述中有补充强调：按照（广义相对论）理论，（$\alpha = 1.7''/\Delta$）这个偏转的一半是由太阳的牛顿引力场造成的；另一半是太阳导致的空间几何形变（"弯曲"）造成的。

（二）本论对"光线在引力场中会发生偏转"的看法

光线在太阳引力场中的偏转角 $\alpha = 1.7''/\Delta$，是经爱因斯坦几次修正后所得的结果，此结果与人们在实际观测中所得的数据较为接近。我们说广义相对论是虚拟的，不具真实性，但它在有些验证实验中却能给出较好的预言数据。这是广义相对论的立身之宝，亦是广义相对论最能迷惑人的地方。因为，在广义相对论的理论体系中，确实有某些被挪借来的自然运动规律。比如，爱因斯坦利用"等效原理"及"转动的圆盘实验"，将"洛伦兹变换"的性质移花接木到"引力时空"的理论框架中，从而使静态的引力势与运动物体的"钟缓尺缩"效应捆绑在了一起。即是说，在广义相对论的某些验证实验中，名义上检验的是"时空弯曲"理论，而其真实的落脚点却仍然在物体的"狭义相对论效应"上。

"光线在太阳引力场中的偏转"，亦不像爱因斯坦在他的《狭义与广义相对论浅说》一书中补充强调的那样："偏转的一半是由于太阳的牛顿引力场造成的；另一半是太阳导致的空间几何形变（'弯曲'）造成的。"本论认为：光线在太阳引力场中实际的偏转角比用牛顿力学理论计算的值要大，其原因在本质上与"水星近日点进动"基本相同，皆是由物质运动的"视在效应"所造成。

虽说"光线在太阳引力场中发生偏转"的本质原因与"水星近日点进动"基本相同，但在具体计算上还是有所区别的。

"光线"是由巨量的光子运动所形成。光子在引力场中运动，亦可看作是质点在有心力作用下的运动。万有引力是保守力，在保守力相互作用的系统中，机械能是守恒的。即有

$$E_k + E_p = E = 恒量 \qquad (14-28)$$

式中，E_k是系统的动能，E_p是系统的势能，是r的函数。在极坐标中，力心是不动的，所以系统的动能即是质点的动能。由极坐标速度表示式

$$v = [(dr/dt)^2 + (rd\theta/dt)^2]^{1/2}$$

得

$$E_k = 1/2 \cdot mv^2 = 1/2 \cdot m[(dr/dt)^2 + (rd\theta/dt)^2]$$

于是机械能守恒的表达式为：

$$1/2 \cdot m(dr/dt)^2 + 1/2 \cdot m(rd\theta/dt)^2 + E_p = E$$

式中势能E_p是r的函数。

角动量守恒与机械能守恒的表达式

$$mr^2(d\theta/dt) = L \qquad (14-29)$$

$$1/2 \cdot m(dr/dt)^2 + 1/2 \cdot m(rd\theta/dt)^2 + E_p = E \qquad (14-30)$$

是研究有心力问题的两个基本方程式。联解两个守恒表达式，我们可以得到r对θ的微分方程

$$1/2 \cdot L^2/(mr^4) \cdot (dr/d\theta)^2 + 1/2 \cdot L^2/(mr^2) + E_p = E \qquad (14-31)$$

分离变量，得

$$Ldr/r^2 \cdot (2mE - 2mE_p - L^2/r^2)^{-1/2} = d\theta \qquad (14-32)$$

式（14-31）或式（14-32）是轨道微分方程式。只要知道了有心力的势能函数E_p的具体形式$E_p(r)$与由初始条件决定的E与L两个常量即可将此微分方程解出。

势能函数E_p的具体形式由有心力的具体形式而定。光子在太阳引力场中所受的引力为：

$$F_{引} = -GMm/r^2 \cdot r^0 \qquad (14-33)$$

引力势能为：

$$E_p = -GMm/r \qquad (14-34)$$

式中 r 为光子距太阳中心的距离，r^0 为太阳中心至光子的矢径的单位矢量。太阳中心即是力心，应以太阳中心为平面极坐标的原点。将引力势能函数代入式（14-32），得

$$d\theta = Ldr/r \cdot (2mEr^2 + 2GMm^2r - L^2)^{-1/2}$$

对上式积分，

$$\theta = \int Ldr/r \cdot (2mEr^2 + 2GMm^2r - L^2)^{-1/2}$$

得

$$\theta = \sin^{-1}[(GMm^2r - L^2)/r \cdot (G^2M^2m^4 - 2mEL^2)^{-1/2}] + \Phi$$

式中 Φ 是积分常量，由初始条件确定。则有

$$\theta - \Phi = \sin^{-1}[(GMm^2r - L^2)/r \cdot (G^2M^2m^4r - 2mEL^2)^{-1/2}],$$

或

$$GMm^2r - L^2 = r(G^2M^2m^4r - 2mEL^2)^{1/2}\sin(\theta - \Phi),$$

解出 r，得

$$r = (L^2/GMm^2)/[1 - (1 + 2EL^2/G^2M^2m^3)^{1/2}\sin(\theta - \Phi)] \quad (14\text{-}35)$$

Φ 是积分常量，可由给定条件确定。我们做这样的设计：在 $\theta = 0$ 时所考察的光子位置离太阳中心（原点）最近（即在 $\theta = 0$ 时所考察的光子在近日点）。那么，在式（14-35）中，当 $\theta = 0$ 时 r 应为最小值，即分母应为最大值，因而 $\sin(\theta - \Phi)$ 应为最小值，$\sin(-\Phi) = -1$，$\Phi = \pi/2$。即是说我们可令积分常量 $\Phi = \pi/2$，将 Φ 值代入式（14-35），则光子在掠过太阳引力场时的轨道方程成为

$$r = (L^2/GMm^2)/[1 + (1 + 2EL^2/G^2M^2m^3)^{1/2}\cos\theta], \quad (14\text{-}36)$$

角动量恒量 L 与机械能恒量 E 由以下两式给出：

$$L = mr_\Delta V_{s0} \quad (14\text{-}37)$$

$$E = 1/2 \cdot mV_{s0}^2 - GMm/r_0 \quad (14\text{-}38)$$

式中，m 代表光子质量（实际运算中可被消掉）；r_Δ 代表星光初始入射太阳引力场时的角动量半径，并设其为 2 倍的太阳半径，即有 $r_\Delta = 2r_日$；V_{s0} 代表光子初始入射太阳引力场时的"视在速度"，且有 $V_{s0} = \sqrt{2}c$；G 为引力常量；M 代表太阳质量；r_0 代表光子初始入射太阳引力场时太阳中心（极坐标原点）到光子的初始矢径，且可将 r_0 值看作无穷大。

若令

$$p = L^2/GMm^2 \quad (14\text{-}39)$$

$$e = (1 + 2EL^2/G^2M^2m^3)^{1/2} \quad (14\text{-}40)$$

则轨道方程（14-36）的形式即变成

$$r = p / [1 + e\cos\theta] \tag{14-41}$$

这是以坐标原点为焦点的圆锥曲线的极坐标方程，式中 e 是圆锥曲线的偏心率，p 是焦点参数。偏心率 e 的数值决定圆锥曲线的类型。焦点参数是决定圆锥曲线形状的重要参数。

由于偏心率 e 的数值决定圆锥曲线的类型，所以它更为重要。$e>1$，则圆锥曲线为双曲线；$e=1$，则圆锥曲线为抛物线；$e<1$，则圆锥曲线为椭圆。但根据式（14-40），e 大于 1，等于 1 或小于 1，决定于机械能恒量 E 大于 0，等于 0 或小于 0。所以，光子在太阳引力场中的运动轨道类型决定于机械能恒量 E 的数值，而 E 的数值决定于光子进入太阳引力场时的初始条件［式（14-38）］。现将上述判据概括如下：

若 $E>0$，则 $e>1$，轨道为双曲线；

若 $E=0$，则 $e=1$，轨道为抛物线；

若 $E<0$，但 $E>-G^2M^2m^3/(2L^2)$，则 $0<e<1$，轨道为椭圆；

若 $E<0$，但 $E=-G^2M^2m^3/(2L^2)$，则 $e=0$，轨道为圆。

将光子初始入射太阳引力场时的角动量半径 r_Δ、"视在速度" V_{s0}、矢径 r_0 及其他几个常量，先后代入式（14-37）、（14-38）及式（14-40），求得：

$$L = mr_\Delta V_{s0} = m \cdot 2r_日 \cdot \sqrt{2}c$$

$$E = 1/2 \cdot mV_{s0}^2 - GMm/r_0$$
$$= 1/2 \cdot m(\sqrt{2}c)^2 - GMm/r_\infty$$
$$= mc^2 > 0$$

及

$$e = (1 + 2EL^2/G^2M^2m^3)^{1/2}$$
$$= (1 + 16m^3r_日^2c^4/G^2M^2m^3)^{1/2}$$
$$= (1 + 16r_日^2c^4/G^2M^2)^{1/2} > 1$$

以上结果表明，星光掠过太阳引力场的运行轨道为双曲线。

依据式（14-36），我们可以求出星光掠过太阳引力场时的近日点距离。即有：

$$r_{min} = (L^2/GMm^2) / [1 + (1+2EL^2/G^2M^2m^3)^{1/2}\cos\theta]$$
$$= (L^2/GMm^2) / [1 + (1+2EL^2/G^2M^2m^3)^{1/2}] \tag{14-42}$$

若将 $L = \sqrt{2}mr_\Delta c$ 及 $E = mc^2$ 等初始条件值代入上式，则有：

$$r_{min} = 2r_\Delta^2 c^2 / [GM + (G^2M^2 + 4r_\Delta^2 c^4)^{1/2}] \tag{14-43}$$

式（14-43）表明，掠过太阳引力场的星光与太阳构成的是一个保守作用系统。该系统具有能量守恒与角动量守恒的性质，在初始条件一定的情况下，星光近日点距离不会因光子运动的"视在效应"而发生改变。因为，"视在效应"属于粒子内部能量形式的相互转化，不会改变系统的总能量与初始条件。

然而，由于光子运动的"纵向视在效应"

$$F = (1-v^2/c^2)^{3/2} F_s$$

与"横向视在效应"

$$F_n = (1-v^2/c^2) F_{sn}$$

的共同影响，延迟了（相对牛顿力学计算结果而言）星光近日点的到来，从而使星光近日点沿光子运动方向产生一个微小的进动。如图14-5所示。

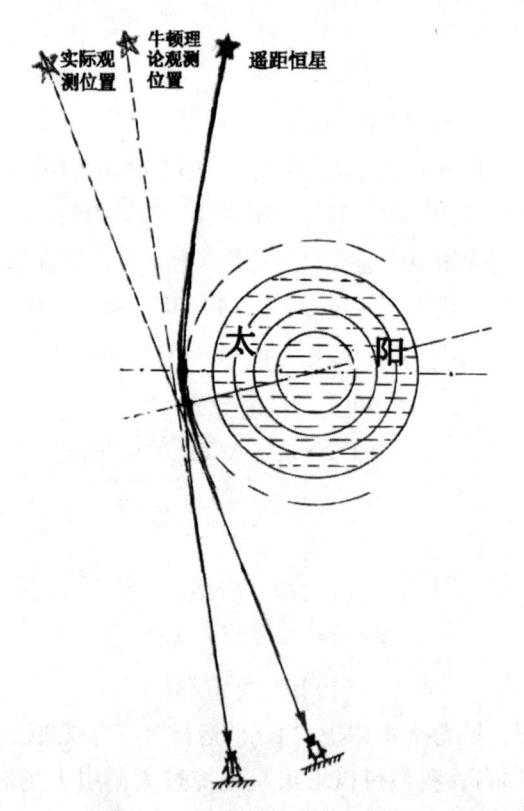

图14-5 光线在引力场中的偏转

星光近日点进动的物理机制同水星近日点进动的机制一样，均是由绕日运动物体的"视在效应"所引起。然而，水星近日点的进动是周期性的，而星光近日点的进动却只有一次。因为，星光掠过太阳引力场的运行轨道是双曲线。

从图 14-5 中，我们可以更清楚地看到，科学家们对光线在太阳引力场中发生偏转的实际观测值，之所以要比太阳的"牛顿引力场"造成的偏折要大，其并非由太阳的引力时空发生"弯曲"所致，而是因光量子的"视在效应"导致光线的近日点发生了进动，从而增大了光线的偏转角。

第十五章

关于量子力学若干问题的讨论

第一节 关于量子力学的诞生背景及理论基础的争论

量子力学是反映微观粒子（分子、原子、原子核、基本粒子等）运动规律的理论，它是科学家们于20世纪20年代在总结大量实验事实与旧量子论的基础上建立起来的。量子力学不仅是现代物理学的基础理论之一，而且在化学等有关学科与许多近代技术中亦得到了广泛的应用。

一、量子力学的诞生背景

19世纪末期，物理学理论在当时看来已发展到相当完善的阶段。那时，一般的物理现象均可以从相应的理论中得到说明：物体的机械运动在速度比光速小得多时，准确地遵循牛顿力学的规律；电磁现象的规律被总结为麦克斯韦方程；光的现象由光的波动理论最后亦归结到麦克斯韦方程；热现象理论有完整的热力学以及玻尔兹曼、吉布斯等人建立的统计物理学。在这种情况下，当时有许多人认为物理现象的基本规律已完全被揭露，剩下的工作只是把这些基本规律应用到各种基本问题上，进行一些计算而已。

然而，在物理学的经典理论取得上述重大成就的同时，人们发现了一些新的物理现象，例如黑体辐射、光电效应、原子的光谱线系以及固体在低温下的比热等，均是经典物理理论所无法解释的。这些现象揭露了经典物理学的局限性，突出了经典物理学与微观世界规律的矛盾，从而为发现微观世界的规律打下基础。黑体辐射与光电效应等现象使人们发现了光的波粒二象性；玻尔为解释原子的光谱线系而提出了原子结构的量子论，由于此理论只是在经典理论的基础上加进一些新的假设，因而未能反映微观世界的本质。直到20世纪20年代，人们在光的波粒二象性的启示下，开始认识到微观粒子的波粒二象性，才开辟了建立量子力学的途径。

二、关于量子理论基础的争论

量子力学的诞生与发展并非一帆风顺。自量子力学诞生以来，人们对量子力学的物理解释及哲学意义一直存在着严重的分歧与激烈的争论。其中，尤以玻尔为代表的哥本哈根学派与爱因斯坦学派之间的争论最引世人关注。

哥本哈根学派与爱因斯坦学派之间的论争，是物理学发展史上持续时间最长、斗争最激烈、最富有哲学意义的论战之一。这场论战的参与者皆是当时理论物理的精英，主要有以尼尔斯·玻尔为核心的哥本哈根派，包括波恩、海森堡、泡利；还有哥本哈根派的反对者，主要有阿尔伯特·爱因斯坦、路易斯·德布罗意、薛定谔。论战的内容涉及对量子力学的物理图景、基本原理、完备性，甚至哲学基础及世界观等根本性问题的争论。

根据论战内容及时间，这场大论战可分为四个阶段：第一阶段，1926年薛定谔应玻尔邀请到哥本哈根做《波动力学的基础》的演讲，并由此引发第一次论战；第二阶段，1927年第五届索尔维会议上关于"新量子理论的意义"的第二次论战；第三阶段，1928年第六届索尔维会议上关于"不确定原理"的第三次论战；第四阶段，1935年EPR论文发表引起了关于"量子力学对物理实在描述的完备性"的第四次论战。量子力学的四次论战，内容极为丰富，且极具深度，触及了物理学的基础与哲学的基本问题。

在这场大论战中，尤以对量子力学数学形式体系的诠释的争辩最为突出。关于量子力学数学形式体系的诠释总体上可分为两大派系：一是哥本哈根主流学派的非决定论几率解释，二是爱因斯坦、德布罗意、薛定谔非主流学派的决定论解释。

哥本哈根主流学派认为，原子世界波粒二象性的表观矛盾是由我们的宏观描述语言受到限制所引起。我们从日常生活经验中总结出来的语言不能够描述原子内部发生的过程或微观客体的行为。因为日常生活中，我们能够从直接经验中形成思维图景，而原子看不见摸不着，不能形成直接的思维图景，借用宏观图景来描述微观世界粒子的波动性及粒子性，只能是不完全的"类比"或"比喻"。对微观客体的波动性及粒子性，我们不能用宏观概念去理解它，表达它。但数学具有极大的抽象性与灵活性，用数学语言表达，不受日常经验限制。矩阵力学及波动力学即是这样的语言。玻恩对这样的数学语言做了一个宏观"类比"翻译。他认为 $|\Psi|^2 dv$ 波函数量度了在微元体积 dv 中找到粒子的几率，称 $|\Psi|^2$ 为几率密度。Ψ 既不代表物理系统，亦不代表系统的任何物理属

性，而只表示我们对系统的某种知识。这表明，波函数只具有客观性，而无实在性。在玻恩的认识中，微观粒子被"类比"为经典意义下的质点，波则是点粒子在时空中出现的几率的波动。玻恩的认识是哥本哈根学派几率解释生发的基础。

为了完善玻恩的几率解释，实际上即是回答为什么微观粒子在体积元中具有统计意义，海森堡提出了一个原理，叫"不确定性原理"。海森堡指出，在微观世界一个事件并不是断然决定的，它存在一个发生的可能性，这种不确定性正是量子力学中出现统计关系的根本原因，亦是宏观语言不能描述的缘由。粒子波正是描述这种不确定的，并定量表示为几率。

玻尔对海森堡的"不确定性原理"略有不同的理解。玻尔认为，在微观世界中，一些经典概念的应用将排斥另一些经典概念的同时应用，如动量与位置、能量与时间、波与粒子等，它们有互斥的一面，但二者又是互补的，只有其互斥的一面不能准确描述一个微观客体，必须使两者结合起来才能把关于客体的一切明确知识揭露无遗。这是玻尔试图不深究波粒二象性的物理本质，仅从实验事实角度为微观粒子的波粒二象性提供的哲学认识。

量子力学的非决定论诠释遭到了爱因斯坦的强烈反对。爱因斯坦反对原子内部的不可知性，认为微观粒子不是上帝的骰子，它的行踪不靠上帝掷骰子确定。微观世界应与宏观世界一样，对物质的描述应是完全确定的，因果律在原子内部应该仍然成立。由于爱因斯坦始终未能建立起与量子力学形式体系相容的一致公认的确定论物理模型，所以爱因斯坦的认识始终处于少数派。

其实，对于量子力学几率诠释的本质缺陷爱因斯坦是看准了的。实验表明电子波是物理波，它有明显的衍射及干涉效应。而承认电子波是数学波，再加上粒子"天生的不确定性"及不可名状的"潜能"与"趋势"对粒子的控制，这是很令人费解的。"不确定性"原理是那样的深奥莫测。不确定性或是上帝赋予的天生本性，或是测量仪器的测量误差，或是测量仪器在宏微观的"翻译"中走了样，如此等等，反正，人们对它的理解莫衷一是。

第二节 光子的结构及部分物理性质

虽然，量子力学世纪"大论争"直到今天还未见分晓，但对引起这个"大论争"源头的认识还是比较清晰的。引起量子力学世纪"大论争"的源头即是物质的"波粒二象性"。若要真正揭开物质"波粒二象性"的神秘面纱，弄清其本质，我们还须从光物质入手，对光子的结构及其物理性质有一个更深刻的了解。

一、光子的结构

本论在前面的相关章节中，对光子的结构已有过初步的论述。

（一）光子是宇宙物质进变的一种自然产物

在宇宙暴胀的初期，由巨量的"引力源"聚团所形成的单个"电力源"（分正电力源与负电力源两种类型），相对于宇宙物理背景仍具有很大的质心运动速度。正、负电力源在宇宙物质团的强聚作用下，以"电偶对"（由正、负电力源构成的一种旋进结构）为基元继续结环、聚团。随着宇宙暴胀的继续，宇宙物质团的聚合力迅即衰减。在此期间，正、负电力源以不同的"耦合角"交合结环、聚团，先后产生了许多不同的基本物质结构，如强力源、电轻子、中微子、光子等。

（二）光子电偶环结构

光子是一个由巨量的正、负电力源交合而成的电偶环结构，且电偶环的角动量方向与环的质心运动方向相垂直。光子的这一结构特点，是由电力源在形成光子环时所具的"空间耦合角"决定的。光子环的质心运动方向与其自旋角动量方向正交这一特性，是光子电偶环与中微子电偶环的主要区别。因为，中微子电偶环的质心运动方向与其自旋角动量方向一致，而不是相互垂直。

光子是一种稳定的物质结构。光子结构的稳定，得益于一种特殊的组成机制，即：构成光子电偶环的"电偶对"数目必须是奇数个，表示为 $2n+1$ 个（n 取正整数）。若不然，所形成的电偶环就不能同时满足"环直径两端正、负电力源相偶合，环周上正、负电力源间隔链合"这个双重有利于结构稳定的条件。"构成光子电偶环的'电偶对'数目必须是奇数（表示为 $2n+1$）"这种内构机制，决定了光子的"奇性能态"（量子力学叫"奇性宇称"）性质。它是导致"原子在发射或吸收光子时，能级的跃迁只能发生在奇性与偶性能态之间"的直接原因。

（三）光子电力环球

光子电偶环是由巨量的正、负电力源间隔组合而成。每一个电力源，它们均带有一个"旋进性质"与电力源核类型相符的电力环。我们把正电力源所带的电力环叫作"正电力环"，把负电力源所带的电力环叫作"负电力环"。

由于电力环的直径要比光子电偶环的直径大十几乃至数十个数量级，所以，我们可把光子电偶环看作是一个几何质点。正因如此，光子电偶环上的电力源（或说电力源核）在绕环心做高频旋转运动时，所带电力环不可能跟随它一起绕电偶环心旋转。在这里，我们无须担心电力环会发生缠绕，因为，电力环之间发生相互作用须满足电力环有效耦合的"三个基本条件"（见第三章"电、磁作用"）。

虽然，电力环不会随电力源核一起绕电偶环轴心做高频旋转运动，但它可绕电力源核自旋轴随机转动。加之光子电偶环的对称性及电偶环上电力源的巨量性等特点，由电力源所带电力环可构成一个以光子电偶环质心为中心，以电力环直径为半径的球对称分布场域。为方便讨论，我们可把这个以光子电偶环质心为中心，以电力环直径为半径的球对称分布场域，称作"光子电力环球"，简称为"光子电环球"。"光子电环球"与光子电偶环同心。"光子电环球"自转轴与光子电偶环的自旋轴重合，且总与它们的质心运动方向垂直。如15-1图所示。

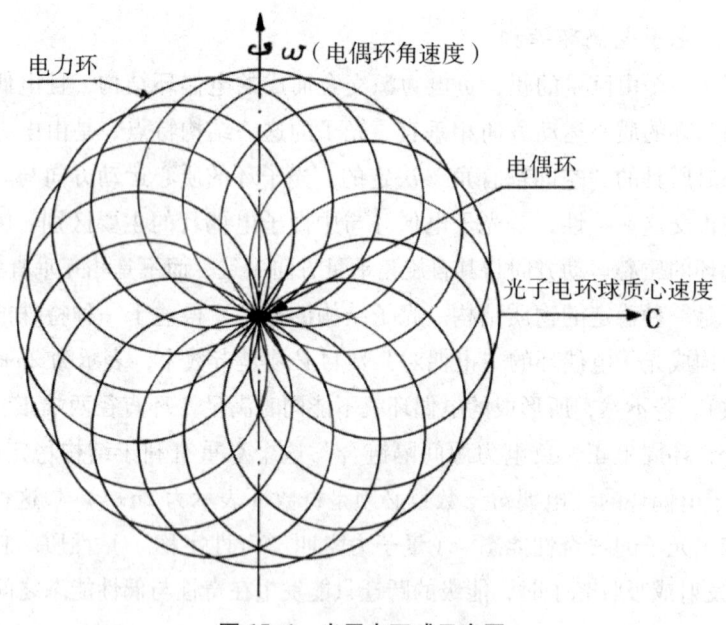

图 15-1　光子电环球示意图

二、光子的交变电场

依据光子的结构特点可知：光子电偶环上的正、负电力源数量对等，所带正、负电力环数量亦相等，所以"光子电环球"在总体上呈电中和状态，光子对外不显电性。光子不带电,这与我们已知的光子物理特性相符。然而,呈电中性的光子又怎么会产生出交变的电场呢?笔者认为,要揭开这个秘密,还须从更深的物质层次来探寻。

(一)电力源及电力环的形成

从第三章"电、磁作用"的论述中我们得知:电力源是宇宙暴胀初始的产物。在宇宙暴胀的初始,宇宙空间甚小,物质密度极大,巨量的"引力源"单质在质素的"属性作用"下,瞬间又结环聚团。在"引力源"的聚团中,越靠近聚团中心的"引力源"角速度越大。当"引力源"越聚越多,聚团的"属性作用"强度越来越大时,内层旋转的"引力源"会越来越向聚团的螺旋中心趋近,其角速度亦越来越大。当靠近螺旋中心的"引力源",其高速旋转产生的离心惯势大于聚团的整体吸合作用时,"引力源"即会依次沿聚团的进动方向喷射而出。然而,在宇宙暴胀的始期,由聚团进动方向射出的"引力源",并不能逃出聚团整体聚合的"属性作用"范围,所射出的"引力源"只能沿着与聚团旋转环面正交的环线,回到旋转环面的另一侧,并与聚团内的"引力源"链合,从而形成了电力源的初始模型。随着宇宙暴胀的继续,电力源的核密度迅即暴减,源核的外绕环链半径暴增。于是,电力源核的外绕环链即成了电力的作用媒介——"电力环"。关于电力环能迅即增扩所依据的力学原理,笔者已在第三章"电、磁作用"的论述中做过论证,这里不再赘述。对构成电力环的"引力源",本论称其为"电力子",亦可称为"库子"。

(二)电力环的有效耦合条件

从第三章"电、磁作用"的论述中我们还知道:两单个电力源间的相互作用,是通过运行在两源核外的电力子环链瞬时耦合而实现的。要实现电力作用的最有效传递,相耦合的两电力子环链必须满足三个条件:

(1)两电力环完全重合;
(2)两电力环运转相对静止;
(3)两环链上电力子的自旋必须同相或反相。

我们从上述作用条件的前两条可以看出:电力环间的有效耦合,与两电力环的重叠交合度及两环上电力子运行速度的同步率均有着密切的关联。

(三)电力子的运行速度

我们知道电力环是由高速运行的电力子组成。笔者假设电力子相对于参考系的运行速度为 V_{d*},且有速度矢量式

$$V_{d*} = V_{do} + V_{dl} \tag{15-1}$$

式中，V_{do}代表电力环的环心运动速度，V_{dl}代表电力子相对于环心运转的线速度。

依据式（15-1），我们可以列出电力环上电力子的运行速度表示式：

$$V_{d*}^2 = V_{do}^2 + V_{dl}^2 + 2V_{do}V_{dl}\cos\beta \tag{15-2}$$

式中，β表示电力子线速度方向与电力环环心运动方向间的夹角。

（四）"光子电环球"的电平衡破缺

我们所说的"光子不带电，对外呈电中性"，这些皆是因"光子电环球"内正、负电力源的数量对等所致。即是说，"光子电环球"内正、负电力源所带的正、负电力环，能以相等的概率同外电场发生作用，从而保持着一种动态的平衡作用效果。然而，这种理论上的"平衡"在自然界中并不存在。因为，"光子电环球"的电性动态平衡，不仅与正、负电力环的数量是否对等以及正、负电力环与外电场的作用概率是否相同等因素有关，而且还与正、负电力环在同外电场中的电力环发生交合时产生的"有效耦合度"是否相同密切相关。

电力环间的"有效耦合度"，与两电力环重合时相耦合的电力子之间的相对速度（或说速度的同步率）有关。这些电力子间的相对速度越小，即速度的同步率越高，则"有效耦合度"越高；相对速度越大，即速度的同步率越低，则"有效耦合度"越低。

"光子电环球"质心的光速运动，打破了球内正、负电力环的电性动态平衡。因为，"光子电环球"内对偶的正、负电力环在与外电场的电力环发生作用时，相耦合的电力子间的速度"同步率"不一样，而使对偶的正、负电力环产生不同的"有效耦合度"，从而导致"光子电环球"对外的正、负电性失衡。

（五）光子的交变电场

"光子电环球"质心的光速运动，之所以会使球内对偶的正、负电力环在与外电场的电力环发生作用时，产生不一样的"同步率"，是因为"光子电环球"内的正、负电力源会给所带的电力环以不同的质心运动速度。虽然，"光子电环球"内的电力环不能随电力源核一起绕电偶环轴心做高频旋转运动，但这并不影响电力源核在做高频旋转运动时对所带电力环质心运动速度所施加的作用。

我们知道"光子电环球"（即光子）在真空中的质心运动速度为常量c，但球内电力环的质心运动速度却是随所属电力源核在电偶环上的相位变化而改变的。"光子电环球"内电力环质心的瞬时运动速度可由下式给出，即：

$$\begin{aligned}V_{do}^2 &= V_{\gamma o}^2 + V_{\gamma l}^2 + 2V_{\gamma o}V_{\gamma l}\cos\theta \\ &= c^2 + c^2 + 2c^2\cos\theta \\ &= 2c^2(1+\cos\theta)\end{aligned} \tag{15-3}$$

式中，V_{do}代表电力源核带给电力环的瞬时质心运动速度，$V_{\gamma o}$代表光子电偶环的质心运动速度，V_{yl}代表电力源核绕电偶环旋转的线速度，θ表示电力源绕电偶环旋转的线速度与光子电偶环质心运动速度（或说"光子电环球"质心运动速度）之间的夹角。

从式（15-3）可知：当电偶环上电力源核的线速度与光子电偶环质心运动速度之间的夹角为0时，电力源所带的电力环可获得最大的质心运动速度$2c$；当电偶环上电力源核的线速度与光子电偶环质心运动速度之间的夹角为π时，电力源所带电力环的质心运动速度变为零。

根据正、负电力环在"光子电环球"内对称分布的特点，我们可在巨量的"电偶对"中选取一对电偶（即正、负电力源）做代表，以分析所带正、负电力环在"光子电环球"中运行速度的相对变化。

式（15-2）

$$V_{d*}^2 = V_{do}^2 + V_{dl}^2 + 2V_{do}V_{dl}\cos\beta$$

是"光子电环球"中电力环上之电力子相对参考系运行速度的表示式。式中，V_{d*}代表电力子相对参考系的运行速度；V_{do}代表电力源核带给电力环的瞬时质心运动速度（即电力环的环心运动速度）；V_{dl}代表电力子相对于电力环心运转的线速度；β代表电力子线速度方向与电力环环心运动方向之间的夹角。

将式（15-3）代入式（15-2），得：

$$V_{d*}^2 = V_{do}^2 + V_{dl}^2 + 2V_{do}V_{dl+}\cos\beta$$
$$= 2c^2(1+\cos\theta) + V_{dl}^2 + 2[2c^2(1+\cos\theta)]^{1/2}V_{dl+}\cos\beta \qquad (15-4)$$

从前面的论述中我们已经知道，在光子电偶环中，"对偶"的正、负电力源位相差恒为π。那么，"对偶"的正、负电力源核所带的电力环，其环上的电力子相对于参考系运行的速度表示式则分别为：

$$V_{d*+}^2 = V_{do+}^2 + V_{dl+}^2 + 2V_{do+}V_{dl+}\cos\beta$$
$$= 2c^2(1+\cos\theta) + V_{dl+}^2 + 2[2c^2(1+\cos\theta)]^{1/2}V_{dl+}\cos\beta \qquad (15-5)$$

$$V_{d*-}^2 = V_{do-}^2 + V_{dl-}^2 + 2V_{do-}V_{dl-}\cos\beta$$
$$= 2c^2[1+\cos(\pi+\theta)] + V_{dl-}^2 + 2\{2c^2[1+\cos(\pi+\theta)]\}^{1/2}V_{dl-}\cos\beta$$
$$= 2c^2(1-\cos\theta) + V_{dl-}^2 + 2[2c^2(1-\cos\theta)]^{1/2}V_{dl-}\cos\beta \qquad (15-6)$$

若令$\Phi_{d*} = V_{d*+}^2 - V_{d*-}^2$，$\Phi_{d*}$表示"对偶"电力环上处于同相位角$\beta$的两个电力子之间的速度平方差。则有：

$$\Phi_{d*} = V_{d*+}^2 - V_{d*-}^2$$

$$= 2c^2(1+\cos\theta) + V_{dl+}^2 + 2[2c^2(1+\cos\theta)]^{1/2}V_{dl+}\cos\beta$$
$$-2c^2(1-\cos\theta) - V_{dl-}^2 - 2[2c^2(1-\cos\theta)]^{1/2}V_{dl-}\cos\beta$$
$$= 4c^2\cos\theta + 2\sqrt{2}c[(1+\cos\theta)^{1/2} - (1-\cos\theta)^{1/2}]V_{dl}\cos\beta \quad (15-7)$$

式中，取 $V_{dl+} = V_{dl-} = V_{dl}$，是因为所有电力环上的电力子绕环心运转的线速度皆为同一常量（第三章有论述）。

式（15-7）中，Φ_{d*} 表示的只是"对偶"电力环上处于某个相位角 β 的两电力子之间的速度方差。随着相位角 β 的变化，Φ_{d*} 值会发生相应的改变。然而，我们需要的是两"对偶"电力环上所有相位值的电力子之间的速度方差平均值 $\overline{\Phi}_{d*}$，因为该值能更准确地反映"对偶"电力环在与外场电力环发生作用时所呈现的差异。

我们知道，电力环是由巨量的电力子构成，假设为 n 个。那么，对电力环上 n 个电力子的 Φ_{d*} 值求和，则有：

$$\sum_{i=1}^{n} \Phi_{d*i}$$
$$= 4nc^2\cos\theta + 2\sqrt{2}c[(1+\cos\theta)^{1/2} - (1-\cos\theta)^{1/2}]V_{dl}\sum_{i=1}^{n}\cos\beta_i$$
$$= 4nc^2\cos\theta + 2\sqrt{2}c[(1+\cos\theta)^{1/2} - (1-\cos\theta)^{1/2}]V_{dl}\int_0^{2\pi}\cos\beta d\beta$$
$$= 4nc^2\cos\theta + 2\sqrt{2}c[(1+\cos\theta)^{1/2} - (1-\cos\theta)^{1/2}]V_{dl}\int_0^{2\pi}d(\sin\beta)$$
$$= 4nc^2\cos\theta + 2\sqrt{2}c[(1+\cos\theta)^{1/2} - (1-\cos\theta)^{1/2}]V_{dl}(\sin 2\pi - \sin 0)$$
$$= 4nc^2\cos\theta$$

由此得出"对偶"电力环上所有同相位电力子之间的速度方差的平均值为：

$$\overline{\Phi}_{d*} = \frac{1}{n}\sum_{i=1}^{n}\Phi_{d*i}$$
$$= \frac{1}{n}4nc^2\cos\theta$$
$$= 4c^2\cos\theta \quad (15-8)$$

上式中的 θ 角，代表电力源绕电偶环旋转的线速度与光子电偶环质心运动速度（或说"光子电环球"质心运动速度）之间的夹角，即电力源在光子电偶环上的相位。电力源在光子电偶环上相位的变化，可用光子电偶环旋转的角频率 ω 与时间 t 的乘积来表示。即有：

$$\overline{\Phi}_{d*} = 4c^2\cos(\omega t + \theta_0) \quad (15-9)$$

其中，θ_0 被设定为正电力源（或负电力源）的初相位角。

光子电偶环是由巨量的"电偶对"间隔交合而成，而式（15-9）描述的只是这巨量"电偶对"中的一个对偶电力环的情况。我们可以把每个"电偶对"$\overline{\Phi}_{d*}$值的变化看作是一个"简谐振动"，且所有电偶对的"简谐振动"均有相同的"振动"频率与"振动"方向。它们"振动"的角频率均等于光子电偶环旋转的圆频率，它们的"振动"方向均在光子电偶环的角动量方向上。由此，我们可以按照"同方向同频率简谐振动的合成规则"，将光子电偶环上所有电偶对的"简谐振动"合成为一个"振动"。

先讨论两个电偶对的"简谐振动"合成。设两个"振动"的表达式分别为

$$\overline{\Phi}_1 = A_1 \cos(\omega t + \theta_1) \quad (15-10)$$

$$\overline{\Phi}_2 = A_2 \cos(\omega t + \theta_2) \quad (15-11)$$

式中 A_1、A_2 及 θ_1、θ_2 分别为两个振动的振幅与初相。依据"同方向同频率简谐振动的合成规则"，可得

$$\overline{\Phi}_{12} = \overline{\Phi}_1 + \overline{\Phi}_2$$
$$= A_1 \cos(\omega t + \theta_1) + A_2 \cos(\omega t + \theta_2)$$
$$= A_{12} \cos(\omega t + \theta_{12}) \quad (15-12)$$

式（15-12）是两个"简谐振动"合振动的函数表达式，亦是一个"简谐振动"函数。合振动的频率与分振动频率相同，其振幅 A_{12} 及初相 θ_{12} 可利用"旋转矢量合成法"中的三角关系求得。即有：

$$A_{12} = [A_1^2 + A_2^2 + 2A_1 A_2 \cos(\theta_2 - \theta_1)]^{1/2} \quad (15-13)$$

$$\tan\theta_{12} = (A_1 \sin\theta_1 + A_2 \sin\theta_2) / (A_1 \cos\theta_1 + A_2 \cos\theta_2) \quad (15-14)$$

依照此法，可以求出光子电偶环上所有电偶对"简谐振动"合成的振幅与初相。

由此，我们可以设光子电偶环上所有电偶对"简谐振动"的合振动函数，即光子电环球的"简谐振动"函数为 Φ_γ，其表达式为：

$$\Phi_\gamma = A_\gamma \cos(\omega t + \theta_\gamma) \quad (15-15)$$

式中，A_γ 代表光子电环球"简谐振动"（光子电偶环上所有电偶对"简谐振动"的合振动）的振幅，θ_γ 代表光子电环球"简谐振动"的初相位，ω 代表光子电环球"简谐振动"的角频率，亦等于光子电偶环旋转的圆频率。

依据前面系列的论述，我们还可以这样设定：光子电环球因光速运动而产生的"等效净余电荷"与光子电环球的"简谐振动"函数 Φ_γ 成正比。即有：

$$Q_{dj} = k_{dj} \Phi_\gamma = k_{dj} A_\gamma \cos(\omega t + \theta_\gamma) \quad (15-16)$$

式中，Q_{dj} 代表光子电环球因光速运动而产生的"等效净余电荷"，k_{dj} 为比例

系数。

式（15-16）是"光子电环球"电性平衡破缺的表征式。它向我们表明：光子电环球内相对的电性平衡，会因光子的直线运动而遭破缺，并且，所产生的"等效净余电荷"的电性及量值，会随空间、时间的变化而发生周期性的改变。

由式（15-16）可得出光子交变电场（磁场附含于电场，与电场变化同步）的表达式：

$$\begin{aligned} E_\gamma &= Q_{dj}/(4\pi\varepsilon_0 r^2) \\ &= k_{dj}A_\gamma \cos(\omega t+\theta_\gamma)/(4\pi\varepsilon_0 r^2) \\ &= k_{dj}A_\gamma/(4\pi\varepsilon_0 r^2) \cdot \cos(\omega t+\theta_\gamma) \\ &= E_0\cos(\omega t+\theta_\gamma) \end{aligned} \quad (15-17)$$

式中，E_γ 代表光子交变电场；Q_{dj} 代表"等效净余电荷"，即场源电荷；r 代表与场源电荷的距离；E_0 代表交变电场的振幅，$E_0=k_{dj}A_\gamma/(4\pi\varepsilon_0 r^2)$，与 r^2 成反比。

三、光的波粒二象性

有无数的实验事实证明：光既有粒子的物理特性，亦有波的物理特性。然而，我们不能就此言之：光既是粒子又是波。因为，粒子与波是两种性质截然不同的物理概念。粒子是物质的实体结构，波是物质的运动形式。所以，我们在讨论光的"波粒二象性"时，不要把"光为什么既具粒子性又具波动性"错当成"光为什么既是粒子又是波"提出来。

（一）光的粒子性

1. 光子质量与光环半径的关系

我们从前面的系列论述中已经了解到：光子是一个由巨量的"电偶对"组成的环状物质结构，既有质量亦有体量。在正常范围内（超高频射线及超低频电波暂时除外），光子的半径与构成光子环的"电偶对"数目成反比。即是说：光子的质量越大，光环的半径越小；光子的质量越小，光环的半径越大。

光环的半径，从理论上讲可以从数万千米变化到 10^{-15} 量级，甚至更小。即是说，光子质量的变化范围可以达到 20 多个数量级。光子体量变化的跨度如此之大，这给人类探寻光的本质带来了极大的困扰。

光子环的半径之所以与光子的质量成反比，是因为正、负电力源在形成光子环的时候，依靠的结合力主要是电力源间的属性作用力及电引力。在光子诞生的瞬间，能够结环的正、负电力源越多，电力源间产生的"属性聚合力"即越大，所构成的光子环半径即越小。反之，能够结环形成光子的正、负电力源越少（但有最低能量限制），电力源间产生的"属性聚合力"则越小，所构成的光子环半径即越大。（详细论证，请见对"普朗克常量的量子本质"的论述）

2. 光子的能、动量

我们通常所说的光能量，实际指的是光子的"视在动能"，并非光子的总能量。因为，光子内部还有许多层次的物质结构，光子的总能量除了包括光子的"视在动能"外，还含有电力源、引力源的内禀能等。光子的总能量只与光子的质量有关，且与光子的质量成正比，但比例系数要远大于 c^2。而光子的"视在动能"不仅与光子的质量成正比，还与光子的"视在速度"的平方成正比。亦即是说，若光子的质量一定（构成光子环的正、负电力源数目一定），则光子的总能量一定，但这并不代表光子的"视在动能"亦一定。因为，在光子总能量（或说光子质量）不变的情况下，光子因受外加电场力或万有引力作用，其内禀能与"视在动能"之间仍会发生相互转化，并以光的多普勒频移或引力频移的效应显现。

光子的"视在动能"表示式为：

$$E_s = 1/2 \cdot mV_s^2$$
$$= 1/2 \cdot mV_k^2 + 1/2 \cdot mV_L^2$$

式中，E_s 表示光子的"视在动能"，m 代表光子的质量，V_s 表示光子的"视在速度"，V_k 代表光子的质心速度，V_L 表示光子电偶环的线速度。

当光子的质量一定，且不受外加电场力及万有引力的影响时，光子的"视在动能"为：

$$E_s = 1/2 \cdot mV_s^2$$
$$= 1/2 \cdot mV_k^2 + 1/2 \cdot mV_L^2$$
$$= 1/2 \cdot mc^2 + 1/2 \cdot mc^2$$
$$= mc^2$$

当光子的质量一定，但因受外加电场力或万有引力的影响，而使光子的"视在动能"增加时，光子的质心运动速度 V_k 保持 c 值不变，光子电偶环的线速度 V_L 增大。即有：

$$E_{s+} = 1/2 \cdot mV_{s+}^2$$
$$= 1/2 \cdot mV_k^2 + 1/2 \cdot mV_{L+}^2$$
$$= 1/2 \cdot mc^2 + 1/2 \cdot m(c+\Delta V)^2$$

当光子的质量一定，但因受外加电场力或万有引力的影响，而使光子的

"视在动能"减小时，光子的质心运动速度 V_k 仍保持 c 值不变，光子电偶环的线速度 V_L 变小。即有：

$$E_{s-} = 1/2 \cdot mV_{s-}^2$$
$$= 1/2 \cdot mV_k^2 + 1/2 \cdot mV_{L-}^2$$
$$= 1/2 \cdot mc^2 + 1/2 \cdot m(c-\Delta V)^2$$

我们通常所说的光动量，实际指的是光子的线动量 mc，而不是与"视在速度"相对应的"视在动量"。光子的"视在动量"是由光子的线动量 mc 与光子电偶环的自旋角动量 mV_L 两部分合成。在光子不受外加电场力或万有引力影响的情况下，即光子不发生多普勒频移或引力频移的情况下，光子"电偶对"的线速度 V_L 等于光速 c（第八章已做过论证）。光子的"视在动量"为：

$$P_s = mV_s$$
$$= m(c^2+c^2)^{1/2}$$
$$= m \cdot \sqrt{2}c$$

（二）光的波动性

说到波动，自然离不开振动，振动与波动均是物质运动的一种基本形式。振动与波动二者既有联系又有区别。振动是波动的源，而波动是振动在介质中的传播。振动与波动均是时间周期性的运动，波动更具有空间周期性。物理学把振动的传播过程叫作"波动"，简称为"波"。

自然界存在着各种不同的波。在日常生活中人们最容易感受到的是机械波与"电磁波"。

1. 机械波

机械波是机械振动在弹性介质内的传播过程，如水波、声波、地震波等均是机械波。产生机械波需要有两个条件：一是有做机械振动的系统，即波源；二是有传播这种机械振动的弹性介质。机械波源使弹性介质中的某一质点发生振动时，它引起邻近质点产生相对形变，邻近质点通过弹性力作用在振动质点上，使它在平衡位置附近发生振动。与此同时，振动质点对邻近质点亦施以周期性的弹性力，从而使邻近质点亦振动起来。由于介质中各质点间存在着弹性力的作用，因此这种振动必然在介质中由近及远地传播开来。这个传播过程即形成了"机械波"。

2. 电磁波

电磁波是电磁场（电场强度 E 与磁感应强度 B）的振动在真空或介质中的传播过程，如无线电波、红外线、可见光、紫外线、X 光、γ 射线等均是电磁波。产生电磁波亦需要两个条件：一是有产生"电磁振动"的系统，即电磁波源；二是有载送这种"电磁振动"的载体，即"电磁量子"。

实际上，电磁波即电磁辐射，电磁波源即电磁辐射源，"电磁量子"即电磁辐射的载体。电磁辐射源的种类有很多，不同辐射频段的辐射源形式有所不同。如：无线电辐射频段的辐射源多为"振荡偶极子"；红外辐射频段的辐射源是一切不为绝对零度的物体；分子、原子由高能级跃迁至低能级时，辐射不同频率的可见光；原子核内的能级降低时，发出高能（或说高频）的电磁量子射线。

3. 机械波与电磁波的区别

机械波与电磁波在物理性质上是不同的。如机械波只能在弹性介质内部传播，而电磁波既可在真空中传播亦可以在介质内部传播。尽管这两类波同属于"振动"的传播过程，在传播规律上亦有许多共同的特性（例如：有形式上相类似的波的运动学方程；在不同介质分界面同样会发生波的反射与折射；传播过程中，在一定条件下会发生衍射及干涉现象；等等），但它们在微观作用机制及能量的传递方面，却存在着根本的区别。如机械波是运动状态的传播，介质的质点不随波动而发生转移。所以，机械波只能使物体的能量形式发生转化，而不会改变物体的总能量；电磁波是辐射电磁量子的过程，电磁量子为电磁波动的载体，辐射过程伴随有物质的转移。所以，对于发出或接收电磁量子的物体来说，不仅会发生能量形式的转化，其能的总量亦会发生相应的改变。

4. 光的波动性

"电磁量子"是电磁波（或说电磁辐射）所有频段的载体。在低频部分，人们习惯将电磁波称为电波；在可见光部分，人们习惯将电磁波称为光子；在高频部分，人们习惯将电磁波称为射线。对于"电磁量子"这个电磁波的统一载体，人们有一个整体的概念性称呼，叫"光"（亦有物理学家称其为"光量子"）。所以说，"电磁量子"的各种特性，反映的即是"光"的物理性质。

光的波动性，从本质上讲它来源于每个电磁量子的"电场振动"，即前面所说的光子电环球的"电场振动"。虽然，电磁量子是独立的"电场振动"载体，一般情况下这些量子之间不会发生相互作用（"量子纠缠"现象除外，详述见后），但对连续、巨量的电磁辐射而言，载体之间仍会产生一种内在的数理逻辑关联。这种"关联"体现于载体"交变电场"的相位及振幅上，并由式（15-17）

$$E_\gamma = E_0 \cos(\omega t + \theta_0)$$

给出数学的表述。

实际上，光量子的质心运动为直线运动，不存在波动。光量子的"波动"行为，皆是因光子电偶环的"交变电场"所致。人们从表象上把光子在"交变电场"变化一周期内所运动的距离理解为"光波"的波长;把光子"交变电场"的变化频率(即光子电偶环角频率的 2π 分之一)理解为"光波"的波动频率;把光子质心的运动速度定义为"光波"的传播速度。人们把光量子的"交变电场"在与其他物质作用时所呈现出的周期性变化现象,看作"光波"的行为表征,并在麦克斯韦电磁理论及量子力学理论基础上,分别建立了解析"光波"的亥姆霍兹波动方程与薛定谔波动方程。

(三)光的波粒二象性

1. 电磁量子环半径与电磁波动频率及波长的关系

我们从前面的论述中已经知道:电磁量子是一种特殊的环状结构体系,是由正、负"电力源"相间组成的"电偶环"。电磁量子环(光子电偶环)自旋的线速度 V_L,等于光子质心在真空中的运行速度 c;电磁量子(光子电偶环)自旋的圆频率 ω 与光的波动频率 ν 之比等于 2π;光的波长 λ 与电磁量子环(光子电偶环)的半径 r 之比亦等于 2π。亦即是说,电磁量子环(即光子电偶环)的半径与光的波长成正比,与光的频率成反比。

电磁波源在低频段发射的是较小质量、较低能量的电磁量子。低频的电磁量子环半径可达数千米甚至数百千米以上,或说低频段的电磁波长可达数千米甚至数百千米以上。由此,较低频的电磁辐射在与其他物质发生作用时,绕射(即衍射)尺度较大,穿透力弱小,而显波动性强粒子性弱。

电磁波源在高频段发射的是质量较大、能量较高的电磁量子。特高频段的电磁量子环半径可紧缩至 10^{-15} 米量级甚至更小,或说特高频段的电磁波长可紧缩至 10^{-15} 米甚至更短。由此,高频的电磁辐射在与其他物质发生作用时,绕射(即衍射)尺度较小,穿透力强大,而显粒子性强波动性弱。

2. 电磁波的传播图像

"电磁波"传播的图像,并非如麦克斯韦电磁场理论所描绘的那样:"在振荡偶极子周围激起变化磁场(涡旋磁场),而变化的磁场又在自己周围激起变化的电场(涡旋电场)。接着新的变化电场又在更远的区域引起新的变化磁场,此后的过程以此类推。这样变化的电场与磁场相互激发,交替产生,由近及远地向四周传播。"笔者认为,这种经典的"传播图像"是人们在没有真正弄清磁场本质及光子结构的背景下,臆想出的一幅"波动图景"。

磁场并非独立的场域,它附存于特殊的电场形式之中。笔者曾在第三章"电、磁作用"的章节中做过这样的论述:磁力现象是带电粒子在"二次曲线分布型电场"中运动所产生的一种动变力学效应。这种效应尽管不是由简单的电场力作用直接产生,但归根结底还是电场之间相互作用的结果。人们所构建的

"磁力线"实为"二次曲线分布型电场"的等势线。因对称的电场等势线是封闭曲线,所以磁力线自然是"有旋无源"线。而用磁力线描述的场自然亦是"有旋无源"场,即磁场。磁场没有实际的"场源核"及"场环"介质。磁现象的本质实为电现象。

因此说,电磁波中的磁场并不是与电场相互激发、交替产生的异质场域,它只是依存于光量子"振动电场"的另一种表现形式而已。电磁波的电矢量 E 与磁矢量 B 理应保持同步的相位。

电磁量子在真空中的运动是恒速直线运动,它在空间并没有留下波动或螺旋进动的轨迹。笔者认为:电磁波"波动"的本质,是电磁量子在运动中产生的"振动电场"的变化。电磁波"波动"的真谛,是在其"意"而非在其"形"。

3. 光波"衍射"的产生机制

光子(或说电磁量子)虽是一个个独立的载体,但在大量、连续的光子通过障碍物的边隙(含狭缝、小孔等)时,它们以自己的交变电场与外电场发生作用,亦会像机械波那样在障碍物的后面产生"衍射"现象。当光子通过的障碍物是两条或两条以上的狭缝时,在一定条件下还会产生光的"干涉"现象。

虽然,光波亦会像机械波那样在障碍物的后面产生"衍射""干涉"现象,但是,它们的产生机理有着本质的区别:

A. 机械波在通过障碍物的边隙(含狭缝、小孔等)时,障碍物的边隙(含狭缝、小孔等)仿佛是一个新的波源,并由它发出与原来同频率的波(称子波)在障碍物后传播,于是即出现了偏离直线传播的衍射现象。

当机械波通过的障碍物是两个狭缝时,两个狭缝即相当于两个新的波源,并由它们发出与原来同频率的波(称子波)在障碍物后传播。这两个"子波源"发出的波满足"相干波"的必要条件,即"频率相同、振动方向相同、波源的初相位差恒定"。在满足"相干条件"的两列波的重叠区域内,到达介质中每一点的两个分振动均有恒定的相位差,因而在介质中的某些地方振动始终加强,而在另一些地方的振动始终减弱或完全相消,这种现象称为"波的干涉"。

B. 光波(即光子流)在通过障碍物的边隙(含狭缝、小孔等)时,光量子以自己的"交变电场"与障碍物边隙(含狭缝、小孔等)的分子、原子电场发生作用,仿佛产生了一个新的光波源(或称辐射源)。然而,这个新的光波源(或称辐射源)并不像机械波的"子波源"那样,只是对"母波源"的简单复制(单就振动形式而言),发出与原来同频率的子波在障碍物后传播。新光波源是一个非均匀概率分布辐射源。非均匀概率分布辐射源不同于初始辐射源。初始辐射源在不受特殊的边界条件限制下，所辐射的光量子在空间各点出现的概率均相同。而从"新波源"辐射出的光量子，则因自己的"交变电场"与障碍物边隙（含狭缝、小孔等）的分子、原子电场发生作用，使其在空间各点出现的概率发生了变化。这种概率分布的规律，使光量子在障碍物（含狭缝、小孔等）后面的截屏上呈现出像波的"衍射"那样的图样。

当单一频率的光子流通过的障碍物是两条狭缝时，这两条狭缝即相当于两个"新波源"。以波动学的语言来说，两个"新波源"发出的量子波满足"相干波"的必要条件，即"频率相同、振动方向相同、波源的初相位差恒定"。用量子辐射的观点来说，两个"新波源"所发出的光子，其"振动电场"的振动频率相同，振动方向相同，振动的初相位差恒定。光子在通过两个狭缝时，因自己的"交变电场"与狭缝边缘的分子、原子电场发生作用，而使狭缝变成了两个"非均匀概率分布"的辐射源。在两个"新辐射源"所发出的光子重叠区域内，光子到达空间每一点的概率并非完全一样。光子在通过"新辐射源"时，经两源的共同"调制"，使其在空间各点出现的概率发生了有规律的变化。这种概率变化所导致的结果即是，使光量子在狭缝后面的截屏上呈现出像波的"干涉"那样的图样。

总之，光量子在通过障碍物的边隙（含狭缝、小孔等）后于截屏上形成的"衍射"或"干涉"图样，均是因"新辐射源"产生的新的概率分布规律所致。亦即是说，光波（或说电磁波）是概率波而非机械波。

四、普朗克常量

（一）普朗克常量的诞生背景

在物理学的基本常量中，有些是通过实验观测发现的，如真空中的光速 c、基本电荷 e、电常量（真空电容率）ε_0、磁常量（真空中的磁导率）μ_0 等。亦有一些是在建立相关定律、定理时被引入或间接导出的，如牛顿引力常量 G、阿伏伽德罗常量 N_A、玻尔兹曼常量 k 等。而普朗克常量 h 则是完全凭着普朗克的创造性智慧发现的。然而，它却是物理学中一个实实在在的、具有重要意义的、神奇的常量。

1900 年 12 月 14 日，在德国物理学会的例会上，普朗克做了关于《论正常光谱中的能量分布》的报告。在这次报告中，普朗克首先激动地阐述了他在两个月前发现的"辐射定律"，这一定律与最新的实验结果精确相符（后来人们称此定律为"普朗克定律"）。然后，普朗克指出：为了从理论上得出正确的辐射公式，必须假定辐射（或吸收）的能量不是连续的，而是一份一份地进行的，只能取某个最小值的整数倍。这个最小值叫能量子，即辐射频率为 ν 的能量的最小值 $\varepsilon=h\nu$。其中 h，普朗克当时把它叫作基本作用量子，现在叫普朗克常量。

在普朗克的能量量子化假设中，普朗克常量 h 表示的是一个能量子的最小单元值，即 $h=6.6260755（40）×10^{-34}$ J·S。然而，它真正的物理含义又是什么呢？

（二）普朗克常量的量子表达式

我们从前面相关章节的论述中已经了解到，所谓的"能量子""电磁量子"，实际上即是"光量子"，亦称"光子"。在普朗克的能量量子化假设中，光子的能量为 $\varepsilon=h\nu$，光子能量的最小单元值为 $h=\varepsilon/\nu$。然而，要探得普朗克常量 h 的本质含义，我们还须从普朗克常量的量子意义入手。

我们知道：光量子（电磁量子）是一种特殊的能量载体。光量子（电磁量子）只有动态，没有静态。光量子（电磁量子）脱胎于其他物质粒子内部，最终还是"消融"在某种物质粒子之中。亦即是说，在其他物质粒子内部，不存在独立的光量子（电磁量子）结构。光量子是一个由正、负"电力源"相间组成的"电偶环"，其质心动量方向与角动量方向垂直。

人们通常所说的光子能量，实际指的是每个光量子的"视在动能"，而非单光子之总能量。单光子的总能量应该等于其"内禀能"与"视在动能"之和。

光量子"视在动能"的原初表示式为：

$$E_s = 1/2 \cdot mV_s^2$$
$$= 1/2 \cdot mV_k^2 + 1/2 \cdot mV_L^2$$
$$= E_k + E_L$$

式中，光量子的"视在速度" V_s，即是其亚结构物质"电力源"的质心运动速度。在光量子产生前，该速度储存于辐射源内高速运转的"电力源"上。

普朗克提出的"能量子"表示式 $\varepsilon=h\nu$，实为本论提出的光量子"视在动能"的另一种表达形式。若将光量子"视在动能"表示式与普朗克提出的"能量子"表示式联立，即可得到：

$$h\nu = 1/2 \cdot mV_k^2 + 1/2 \cdot mV_L^2$$

这是在第八章中已经给出的式（8-58）。式中，V_k 表示光量子质心在真空中的运行速度，即光速 c；V_L 表示"光子电偶环"绕质心旋转的线速度。

若设"光子电偶环"绕转动轴旋转的角速度为 ω，回转半径为 r，"光子电偶环"的线速度则为

$$V_L = \omega r$$

"光子电偶环"绕转动轴旋转的角速度ω,与光量子的波动频率ν之间存在着下列关系,即

$$\omega = 2\pi\nu$$

将$V_L = \omega r$、$\omega = 2\pi\nu$关系式及$V_k = c$代入式(8-58),并经整理得到方程(8-61)

$$\nu^2 - 2h\nu/(4\pi^2 r^2 m) + c^2/(4\pi^2 r^2) = 0$$

此方程是关于电磁波频率ν的一元二次方程,依此方程可求解出电磁波频率ν。

按照"量子化"的法则推定:每一个光量子只能对应着一个波动频率。且当构成光量子的"电偶对"数目一定(或说光量子的质量一定)时,则光量子所对应的频率即被唯一确定。亦即是说,从方程(8-61)中所求得的波频ν必须是唯一的解。

方程(8-61)存在唯一解的判定条件是方程Δ判别式等于0,即有:

$$\Delta = [-2h/(4\pi^2 r^2 m)]^2 - 4c^2/(4\pi^2 r^2) = 0$$

由此可解得普朗克常量为

$$h = \pm 2\pi rmc \quad (h\text{负值结果无意义,舍掉})$$

则有

$$h = 2\pi rmc$$

此式为普朗克常量的"量子表达式"。

(三)光量子"视在动能"的"粒子性"表达式

若将$h = 2\pi rmc$代入原方程(8-61)中,便可求得ν的唯一解:

$$\nu = c/(2\pi r)$$

再将$V_L = \omega r$、$\omega = 2\pi\nu$关系式与上式联解,即可求得

$$V_L = c$$

这个结果表明:光量子在不发生多普勒频移或引力频移的情况下,其自旋线速度与真空中的质心运动速度必定相等。

最后,将$V_k = c$、$V_L = c$代入光量子"视在动能"的原初表示式

$$E_s = 1/2 \cdot mV_k^2 + 1/2 \cdot mV_L^2$$

中,即可得到

$$E_s = 1/2 \cdot mc^2 + 1/2 \cdot mc^2 = mc^2$$

此式为光量子"视在动能"的"粒子性"表达式。

综上所述,我们可以清楚地看到:通过普朗克常量h,既可建起光量子"视在动能"的"波动性"表达式$E_s = h\nu$,又可得到光量子"视在动能"的"粒子

性"表达式 $E_s = mc^2$。

在这里,笔者要特别强调两点:

(1) 相对论的质能关系式 $E = mc^2$,与本论推出的光量子"视在动能"的"粒子性"表达式 $E_s = mc^2$,是"形"同而意不同。相对论的"质能关系式"$E = mc^2$,表现的是物体总能量与物体总质量(即所谓的动质量与静质量之和)间的比例关系;$E_s = mc^2$ 所代表的只是光量子的"视在动能"与光量子质量间的比例关系。

(2) 相对论的质能关系式 $E = mc^2$ 与本论推出的光量子"视在动能"的"粒子性"表达式 $E_s = mc^2$ 的导源不同。相对论的质能关系式 $E = mc^2$,是由经典力学的动能定理借助所谓的"质速关系式"

$$m = m_0 / (1 - v^2/c^2)^{1/2}$$

推演而来的。如果"质速关系"是个误区,那么,被称为具有普遍意义的"质能关系"就必将受到深深的质疑。而光量子"视在动能"的粒子性表达式 $E_s = mc^2$,是本论用光量子"视在动能"的原初表示式

$$E_s = 1/2 \cdot mV_k^2 + 1/2 \cdot mV_L^2$$

与普朗克提出的"能量子"表示式

$$E_s = h\nu$$

联解得出的一个必然结果。

(四) 普朗克常量的量子本质

普朗克常量 h 在量子力学中占有非常重要的地位。从现象上讲,普朗克常量是联系微观粒子"波粒二象性"的桥梁。微观粒子的行为,是以波动性为主要特征还是以粒子性为主要特征,是以普朗克常量 h 为基准来判定的。从一般意义上讲,普朗克常量 h 是一个用来描述量子大小的物理常量,是代表量子能量的最小单元值。然而,普朗克常量真正的量子机制是什么呢?

笔者认为,普朗克常量的量子本质即隐藏于光量子的亚结构之中。因为:

(1) 光量子是一个由正、负电力源相间组成的"电偶环"。"电偶环"是以"电偶对"为基本单元,并按照 $(2n+1)$ 的规则聚团结环。即是说,光量子是一个由 $(2n+1)$ 个"电偶对"构成的"电偶环"(n 为正整数)。

(2) 构成光量子环的每个正、负电力源或说每个"电偶对",绕其质心旋转的线速度 V_L 在光量子不发生多普勒频移或引力频移的情况下,恒等于真空中的光速 c。

(3) 由光量子电偶环的结构性质,并结合普朗克常量的量子表达式分析整理可得

$$h = 2\pi mcr$$
$$= 2\pi m V_L r$$
$$= 2\pi (2n+1) m_0 V_L r_0 / (2n+1)$$
$$= 2\pi m_0 V_L r_0 \qquad (15-18)$$

式中，m 代表光量子环的整体质量，m_0 代表光量子环中的一个电偶对的质量，且有 $m=(2n+1)m_0$；r 代表与 m 质量相对应的光量子电偶环的回转半径，r_0 代表与 m_0 质量相对应的光量子电偶环的回转半径，且有 $r=r_0/(2n+1)$。

综合上面（1）（2）（3）点的分析，我们可以很明确地得出这样一个结论，即普朗克常量 h 代表的是光量子（或说电磁量子）的 2π 倍角动量。光量子的角动量是个常量，它不会因光量子的质量不同而有所改变。

从物理机制上讲，光量子（或说电磁量子）的角动量之所以会成为常量，是由两方面的原因所致：

（1）构成光量子环的"电偶对"，在光量子不受多普勒频移或引力频移影响的情况下，绕其质心旋转的线速度 V_L，因受"视在动能"机制的制约而恒等于光量子在真空中的光速 c。

（2）光量子质量发生变化，量子环上的"电偶对"总是以偶数的形式对称性地增加或减少，从而导致每个"电偶对"所获的合外力总是指向环心。即是说，光量子质量的变化只会改变量子环半径的大小，但不会影响"电偶对"的角动量。

（五）普朗克常量与光量子环质量及半径的关系

通过普朗克常量的量子表达式 $h=2\pi rmc$，可以得到光量子的角动量值
$$mV_L r = mcr = h/(2\pi) \qquad (15-19)$$
这是一个常量。进而可得：
$$mr = h/(2\pi c) = 3.51767586 \times 10^{-43} \text{kg} \cdot \text{m} \qquad (15-20)$$

上式表明，在正常的波频范围内（极低频段与极高频段除外），光量子的质量与光量子环半径的乘积依然是个常量。即是说，光量子的质量越大其环半径越小，光量子的质量越小其环半径越大。由此，我们可以计算出不同质量或说不同能量的光量子所对应的光子环半径。例如：

（1）红光的中心频率为 $\nu=4.5\times10^{14}\text{Hz}$，所对应的红光量子质量为：
$$m_{红光} = h\nu/c^2$$
$$= 6.6260755 \times 10^{-34} \times 4.5 \times 10^{14} / (2.99792458 \times 10^8)^2$$
$$\approx 3.3176 \times 10^{-36} \text{ (kg)}$$

该质量所对应的量子环半径为：

$$r_{红光}=h/(2\pi mc)$$
$$=3.51767586\times10^{-43}/3.3176\times10^{-36}$$
$$\approx1.06\times10^{-7}\,(m)$$

(2) 绿光的中心频率为 $\nu=5.5\times10^{14}$ Hz，所对应的绿光量子质量为：

$$m_{绿光}=h\nu/c^2$$
$$=6.6260755\times10^{-34}\times5.5\times10^{14}/(2.99792458\times10^8)^2$$
$$\approx4.0548\times10^{-36}\,(kg)$$

该质量所对应的量子环半径为：

$$r_{绿光}=h/(2\pi mc)$$
$$=3.51767586\times10^{-43}/4.0548\times10^{-36}$$
$$\approx0.8675\times10^{-7}\,(m)$$

(3) 紫光的中心频率为 $\nu=7.3\times10^{14}$ Hz，所对应的紫光量子质量为：

$$m_{紫光}=h\nu/c^2$$
$$=6.6260755\times10^{-34}\times7.3\times10^{14}/(2.99792458\times10^8)^2$$
$$\approx5.3819\times10^{-36}\,(kg)$$

该质量所对应的量子环半径为：

$$r_{紫光}=h/(2\pi mc)$$
$$=3.51767586\times10^{-43}/5.3819\times10^{-36}$$
$$\approx0.6536\times10^{-7}\,(m)$$

依照上述方法还可估算出：微波段（$10^8—10^{12}$ Hz）光量子所对应的质量量级为 $10^{-42}—10^{-38}$ kg，所对应的光量子环半径量级为 $10^{-1}—10^{-5}$ m；红外部分（$10^{12}—10^{14}$ Hz）光量子所对应的质量量级为 $10^{-38}—10^{-36}$ kg，所对应的光量子环半径量级为 $10^{-5}—10^{-7}$ m；紫外部分（$10^{15}—10^{17}$ Hz）光量子所对应的质量量级为 $10^{-35}—10^{-33}$ kg，所对应的光量子环半径量级为 $10^{-8}—10^{-10}$ m。

我们已经知道，自由的光量子（即指光量子不受多普勒频移或引力频移的影响），其自旋线速度 V_L 与真空中的质心运动速度 c 相等。从而有：

$$\lambda=c/\nu$$
$$=V_L/\nu$$
$$=V_L/(\omega/2\pi)$$
$$=2\pi\cdot V_L/\omega$$
$$=2\pi r$$

这即是说，自由光量子的"波长"等于光量子环的周长。

五、光的偏振

（一）光的偏振性

干涉及衍射现象揭示了光的波动性，但还不能由此确定光是横波还是纵波。偏振现象才是横波最有力的实验证据。

波动力学的基本知识告诉我们：若波的振动方向与波的传播方向相同，这种波称为"纵波"；若波的振动方向与波的传播方向相互垂直，这种波称为"横波"。

在纵波的情况下，通过波的传播方向所做的所有平面内的运动情况均相同，其中没有一个平面显示出比其他任何平面特殊，这通常被称为波的振动对传播方向具有对称性。对横波来说，通过波的传播方向且包含振动矢量的那个平面显然与其他不包含振动矢量的任何平面有区别，这通常被称为波的振动方向对传播方向没有对称性。振动方向对传播方向的不对称性叫作偏振，它是横波区别于纵波的一个最明显的标志，只有横波才有偏振现象。

从近代光学理论上讲，光波即电磁波。光波（或说电磁波）中含有电振动矢量 E 与磁振动矢量 H，E 与 H 皆跟传播速度 v 垂直，光波（或说电磁波）是横波。实验事实已经表明，产生感光作用与生理作用的是光波中的电矢量 E，所以，在讨论光的作用时，只考虑电矢量 E 的振动。E 称为"光矢量"，E 的振动称为"光振动"。电矢量的振动只限于某一确定平面内的光称为平面偏振光。或说，平面偏振光即是在垂直于光传播方向的平面上，只沿着某个特定方向振动的光。

自然光的电矢量，在垂直于光传播方向的平面上，沿各个方向均有振动。当自然光经过一个偏振片（只允许某个方向振动的光通过）后，即变成了偏振光。若再遇到一个振动方向相同的偏振片，该偏振光可以完全通过。旋转第二个偏振片，通过的光强度即会减小，当两个偏振片的透振方向正交时，光全部被阻挡。这即是光的偏振现象。

（二）产生光偏振的真实机理

传统的光学理论认为："光偏振"现象是对"光波是横波"观点的最有力的证明。然而，若以本论提出的"光子电偶环"模型来解释"光偏振"现象，却另有一番道理。

我们知道，光量子是一个由巨量的正、负电力源交合而成的电偶环结构。在可见光频段，光量子环所对应的环半径在 10^{-7} 米量级左右。此外，光量子环

<<< 探讨篇　关于相对论、量子力学及天体物理学若干理论问题的讨论

还带有一个半径要比自己大数十个量级的"光子电环球"。"光子电环球"的角动量轴与光子环的角动量轴重合，且与光子环的质心运动方向垂直。

光子环与"光子电环球"是两个不同层级的物质结构。光子环属于"基本粒子"类，能与普通物质较容易地发生近距的相互作用。而"光子电环球"则属于"场物质"类，它只能与电场发生作用，可自由地穿行于普通物质间。由此可见，真正决定光量子偏振方向的并不是"电矢量"的振动方向，而是"光子环平面"的朝向。即是说，当"光子环平面"与偏振片的"透振面"平行时，光量子的通过率最大；当"光子环平面"与偏振片的"透振面"垂直时，光量子的通过率最小，甚至为零。所以说，"光子环平面"即是光的"偏振面"。

实际上，传统光学理论所描绘的电磁波动图景并不存在，光波电矢量（包括磁矢量）振动面只是一个虚构。而光子的"交变电场"，实为一个因光子电环球的"c"速运动而破缺了其球内正、负电性的相对平衡，并由此产生的一个类如"简谐振动"变化的电场。

虽然，本论推定的"光子电环球"的电场振动方向与"光子环平面"（即光的"偏振面"）是正交的，但这并不影响我们对相关实验的观测。只不过我们在对"新理论模型"进行表述时，要对旧概念做相应的置换罢了。

对于光子在不同的介质中或不同介质的界面上所产生的各种偏振效应，以及两个角频率（或说质量）相同、传播方向相同且恒定正交的光子环所产生的椭圆偏振现象，皆可用"光子环平面"代替传统光学理论中的"电矢量振动面"来进行分析，所得结果或许会更接近客观事实一些。（具体分析略）

第三节　物质波

一、"物质波"的诞生背景

1923 年，法国物理学家德布罗意在光的波粒二象性启发下推论：自然界在许多方面是明显对称的，如果光具有波粒二象性，则物质粒子（如电子、质子、中子等）或许亦具有波粒二象性。他认为 19 世纪在对光的研究上，重视了光的波动性，忽视了光的微粒性；而在实物粒子的研究上可能发生相反的情况，即过分重视了实物的微粒性，而忽视了实物的波动性。因此，他提出了实物粒子亦具有波动性的假设。即质量为 m 的粒子，以速度 v 运动时，具有能量 E 与运

动方向上的动量 p，它们与平面波的频率 ν 与波长 λ 之间的关系正像光子与光波的关系一样：能量 E、动量 p 表现为粒子性的一面；频率 ν、波长 λ 表现为波动性的一面。则粒子性与波动性之间的关系，亦遵从下述公式

$$E = h\nu$$
$$P = m\upsilon = h/\lambda$$

我们称

$$\lambda = h/m\upsilon = h/p \qquad (15-21)$$

为德布罗意波长公式。

"德布罗意波"亦叫作"物质波"。1924 年，英国《哲学杂志》第 9 期刊载了当时并不知名的物理学者路易·德布罗意的文章。作者在文中首次提出了"物质波"概念。此前，人们只知道光波、声波、水波等，却从来没有听说过什么"物质波"。

什么是物质波？德布罗意头脑中的物质波与实物粒子的运动相伴生，人的感官无法直接观察到。它既不同于光波，亦不同于声波，更不像水波。物质波难以捉摸，很是离经叛道。尽管德布罗意通过假设与点粒子内部有一个对应振动，并利用狭义相对论洛伦兹变换，推导出了一个 K 系沿 X 正方向传播的"物质波表达式"，但当时许多物理学家仍对它表示公开的怀疑。

德布罗意力排众议，坚信物质波的存在，认为物质波产生于任何物体的运动，行星、卫星、汽车、飞机、走石、飞沙、分子、原子、质子、中子、电子等，从宏观到微观概不例外。总之，一切运动的物体均伴有物质波。

1927 年戴维逊（Clinton Joseph Davisson）与革末（Lester Halbert Germer）用电子在镍单晶上的衍射实验证实了物质波的存在。并由实验数据推算出来的电子的德布罗意波长与按式（5-21）计算所得的结果相符。

后来汤姆逊（Joseph John Thomson）用一束高速电子通过一多晶的金箔片得到的衍射图样，与用 X 射线（频率范围在 10^{16}—10^{20} Hz 的光波）通过同一金箔得到的衍射图样相似，再次表明了电子具有波动性。

实验还证实了质子、中子、原子、分子等其他微观粒子亦都具有波动性。由此可知，不仅光有波粒二象性，实物粒子同样具有波粒二象性。

二、物质波的本质

（一）关于波动理论的部分论述

波动是物理运动的重要形式，广泛存在于自然界。被传递的物理量扰动或

振动有多种形式，机械振动的传递构成机械波，温度变化的传递构成温度波（见液态氦），晶体点阵振动的传递构成点阵波（见点阵动力学），自旋磁矩的扰动在铁磁体内传播时形成自旋波（见固体物理学）。实际上，任何一个宏观的或微观的物理量所受扰动，在空间传递时均可形成波。

最常见的机械波，是构成介质质点的机械运动（引起位移、密度、压强等物理量的变化）在空间的传播过程。例如弦线中的波、水面波、空气或固体中的声波等。产生这些波的前提，是介质的相邻质点间存在弹性力或准弹性力的相互作用。正是借助于这种相互作用力，才使某一点的振动传递给邻近质点，故这些波又称弹性波。

振动物理量可以是标量，相应的波称为标量波（如空气中的波），亦可以是矢量，相应的波称为矢量波（如电磁波）。振动方向与波的传播方向一致的称纵波，相垂直的称横波。

各种形式的波的共同特征是有周期性。受扰动物理量变化时具有时间周期性，即同一点的物理量在经过一个周期后完全恢复为原来的值；在空间传递时又具有空间周期性，即沿波的传播方向经过某一空间距离后会出现同一振动状态（例如质点的位移与速度）。因此说，受扰动物理量既是时间的周期函数，又是空间位置的周期函数。广义地说，凡是描述运动状态的函数具有时间周期性与空间周期性特征的均可称为波。

各种波的共同特性还有：（1）在不同介质的界面，遵守反射定律与折射定律（见反射定律、折射定律）；（2）通常的线性波叠加时遵守波的叠加原理（见波的独立传播原理）；（3）两束或两束以上的波在一定条件下叠加时能产生干涉现象（见波的干涉）；（4）波在传播路径上遇到障碍物时能产生衍射现象（见波的衍射）；（5）横波能产生偏振现象（见光学偏振现象）。

（二）物质波与介质波的划分

笔者认为，自然界中波的形式虽多种多样，但若按传递物理量扰动或振动的媒质的运动形式来区分，"波"可粗略地分为两大类：一类是介质波，另一类则是物质波。本论把靠介质接力传递物理量的扰动或振动而形成的波叫作"介质波"；把靠媒质全程运动传递物理量的扰动或振动所形成的波叫"物质波"。"介质接力传递"的特点是：介质的各个质点只在平衡位置附近振动，并不沿着物理量扰动或振动传播的方向迁移，但传递的过程可以是连续化的。"媒质全程运动传递"的特点是：媒质传递物理量扰动或振动的过程，始终伴随着媒质沿传播方向向外的迁移，并且，传递的过程只能是量子化的。

物质波与介质波的主要区别可归纳为四点：

（1）介质波只能在弹性介质或准弹性介质内部传播，而物质波既可在真空中传播亦可在介质内部传播。

（2）介质波只是对物理量的扰动或振动状态进行传递，物质不发生转移。而物质波在对物理量的扰动或振动状态进行传递时，伴随有媒质的转移。

（3）介质波在对变化的运动状态进行传递的过程中，显有经典的"波动"或"准波动"物理图景。而物质波在对物理量的扰动或振动状态进行传递时，不显有经典的"波动"图景，只是当媒质粒子与障碍物发生作用时才显露出"波"的特性。

（4）介质波的形成只与介质质点的整体运动状态及群体行为有关，不涉及质点内部的隐变量因素。而物质波的形成不仅与媒质粒子的运动状态及群体行为有关，更与媒质粒子内部的隐变物理量的扰动或振动有关。

（三）电磁波的归类

按照上面列出的介质波与物质波的"四点区别"来划分，电磁波应归类于物质波。然而，由于三个方面的原因却使人们对电磁波的认识产生了偏差，把电磁波看作是既不同于机械波又不同于物质波的第三类波。

造成人们对电磁波认识偏差的原因之一，即是电磁量子的结构太特殊，所表现出的物理性质可塑性大，使得人们对电磁波的本质捉摸不透。比如电磁量子是一种半径变化跨度较大的环状结构，在一定的范围内（不包含特低频段与特高频段），电磁量子的环半径与其质量的大小成反比。在电磁波的较低频段，电磁量子质量较小而环半径较大。当它遇到障碍物时，穿透力较弱但绕射（衍射）尺度较大，从而显现出较强的波动特性；在电磁波的较高频段，电磁量子质量较大而环半径较小。当它遇到障碍物时，绕射（衍射）尺度较小但穿透力较强，从而显现出较强的粒子特性；可见光居于电磁波频段较中间的位置，电磁量子的波动性与粒子性均有较强的表现。

造成人们对电磁波认识偏差的原因之二，即是科学家虚构了电磁波是由"电场与磁场相互激发、交替传递"的传播模式，误导了人们对电磁波本质的认识。

造成人们对电磁波认识偏差的原因之三，即是巨量、连续运动的电磁量子的群体行为，掩盖了单个电磁量子产生"交变电场"的内在特性。

（四）物质波的产生机理

德布罗意认为：物质波产生于任何物体的运动，行星、卫星、汽车、飞机、走石、飞沙、分子、原子、质子、中子、电子等，从宏观到微观概不例外。总之，一切运动的物体均伴有物质波。

德布罗意的"物质波产生于物体的（相对）运动"这句话没错，但说"一切运动的物体均伴有物质波"这句话未免有点绝对。比如中微子的运动，就不会有物质波的伴生。因为中微子的结构与光子、电子、夸克等基本粒子的结构有着很大的区别（详情稍后再叙）。德布罗意所构建的"物质波模型"只是一个粗糙的理论框架，它没能深刻地揭示物质波的产生机理，亦不可能对物质波有一个较全面的描述。

光波（电磁波）、电子波、质子波、中子波、原子波、分子波等，均属于物质波。其他粒子波的产生机理与光波（电磁波）的产生机理本质上是一样的，只是在细节问题上有些区别。因为，无论是光子（即电磁量子），还是轻子，还是核力源（夸克），它们全是由正、负电力源分别结环、聚团、凝核而成。并且，它们有一个共同特点，即是均带有一个"电环球"。

我们在前面已经讨论过，"光的波动性"来源于每个电磁量子的"电场振动"，即每个电磁量子所带电环球的"电场振动"。实际上，电子、质子、中子、原子、分子等物质粒子，它们亦都带有一个"电环球"，即"电子电环球""质子电环球""中子电环球""原子电环球""分子电环球"等等。各粒子所带"电环球"皆如光子所带"电环球"那样，是由巨量的正、负电力源所带电力环而构成。又因为，光子（电磁量子）、轻子、核力源（夸克）是形成万物的基石，所以，宏观物体所带"电环球"亦只是基本粒子"电环球"的叠加而已。因此说，"电环球"伴随于微观、宏观中的一切物体。

一般情况下，依据电荷守恒定律，粒子的电性只取决于所带"电环球"中的正、负电力环的代数和。若"电环球"中的正电力环比负电力环多一个，粒子则显正电；若"电环球"中的正电力环比负电力环少一个，粒子则显负电；若"电环球"中的正电力环数与负电力环数相等，粒子则显电中性。

然而，问题并没有这么简单。本来是显电中性的"电环球"（指"电环球"中正、负电力环的代数和为零），因粒子质心的相对运动，所带"电环球"的电性平衡会发生破缺，从而产生出伴随粒子运动的"振动电场"（或说是"交变电场"）。比如运动的中子、运动的中性原子，及其他的中性粒子等，当然，亦包括光子。请注意：这里所说的运动均是指"相对运动"。在相对静止的粒子之间，所带"电环球"的电性平衡不会发生破缺，即不会产生"振动电场"（或说是"交变电场"）。

由于其他粒子产生"交变电场"的机理与光子产生"交变电场"的机理在本质上是一样的，且笔者在前面对光子产生"交变电场"的机理已给予了较详细的论证，故此不再赘述。

粒子的质心运动破缺了所带"电环球"的电性平衡，从而得到了一个只与粒子质心运动相关联的"交变电场"。此"交变电场"的变化规律，不会因粒子原来是否带电而受到影响，只是粒子的总电场强度等于原电场强度与"交变电场"场强的矢量叠加。比如运动的电子、运动的质子及其他带电的运动粒子，它们所带总电场强度即等于原电场强度与"交变电场"场强的矢量叠加。

从以上的论述中，我们或许知道了一点"为什么一切运动的物体均伴有物质波"的缘由。但，请不要忘了中微子是个例外，它没有伴生的物质波。因为，中微子虽然同光量子一样，亦是一个由正、负电力源交合而成的"电偶环"，但中微子环的自旋角动量方向与其质心的运动方向总是相同或相反，而不像光子环那样自旋角动量方向与其质心的运动方向总是相垂直。正因为如此，中微子环相对其质心运动方向的对称性才会保持不变，从而保证了其所带"电环球"的电性平衡不会被它的质心运动所破缺。所以，中微子没有伴生的"交变电场"，亦即没有伴随的物质波。

（五）物质波的波长

从前面"关于物质波的诞生背景"的介绍中我们了解到，法国物理学家德布罗意在光的波粒二象性的启发下，提出了实物粒子亦具有波动性的假设。并推论：质量为 m 的粒子，以速度 v 运动时，具有能量 E 与运动方向上的动量 p，它们与平面波的频率 ν 及波长 λ 之间的关系正像光子与光波的关系一样：能量 E、动量 p 表现为粒子性的一面；频率 ν、波长 λ 表现为波动性的一面，且粒子性与波动性之间的关系，亦遵从下述公式

$$E = h\nu$$
$$P = mv = h/\lambda$$

并得出物质波的波长公式为

$$\lambda = h/mv = h/p$$

然而，此波长公式只是德布罗意在光的波粒二象性的启发下假设的一个推论，它并没有给出在"理论模型"指导下的证明。

虽然光波亦属于物质波，且它们的波长皆具有 $\lambda = h/p$ 的表达形式，但在具体的推证过程上却各有殊途。本论认为，对物质波波长公式的推证，既要考虑正、负电力源在结环、聚团、凝核时所遵循的角动量守恒法则，亦要结合一般粒子运动的变化规律。

以一个自由运动的电子为例。设电子的质量为 m，视在速度为 V_s，质心运动速度为 v，自旋线速度为 V_L，则电子的视在动能表示式可写为：

$$1/2 \cdot mV_s^2 = 1/2 \cdot mv^2 + 1/2 \cdot mV_L^2$$

电子的视在速度表示式为：

$$V_s = v/(1-v^2/c^2)^{1/2}$$

由电子的"视在动能"表示式与"视在速度"表示式联解，可得到电子的自旋线速度表示式

$$V_L = v/c \cdot V_s = v/c \cdot v/(1-v^2/c^2)^{1/2}$$

依据电子内部的量子结构特点，设电子内正、负电力源绕电子质心旋转的回转半径为 r，旋转的角频率为 ω，则电子的自旋线速度与自旋角频率及回转半径的关系式为：

$$V_L = \omega r$$

依据物质波的产生机制，设电子波的波长为 λ，波速为 v，波频为 ν，则电子波的波长与波速、波频的关系式为：

$$\lambda = v/\nu$$

并且由电子自旋角频率与电子波频之间的关系

$$\omega = 2\pi\nu$$

联解

$$\lambda = v/\nu$$
$$\omega = 2\pi\nu$$
$$V_L = \omega r$$
$$V_L = v/c \cdot V_s = v/c \cdot v/(1-v^2/c^2)^{1/2}$$

四式，得：

$$\lambda = v/\nu$$
$$= 2\pi v/\omega$$
$$= 2\pi v r/V_L$$
$$= 2\pi r c/V_s$$

将上式右边分数线上下同乘以电子质量 m 得：

$$\lambda = 2\pi m r c/(mV_s)$$

因为光量子与电子均是由正、负电力源分别结环、聚团所形成的粒子结构，所以普朗克常量的量子表达式式（8-63）

$$h = 2\pi m r c$$

不仅适用于光量子，亦同样适用于电子（同理，还适用于核力源，即夸克）。于是有

$$\lambda = 2\pi m r c/(mV_s) = h/(mV_s)$$
$$= h/[mv/(1-v^2/c^2)^{1/2}]$$

$$= h/p_s \tag{15-22}$$

此式为本论推出的粒子物质波的波长公式，其中 p_s 代表粒子的视在动量。当粒子运动速度远远低于光速时，视在动量 p_s 近似等于经典物理的动量 p。

式（15-22）表明，粒子物质波波长不仅与粒子的质量成反比，还与粒子的"视在速度"成反比。或说，粒子波的波长与粒子的"视在动量"成反比。

三、关于物质波"概率"特性的探讨

（一）电环球交变电场频率与物质波波长

本论在前面已对光子波及其他粒子波的产生机理进行了初步的分析。分析表明：物质波的"波动行为"皆由粒子电环球产生的"交变电场"与外界发生作用所致。粒子电环球"交变电场"的场强是一个与时间及空间有关的余弦函数，其周变频率与粒子亚结构物质的自旋频率相等，且与粒子质心运动的速率相关联。

可列出：

光子电环球"交变电场"的频率表达式为

$$\nu_\gamma = \omega_\gamma/(2\pi) = V_L/(2\pi r)$$
$$= c/(2\pi r) \tag{15-23}$$

其他粒子电环球"交变电场"的频率表达式为

$$\nu = \omega/(2\pi) = V_L/(2\pi r)$$
$$= (v/c \cdot V_s)/(2\pi r)$$
$$= [v/c \cdot v/(1-v^2/c^2)^{1/2}]/(2\pi r) \tag{15-24}$$

两式中，ω 为粒子亚结构物质绕轴旋转的角速度，V_L 为亚结构物质绕轴旋转的线速度，r 为亚结构物质的回转半径，v 为粒子质心的运动速度，c 为真空中的光速值。

我们还知道，在"交变电场"变化的一个周期内，粒子质心的运动距离与"粒子波"的波长相对应，或者说"交变电场"的频率等于"粒子波"的波动频率。由此，光子波的波长表达式可表示为：

$$\lambda_\gamma = c/\nu_\gamma$$
$$= c/[\omega/(2\pi)] = 2\pi c/\omega$$
$$= 2\pi c/(V_L/r) = 2\pi cr/V_L$$
$$= 2\pi cr/c = 2\pi mcr/(mc)$$
$$= h/(mc) = h/p \tag{15-25}$$

其他粒子波的波长表示为

$$\lambda = v/\nu = v/[\omega/(2\pi)]$$
$$= 2\pi v/(V_L/r) = 2\pi v r/V_L$$
$$= 2\pi v r/(v/c \cdot V_s)$$
$$= 2\pi rc/(V_s) = 2\pi mrc/(mV_s)$$
$$= h/[mv/(1-v^2/c^2)^{1/2}] = h/p_s \quad (15-26)$$

式（15-25）、(15-36)中，h为普朗克常量，m为光量子或其他粒子质量，p为光量子的线动量，V_s为其他粒子的"视在速度"，p_s为其他粒子的"视在动量"。

（二）物质波"概率"特性的生成机制

虽然，粒子在自由空间中运动，不会与外界电场发生作用，亦不会显有"波动"的行为，但粒子电环球的"交变电场"却照样存在。此种情况对应的是量子力学波函数的特殊情形，即物质粒子不受外力场的作用，粒子的动量p、能量E不随时间发生改变，粒子的波函数所描述的波为平面波。

当粒子通过障碍物的边隙（含狭缝、小孔等）时，粒子的"交变电场"会与障碍物边隙（含狭缝、小孔等）的分子、原子电场发生作用，并导致粒子的运动状态发生改变。此种情况对应的是量子力学一般情况下的波函数，即粒子的动量p、能量E不再是常量。它们随时间而改变时，波函数不再是平面波。此时波函数的平方不再是常量，即$|\Psi|^2 = \Psi\Psi^* \neq$ 常量。这表明粒子在空间出现的概率密度不再是常量，而是有一定的强弱分布。

光子在通过障碍物的边隙（含狭缝、小孔等）时，由于受边隙电场力的作用，其质心真空速率虽恒定不变，但其"视在速率"及方向仍会发生改变，并伴有微弱的"多普勒频移"产生。其他粒子在通过障碍物的边隙（含狭缝、小孔等）时，同样会受到边隙电场力的作用，亦有横向加速度产生。光子与其他粒子在通过障碍物的边隙（含狭缝、小孔等）时，运动方向的偏离程度不仅与它们通过的位置有关，更与此时所带电环球"交变电场"的大小及方向有关。

下面以电子通过单缝的衍射实验为例，来进一步探讨物质波"概率"特性的形成。

如图15-2所示。

狭缝垂直图面，我们只考虑垂直狭缝的某一截面（xOz）中的情况。设有一束电子，以速度v（动量为$p_z = mv$），沿Oz轴射向屏AB上的狭缝，狭缝宽度为d。（若改用单个电子连续发射，只要保证电子数量相当，实验结果会与同时发射大量电子所得的结果一样）

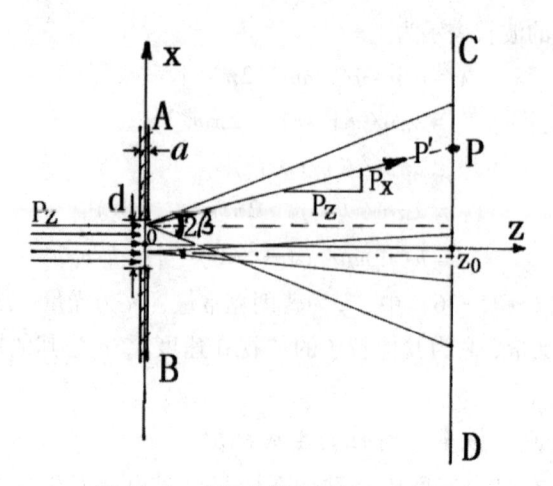

图 15-2　电子单缝衍射机理分析图

另设，电子束通过狭缝时，电子在缝间的分布是均匀的，并且，狭缝两边物质所带的微弱电场（或说电荷）亦是一样的。于是可得电子在通过狭缝时所产生的横向动量为

$$\Delta p_x = F\Delta t = (F_A - F_B)\Delta t$$
$$= [Q_f Q_{ed} / (4\pi\varepsilon_0 r_B^2) - Q_f Q_{ed} / (4\pi\varepsilon_0 r_A^2)]\Delta t$$
$$= Q_f Q_{ed} / (4\pi\varepsilon_0) \cdot (1/r_B^2 - 1/r_A^2)\Delta t$$
$$= Q_f Q_{ed} / (4\pi\varepsilon_0) \cdot [1/(d/2-x)^2 - 1/(d/2+x)^2]\Delta t$$
$$= Q_f Q_{ed} / (4\pi\varepsilon_0) \cdot [2dx/(d^2/4-x^2)^2]\Delta t \qquad (15-27)$$

式中，F_A 代表狭缝 A 侧的电荷与穿缝电子间的电力作用；F_B 代表狭缝 B 侧的电荷与穿缝电子间的电力作用；Q_f 表示狭缝 A 侧或 B 侧所带的电荷；Q_{ed} 表示穿缝电子所带的等效总电荷，且有 $Q_{ed} = e + Q_{dj} = e + 4c^2 k_{dj} \cos(\omega t + \theta_0)$，其中，$e$ 为电子的固有电荷，Q_{dj} 为电子因运动而获得的"等效交变电荷"；d 表示狭缝的宽度；x 表示穿缝电子在狭缝缝宽坐标上的位置；Δt 表示 Q_f 与 Q_{ed} 之间短暂的有效作用时间，可用狭缝的厚度 a 除以粒子前进的速度 v 来表示。于是有：

$$p_x = Q_f Q_{ed} / (4\pi\varepsilon_0) \cdot [2dx/(d^2/4-x^2)^2] a/v$$
$$= Q_f [e + 4c^2 k_{dj}\cos(\omega t + \theta_0)] / (4\pi\varepsilon_0) \cdot [2dx/(d^2/4-x^2)^2] a/v$$
$$\qquad (15-28)$$

我们从上式中可以看出，电子在经过狭缝时，所获横向动量（或说所受横向电场力）的变化与两个方面的因素有关：一是与电子所带等效总电荷 Q_{ed} 随运动而发生的周期性变化有关；二是与电子穿过狭缝的位置有关，即与 x 的变化有关（$-d/2<x<d/2$）。式中的其他量，在实验中可视为不变量。

式（15-28）告诉我们：无论电子从狭缝间的哪一个位置穿过，对每一个位置而言，只要穿过的电子数量满足概率统计的要求，电子的 Q_{ed} 值即会按"余弦函数"的变化规律呈现。或者说，从狭缝间的任意一个位置穿过的电子，只要其数量满足概率统计的要求，那么，这些电子所获得的横向动量 p_x 在整体数据上即会按"余弦函数"的规律分布。

当 x 取不同的值时，p_x 所对应的振动函数的"振幅"会发生相应的变化。如：取 $x=0$ 时，p_x 所对应的振动函数的"振幅"等于 0；x 取值向 $d/2$ 或 $-d/2$ 趋近时，p_x 所对应的振动函数的"振幅"会变大，且 x 的绝对值越接近 $d/2$（即电子穿缝的位置越靠近狭缝的两个边缘），"振幅"即增加得越快。

实验中，如果假定穿缝电子在垂直于缝宽的方向上的动量 p_z（$p_z=mv$）为不变量，则其偏折角为

$\beta = \arctan(p_x/p_z)$
$= \arctan\{Q_f[e+4c^2k_{dj}\cos(\omega t+\theta_0)]/(4\pi\varepsilon 0)\cdot[2dx/(d^2/4-x^2)^2]a/mv^2\}$ （15-29）

为方便分析，我们可设定式中的初相角 θ_0 为零，并将式中部分非变量合设成一个常量 H［令 $H=Q_f a/(2\pi\varepsilon_0 mv^2)$］，则可得到：

$$\beta = \arctan[H(e+4c^2k_{dj}\cos\omega t)\cdot dx/(d^2/4-x^2)^2] \quad (15\text{-}30)$$

式中，若 x 取（$-d/2, d/2$）值域区间的某个确定值，则公式可进一步简化为：

$$\beta = \arctan[A(e+4c^2k_{dj}\cos\omega t)] \quad (15\text{-}31)$$

其中，$A=Hdx/(d^2/4-x^2)^2$。

若穿过单缝的粒子是光子，上式则又可简化为

$$\beta = \arctan(A_\gamma \cos\omega t) \quad (15\text{-}32)$$

其中 $A_\gamma = 4c^2k_{dj}Hdx/(d^2/4-x^2)^2$。

式（15-31）表明：从狭缝间的任一个位置穿过的电子，其产生的偏折角 β 总在 $\geq\arctan[A(e-4c^2k_{dj})]$ 与 $\leq\arctan[A(e+4c^2k_{dj})]$ 的值域间变动。当电子从狭缝中线（即 $x=0$ 的位置）穿过时，由于常量 $A=4c^2k_{dj}Hdx/(d^2/4-x^2)^2=0$，则偏折角 β 恒等于 0，电子只在沿 z 轴的方向上出现；当电子穿过狭缝的位置由中线向侧边靠近时，电子向两边偏折的幅度即会迅速变大，其在所覆盖区域内出现的"概率密度"则会迅速减小。

由于在前面已假定"入射狭缝的电子束速度是一定的，且电子束在穿过狭

缝时的分布是均匀的"，所以，当有足够数量（即满足概率统计要求）的电子从狭缝间连续穿过时，我们即可将狭缝间的任一个位置看作是一个新的"电子发射源"。新"电子发射源"可比作是形成电子概率波的"子波源"。概率波的"衍射效应"，即是由狭缝间所有"子波源"发射的电子按照"波动"函数的规律叠加分布而产生的。

式（15-31）是表达"电子单缝衍射机制"的一种基本解析式，它所反映的只是单个"子波源"发射电子的概率分布规律。若要将狭缝间所有"子波源"发射的电子对观察屏上的任一落点 P 进行概率积分，则其积分过程会显得非常复杂。因为，从"子波源"发出的电子所产生的偏折角 β，不但与电子所带"等效净余电荷"Q_{ed}的时变因素"$\cos\omega t$"有关，而且还与"子波源"在狭缝中的空间位置 x 有关。（本论在此暂不做进一步的数学推导）

至于电子"双缝干涉"的物理机制，在本质上应与电子"单缝衍射"的相同，均是由概率波的相干及叠加所引起。不过，在这两种"效应"中，参与相干、叠加的对象还是有所区别的。"干涉"是有限几束电子的叠加分布，而"衍射"则是无穷多"子波源"发射电子的叠加分布。前者是粗略的，后者是精细的叠加。其次，出现的干涉与衍射花样均是明暗相间的条纹，但在强度分布（函数）上有间距均匀与相对集中的不同。

第四节 微观粒子状态的不确定性

一、不确定性原理

在经典力学中，我们可以通过实验同时足够准确地测定宏观物体的坐标（位置）与动量。但在微观世界，由于微观粒子具有与经典粒子根本不同的属性（所谓的"波粒二象性"），微观粒子的运动不具有确定的轨道，所以我们不能用实验来同时准确地测定微观粒子的坐标与动量。这种坐标与动量的不能同时准确测定性，不是由于仪器或测量方法的缺陷，而完全是由微观粒子的某种内禀性质所造成的。如果我们仍然使用描写经典粒子运动状态的坐标及动量来描写微观粒子的运动状态的话，那么微观粒子的坐标及相应的动量均存在不确定性。

"不确定性原理"（uncertainty principle）是量子力学的产物，是由德国物理学家海森堡于 1927 年为了完善玻恩的"几率解释"而提出的一个原理。此原理后来被具体为对微观粒子位置及动量的描述。海森堡认为，微观世界粒子的位置及动量是不能被同时准确测定的，一个粒子位置的不确定性与它速度的不确定性的乘积，必然大于或等于普朗克常量（planck constant）除以 4π（即 $\Delta x \cdot \Delta p \geq h/4\pi$）。一般情况下，微观粒子既无确定的动量，亦无确定的位置，粒子的位置与动量只有统计意义。

不确定性原理是通过一系列实验来论证的：

（1）用 γ 射线显微镜来观测一个电子的坐标与速度。由于 γ 射线显微镜的分辨本领受光量子波长 λ 的限制，所用光的波长 λ 越短（本论的观点：光的波长与光子环的半径成正比，光的波长 λ 越短，光子环的半径越小），显微镜的分辨率则越高，从而测定电子坐标不确定的程度 Δq 即越小，所以 $\Delta q \propto \lambda$。但另一方面，光照射到电子，可以看成是光量子与电子的碰撞，波长 λ 越短，光量子的动量即越大（本论的观点：光的波长与光子环的半径成正比，但与光子环的质量成反比，光的波长 λ 越短，光子环的质量反而越大），所以有 $\Delta p \propto 1/\lambda$。

采用将光照到一个粒子上的方式来测量一个粒子的位置与速度，一部分光子被此粒子散射开来，由此指明其位置。然而，人们不可能将粒子的位置确定到比一个光子环的直径更小的程度，所以为了精确测定粒子的位置，即必须使用波长更短的光子（半径更小的光量子）。

按照普朗克的量子假设，人们不能用任意小量的光去探测其他粒子，我们至少要用一个光量子。这量子会扰动粒子，并以一种不能预见的方式改变粒子的速度。所以说，如果想尽量精确测定一个量子的位置，那么即需要用波长更短的波（半径更小、质量更大的光量子），因此，对这个粒子的扰动亦会更大，对它的速度测量亦会越不精确；如果想尽量精确测定一个量子的速度，那就要用波长较长的波（半径更大、质量更小的光量子），因而就不能精确测定它的位置。

（2）以电子束单缝衍射实验为例，来说明微观粒子的坐标与动量的不确定性关系。如图 15-3 所示。

狭缝垂直图面，我们只考虑垂直狭缝的某一截面（xOz）中的情况。设有一束电子，以速度 v（动量为 $p=mv$），沿 Oz 轴射向屏 AB 上的狭缝，狭缝宽度为 d。由于电子具有波动性，其德布罗意波长 $\lambda = h/mv$，当其通过狭缝时，即产生单缝的衍射现象。如果将屏 CD 放在单缝右侧远处，观察电子波的夫琅和费衍射，则测得电子强度随衍射角的分布与光的单缝衍射完全相似。

$\varphi = 0$ 处为零级极大中心

$$d\sin\varphi = \lambda \tag{15-33}$$

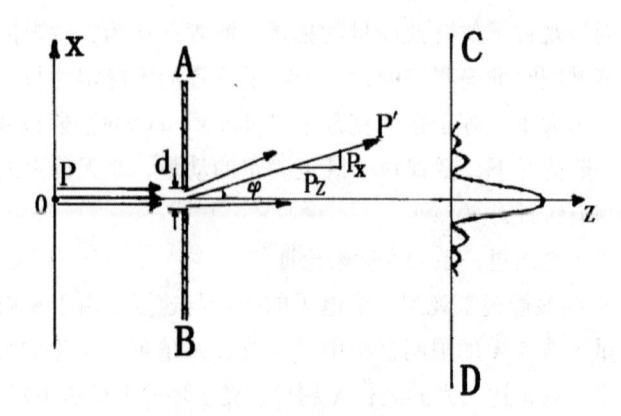

图 15-3 电子束通过单缝的衍射

处出现第一级极小。

零级极大最强，在其两侧，依次还有一级、二级等极大值，不过相对零级极大来说，强度均很小，如图 15-3 右侧强度分布曲线所示。

实验中假设电子束足够宽，沿 z 方向运动，它的动量在 z 方向的量值为 p，而在 x 方向动量分量为零，即

$$p_z = p$$
$$p_x = 0$$

下面对电子通过狭缝时的衍射对 p_x 的影响作一估计。由于发生衍射，电子的动量发生了变化，p_x 不再为零。由于衍射电子绝大多数落在零级亮条纹之中，作为一级近似，我们认为所有电子均落在零级亮条纹之内。由于一级亮条纹之内的 φ 角很小，假设电子通过狭缝时动量 p 大小不变，只变方向，则射向 φ 方向的电子对应于第一极小方向的电子，将有

$$p_x = p\sin\varphi$$

再考虑到式（15-33），于是有

$$p_x = p\lambda/d \tag{15-34}$$

不同 φ 方向有不同的 p_x，式（15-34）表示 p_x 有一个不确定值。这即是说在对应于单缝衍射的中央到第一极小范围内，电子 p_x 值有一个范围。如果用 Δp_x 表示这一范围的动量分量的不确定量，则有

$$\Delta p_x = p_x = p\lambda/d \tag{15-35}$$

电子通过狭缝时，可以从缝宽的任意位置通过，但某一电子究竟在缝的什么位置通过则不能具体确定，只知道它一定在缝宽的范围内，所以电子在 x 方向上位置的不确定值 Δx 等于 d，即

$$\Delta x = d \tag{15-36}$$

综上所述，电子通过狭缝时，狭缝对电子的运动产生了两种限制：一是将它的坐标 x 限制在缝宽 d 的范围内；一是使它在 x 方向的动量分量发生了 Δp_x 的不确定量。这两种限制是同时发生的，不可能只限制其中一个量而不限制另一个量。

由式（15-35）、式（15-36）及德布罗意关系式 $\lambda = h/p$ 可知，二者的关系为

$$\Delta p_x \Delta x = h$$

若再计及次级衍射，$\sin\varphi$ 比 λ/d 还要大，所以 p_x 不确定值 $\Delta p_x > \lambda/d$，因而，一般来说有

$$\Delta p_x \cdot \Delta x \geq h \tag{15-37}$$

将上述关系式推广到 y 方向及 z 方向，则有

$$\Delta p_y \cdot \Delta y \geq h \tag{15-38}$$

$$\Delta p_z \cdot \Delta z \geq h \tag{15-39}$$

式（15-37）是从单缝衍射这个特例得到的，但它是一个普遍的关系式，称为海森堡的"不确定性关系式"。

"不确定性关系式"表示：沿某一方向同时测量粒子的坐标及动量时，坐标不确定量与动量不确定量的乘积不得小于普朗克常量 h。即是说，当我们试图用经典的"坐标""动量"来描述具有"波粒二象性"的微观粒子时，若同时确定坐标与动量时其准确度必定有个限制。如果粒子的坐标测量愈精确（Δx 愈小），则同时测量的该方向的动量即愈不精确（Δp_x 愈大），二者之间满足 $\Delta p_x \cdot \Delta x \geq h$ 关系式，反之亦然。以前面所述的单缝衍射为例，如缝宽愈小（Δx 愈小），则一级衍射极小的衍射角 φ 愈大（即 Δp_x 愈大）。反之，Δx 愈大则 Δp_x 愈小。

类似的不确定性关系式亦存在于能量与时间、角动量与角度等物理量之间，它们均是不确定性关系式的推论。如微观粒子的能量 E 与时间 t 不能同时精确测定，它们必须满足如下的不确定性关系式（证明从略）：

$$\Delta E \cdot \Delta t \geq h \tag{15-40}$$

微观粒子在什么样的情况下可作为经典粒子处理，在什么样的情况下又必须考虑粒子的波动性及受到不确定性关系的限制，这与光学情况类似。在光的传播中若障碍物的线度 d 远大于光波波长 λ，则光的传播可当作几何光学处理，反之则必须考虑光的波动性所表现的干涉及衍射等现象。相应地，在微观领域中，若坐标不确定值远大于德布罗意波长，则可用经典力学处理；反之，则受

不确定关系式限制。

二、微观粒子状态的"不确定性"根源

海森堡在谈到微观粒子状态的"不确定性"问题时，曾指出：在微观世界一个事件并不是断然决定的，它存在一个发生的可能性，这种不确定性正是量子力学中出现统计关系的根本原因，亦是宏观语言不能描述的缘由。

科学家们认为，在微观世界人们对粒子的"行踪"是无知的，并且这种无知根植于"天生的不确定性"。即是说，海森堡眼中的微观粒子是一个天生就无确定行踪的质点，粒子波即是对粒子无确定行踪的描述。

还有人发出疑问：微观粒子状态的"不确定性"，究竟是量子力学内蕴的性质"不确定"，还是由于测量仪器总要带来误差而导致的结果"测不准"？或说"不确定性"究竟是来源于"观测"还是"对象"本身？

维尔纳·海森堡于1927年发表论文给出了"不确定性原理"的原本启发式论述。海森堡的表述意思是，测量这动作不可避免地搅扰了被测量粒子的运动状态，因此产生不确定性。同年稍后，厄尔·肯纳德（Earl Kennard）给出另一种表述。隔年，赫尔曼·外尔亦独立获得这结果。按照肯纳德的表述，位置的不确定性与动量的不确定性是粒子的秉性，无法同时压抑至低于某极限关系式，与测量的动作无关。这样，对于"不确定性原理"即有了两种完全不同的表述。然而，这两种表述实为同一导源，我们可以从其中任意一种表述推导出另一种表述。

长久以来，不确定性原理与另一种类似的物理效应（称为观测者效应）时常被混淆在一起。观测者效应指出，对于系统的测量不可避免地会影响到这系统。为了解释量子不确定性，海森堡的表述所援用的是量子层级的观测者效应。之后，物理学者渐渐发觉，肯纳德的表述所涉及的不确定性原理是所有类波系统的内秉性质。它之所以会出现于量子力学，完全是因为量子物体的"波粒二象性"。它实际表现出量子系统的基础性质，而不是对于当今科技实验观测能力的定量评估。在这里特别强调，测量不是只有实验观测者参与的过程，而是经典物体与量子物体之间的相互作用，不论是否有任何观测者参与这过程。

本论认为：微观粒子状态的"不确定性"，并非粒子的根本属性，它只是粒子电环球所带的"交变电场"在与外界电场发生作用时所产生的一种"时变效应"。微观粒子状态的"不确定性"，缘于基本粒子（如夸克、中微子除外的轻子、光子等）亚结构物质的高频旋转运动。微观粒子状态的"不确定性"，是基本粒子亚结构物质的一种自然运动特性，而非"天生的不确定"。

笔者在前面曾经论述过：粒子电环球的电性平衡因粒子的质心运动而发生破缺，从而产生伴随粒子运动的"交变电场"。电环球的"交变电场"伴随粒子的质心运动呈现周期性的变化，这种内禀性的变化只受粒子亚结构运行机制的支配，而与外界的作用因素无关。

虽然粒子电环球的"交变电场"只受粒子亚结构运行机制的支配，与外界的作用因素无关，但粒子状态的"时变"特性还须在"交变电场"与外界电场发生作用时才能显现。因此说：粒子电环球"交变电场"的高频率变化，是产生粒子状态"不确定性"的内在因素，而"交变电场"与外界电场发生作用（例如外部对粒子的观测）则是粒子状态"不确定性"效应产生的外在条件。或者说：对于微观粒子状态"不确定性"效应的产生，粒子电环球交变电场的"时变特性"与粒子交变电场同外电场的"作用"，二者缺一不可。

第五节　波函数及量子力学的统计解释

一、波函数的创建史

波函数是量子力学中描述微观尺度范围内物质行为的函数，或者说是描述德布罗意波（物质波）的函数。在经典力学中，用质点的位置及动量（或速度）来描写宏观质点的状态，这是质点状态的经典描述方式，它突出了质点的粒子性。由于微观粒子具有波粒二象性，粒子的位置与动量不能同时有确定值，因而质点状态的经典描述方式不适用于对微观粒子状态的描述。为了能定量地描述微观粒子的状态，量子力学引入了波函数。

波函数来源于"电子双缝干涉"实验，因为，该实验是量子力学最初的"密码"，它揭示了电子的"波动性"。在"电子双缝干涉"实验中，电子于观察屏上各个位置出现的概率密度并不是常量，如：有些地方出现的概率大，即出现干涉图样中的"亮条纹"；而有些地方出现的概率却可以为零，没有电子到达，显示为"暗条纹"。由此可见，在"电子双缝干涉"实验中观察到的，是大量事件所显示出来的一种概率分布，波函数所代表的即是一种"概率"的波动，其概率的大小受波动规律的支配。这正是玻恩对波函数物理意义的解释，即波函数模的平方对应于微观粒子在某处出现的概率密度。

在1920年代与1930年代，量子理论物理学者大致分为两个阵营。第一个阵营的成员主要为路易·德布罗意与埃尔温·薛定谔等，他们使用的数学工具是微积分，他们共同创建了波动力学。第二个阵营的成员主要为维尔纳·海森堡与马克斯·玻恩等，他们使用线性代数建立了矩阵力学。后来，薛定谔证明这两种方法完全等价。

德布罗意于1924年提出的德布罗意假说表明，每一种微观粒子均具有波粒二象性。电子亦不例外，也具有这种性质。电子是一种波动，是电子波。电子的能量与动量分别决定了它的物质波频率与波数。既然粒子具有波粒二象性，即应该有一种能够正确描述这种量子特性的波动方程，这一点给予了埃尔温·薛定谔极大的启示，他因此开始寻找这波动方程。薛定谔参考威廉·哈密顿先前关于牛顿力学与光学之间的类比这方面的研究，在其中发现了一个隐藏的奥妙，即在零波长极限，物理光学趋向于几何光学，或者说光波的轨道趋向于明确的路径，而这路径遵守最小作用量原理。哈密顿认为，在零波长极限，波传播趋向于明确的运动，但他并没有给出一个具体方程来描述这种波动行为，而薛定谔给出了这方程。薛定谔从哈密顿—雅可比方程成功地推导出"薛定谔方程"。他用自己设计的方程来计算氢原子的谱线，得到的答案与用玻尔模型计算出的答案相同。他将这"波动方程"与氢原子光谱分析结果一起写进论文，在1926年正式发表于物理学界。从此，量子力学有了一个崭新的理论平台。

由于"薛定谔方程"能够正确地描述波函数的量子行为，薛定谔建立的波动力学很快被物理学界所接受。然而，那时的物理学者们尚未能解释波函数的含义，包括薛定谔本人用波函数来代表电荷密度的尝试，亦遭到失败。出人意料的是，对波函数的意义做出正确解释的竟是矩阵力学的创始人之一的玻恩教授！1926年，当玻恩得知戴维逊的电子衍射实验后，他立刻意识到那即是德布罗意所预言的电子衍射的实验证据。他在爱因斯坦关于波场与光量子关系的启示下，通过光子与电子的类比，提出了著名的波函数的几率诠释。

玻恩在1926年6月25日发表的《散射过程中的量子力学》一文中，详细表述了他对波函数意义的几率诠释。他首先分析了薛定谔对波函数的诠释，并提出了认为不妥当的地方，随后他提出了一个非决定论的解释——$|\Psi|^2$代表几率密度。关于为何提出这种解释，他在1954年诺贝尔授奖演讲中指出："爱因斯坦的观念又一次引导了我，他曾经把光波的振幅解释为光子出现的几率密度，从而使粒子与波的二象性成为可理解的。把这一观念推广到波函数，$|\Psi|^2$必须是电子（或其他粒子）的几率密度。"利用这种解释，玻恩明确了德布罗意波的意义——$|\Psi|^2$即是电子在t时刻出现于r地点的几率密度。所以，德布罗意波是一种几率波，并不表示任何媒质的真实振动，波函数在空间某点上的强度与粒子在该点出现的几率成正比，这种出现的几率以波的形式连续地传播。

正是玻恩赋予波函数的这种统计意义，才使人们能更好地理解薛定谔方程、量子力学。亦正是这一突出贡献，使他获得了1954年度诺贝尔物理学奖。

1926年，玻恩提出概率幅的概念，成功地解释了波函数的物理意义。可是，薛定谔本人不赞同这种统计或概率方法及它所伴随的非连续性波函数坍缩，如同爱因斯坦认为量子力学只是个决定性理论的统计近似，薛定谔永远无法接受哥本哈根诠释。在他有生之年的最后一年写给玻恩的一封信中，薛定谔清楚地表明了这意见。

薛定谔方程不具有洛伦兹不变性，无法准确给出符合相对论的结果。薛定谔试着用相对论的能量动量关系式，来寻找一个相对论性方程，并且描述电子的相对论性量子行为。但是这方程给出的精细结构不符合阿诺·索末菲的结果，又会给出违背量子力学的负概率与怪异的负能量现象，他只好将这相对论性部分暂时搁置一旁，先行发表前面提到的非相对论性部分。

1926年，奥斯卡·克莱因与沃尔特·戈尔登将电磁相对作用纳入考量，独立地给出薛定谔先前推导出的相对论性部分，并且证明其具有洛伦兹不变性。这方程后来称为克莱因—戈尔登方程。

1928年，保罗·狄拉克最先成功地统一了狭义相对论与量子力学，他推导出狄拉克方程，适用于电子等自旋为1/2的粒子。这方程的波函数是一个旋量，拥有自旋性质。

二、机械平面波函数

（一）平面简谐波函数

在经典力学里，将传播介质中任一质点（坐标为x）相对其平衡位置的位移（坐标为y）随时间的变化关系，即$y(x, t)$，称为机械波的波函数。

机械波中的"平面简谐波"，是自然界的一种最简形式的波。例如，一个沿x方向传播的速率为v、频率为ν的平面机械波，其波函数的一般表达形式为

$$y(x, t) = A\cos[\omega(t-x/v) +\varphi_0] \qquad (15\text{-}41)$$

或

$$y(x, t) = A\cos[2\pi(\nu t-x/\lambda) +\varphi_0] \qquad (15\text{-}42)$$

式中的$\omega(t-x/v)$，称为波的位相，波在某点的相位反映该点质元的运动状态。所以，简谐波的传播亦是介质振动位相的传播。设t时刻x处的位相经dt传到$(x+dx)$处，则应有

$$\omega(t-x/v) = \omega[(t+dt) - (x+dx)/v]$$

解此式可得简谐波的波速 $v=dx/dt$。所以,简谐波的波速亦称为相速。

由式（15-41）

$$y(x, t) = A\cos[\omega(t-x/v) + \varphi_0]$$

可得质点的振动速度、加速度分别为

$$u = \partial y/\partial t = -\omega A\sin[\omega(t-x/v) + \varphi_0] \tag{15-43}$$

$$a = \partial y^2/\partial t^2 = -\omega^2 A\cos[\omega(t-x/v) + \varphi_0] \tag{15-44}$$

（二）简谐波函数的物理意义

由式（15-41）

$$y(x, t) = A\cos[\omega(t-x/v) + \varphi_0]$$

可得波函数的另一种表示式

$$y(x, t) = A\cos[2\pi(t/T - x/\lambda) + \varphi_0] \tag{15-45}$$

依据式（15-45）分析：

(1) 当 x 为定值时,波函数表示该质点的简谐运动方程,即有

$$y(x, t) = y(x, t+T)$$

波具有时间的周期性。

(2) 当 t 一定时,波函数表示该时刻波线上各质点相对其平衡位置的位移,即有

$$y(x, t) = y(x+\lambda, t)$$
$$\Delta\varphi = 2\pi\Delta x/\lambda$$

(3) 若 x、t 均变化,波函数则表示波形沿传播方向的运动情况（行波）,即有

$$y(x, t) = A\cos[2\pi(t/T - x/\lambda) + \varphi_0]$$
$$\varphi(t, x) = \varphi(t+\Delta t, x+\Delta x)$$
$$2\pi(t/T - x/\lambda) = 2\pi[(t+\Delta t)/T - (x+\Delta x)/\lambda]$$
$$\Delta x = v\Delta t$$

(4) 波速与波长、周期及频率的关系为

$$v = \lambda\nu = \lambda/T \tag{15-46}$$

注意:周期或频率只决定于波源的振动,波速只决定于媒质的性质。

根据需要,简谐机械波函数还可写成复数式

$$y(x, t) = Ae^{-i2\pi(\nu t - x/\lambda)} \tag{15-47}$$

此式表示为沿 x 正方向运动的余弦波或正弦波。取其实数部分为余弦波（虚数部分为正弦波）。

三、量子力学中的波函数

机械波可以用质点的位移随时间的变化来描述，德布罗意波（或者说物质波）亦可用一个随时间及空间变化的函数来描述，这个函数称为"波函数"，通常用 $\Psi(r, t)$ 来表示。

波函数就其本义而言并不是量子力学特有的概念，任何波均有其相应的波函数。然而，人们习惯上将"波函数"这一术语专用于描述量子态，而不常用于经典波，所以"波函数"即成了量子力学的专用术语。一般情况下，只要不作特别说明，"波函数"即指描述德布罗意波（或说物质波）的波函数。

我们知道，在经典力学中，一个沿 x 方向传播的频率为 ν（或波长为 λ）的平面机械波，波的表达式（或波的方程）可表示为

$$y(x, t) = A\cos 2\pi(\nu t - x/\lambda) \tag{15-48}$$

式中 $y(x, t)$ 是一个时间及空间的函数，亦叫行波表达式。它表示沿 x 正方向运动的余弦波或正弦波。它的复数表示形式为

$$y(x, t) = A e^{-i2\pi(\nu t - x/\lambda)} \tag{15-49}$$

取其实数部分为余弦波（虚数部分为正弦波）。

在量子力学中，对于以动量 p 运动的自由粒子，由德布罗意假设知，它是一个频率为 $\nu = E/h$，波长为 $\lambda = h/p$（按本论观点，应为 $\nu = E_s/h$，$\lambda = h/p_s$）的平面物质波。当这个波沿 x 方向传播时，我们可借助简谐机械波的复数表示式（15-49）写出它的行波表达式

$$\begin{aligned}\Psi(x, t) &= \Psi_0 e^{-i2\pi(\nu t - x/\lambda)} \\ &= \Psi_0 e^{-i2\pi/h \cdot (Et - px)}\end{aligned} \tag{15-50}$$

量子力学在这里之所以借用简谐机械波的复数表示式（15-49），而不是用它的一般表示式（15-48），是因为只有如此，才能建起正确的决定粒子状态变化的波动方程（即薛定谔方程）。

量子力学把 $\Psi(x, t)$ 称作一维空间里的"波函数"，它是一个随时间、空间变化的函数，它表示一个沿 x 方向传播的平面物质波。

在式（15-50）中，Ψ_0 表示波函数的振幅，$2\pi(\nu t - x/\lambda)$ 代表波的相位。由于波函数 $\Psi(x, t)$ 是一个复数，所以它本身没有直接的物理意义，而波函数的平方即波函数的模的平方 $|\Psi|^2 = \Psi\Psi^*$ 才有物理意义。它表示正比于某一时刻 t，在空间 x 处单位体积内粒子出现的"概率"，称作"概率密度"。

四、波函数的统计解释

波函数 $\Psi(r, t)$ 是薛定谔方程中的一个关于时间与位置的函数,它的物理意义在薛定谔看来是通常意义上的经典波。然而,哥本哈根学派对此却有完全不同的解释。他们认为:波函数的波是"概率波",即波函数的模的平方表征粒子在这个位置这个时间出现的概率。这即是波函数的统计解释。

我们依照量子力学的主流观点,可分两种情况讨论"波函数"的意义。

（一）特殊情形下的波函数

式（15-50）所描述的平面波是一般物质波的特殊情形,是物质粒子不受外力场的作用,粒子的动量 p、能量 E 不随时间改变的情形。

对这种平面波而言,波函数的平方

$$|\Psi|^2 = \Psi\Psi^*$$
$$= \Psi_0 e^{-i2\pi/h \cdot (Et-px)} \cdot \Psi_0 e^{i2\pi/h \cdot (Et-px)}$$
$$= \Psi_0^2$$

是一常量,表明粒子在空间各点出现的概率是相同的。主流观点认为这一点正好符合"不确定关系式"。因为平面波是描述自由粒子的运动状态,自由粒子的动量 p（亦即 p_x）有完全确定值时,而粒子相应动量方向的坐标（Δx）则有完全不确定的值,故而自由粒子可在空间各处出现,且出现的概率为同一常量。

（二）一般情况下的波函数

如果粒子的动量 p、能量 E 不再是常量,它们随时间而改变时,波函数不再是平面波。此时波函数的平方亦不再是常量,即 $|\Psi|^2 = \Psi\Psi^* \neq$ 常量。即粒子在空间出现的概率密度不再是常量,而有一定的强弱分布。

我们还是以电子双缝实验来说明此种情形下波函数的物理意义。物理学家证明对于电子双缝实验,得到与光的双缝干涉完全类似的干涉图样。这表明粒子确有波动性。那么,我们应该怎样来理解实物粒子的波粒二象性呢?

若用波动观点来理解电子的双缝实验,认为代表电子运动的波列到达双缝后,将在双缝 A、B 处形成两个子波,如图 15-4 所示:

两个波叠加后在接收屏上得到双缝衍射图样。但是,这样的描述与电子的粒子性相矛盾。

面对上述实验事实,究竟应该怎样来理解?

是不是一个电子通过 A、B 时被分成两部分,彼此进行干涉?但这与电子的粒子性是矛盾的。反之,如果认为电子到达双缝时只有一条缝起作用,即每个

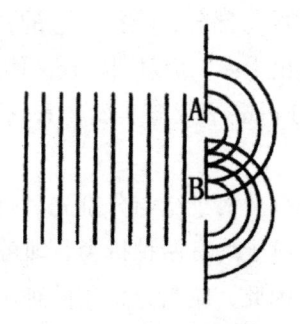

图 15-4 电子的双缝衍射

电子仅仅从其中一条缝通过，则这种观点虽然维护了电子的粒子性，却又与实验事实明显不符。若按这种观点必然得到如下结论：先打开缝 A 关上缝 B，然后再打开缝 B 关上缝 A，应得到与同时打开双缝相同的衍射图样，因为它们在实质上没有区别，对每个电子来说无论哪种情况均只有一条缝起作用。而事实并非如此，先后依次打开一条缝得到的必然是两个单缝衍射图样的叠加，不可能得到双缝衍射图样。这即是说，尽管粒子性要求每个电子只能从一条缝通过，但打开双缝与只打开单缝，电子所处的情况是不同的。

此外，电子到达接收屏后又是怎样分布的呢？是每个电子按衍射条纹的强弱分散地分布呢，还是每个电子只落在衍射图样的一个点上？如果是前者则电子被分割了，如果是后者则又如何得到衍射图样呢？

总的来说，困难在于波的性质要求电子分布在空间各处，而粒子性质又不允许电子被分割，而只能在某处出现。二者如何统一，这要归功于概率波的提出。概率波与经典波有明显的区别。机械波的双波干涉是由于两列波的相干叠加，合振幅平方表示干涉波在空间强度的分布，由此得到干涉图样。概率波不能像经典波那样，以波函数振幅的平方表示单个电子在空间分布的强度，一个电子只能在某一地点出现，不能像波那样分布在空间各处。因此，人们假设电子波函数振幅的平方表示电子在空间各处出现的概率，这样即可以将电子的波动性与粒子性统一起来。

量子力学研究表明，电子的运动状态由波函数来描述。式 (15-50) 是平面波的波函数，它的模的平方 $|\Psi|^2 = \Psi_0^2$ 是一常量，表示自由电子在空间出现的概率相同。对于电子双缝实验的波函数，当然不是上述的平面波的波函数。但它的模的平方 $|\Psi|^2 = \Psi\Psi^*$ 的物理意义仍然表示电子在空间出现的概率。

概率波的提出既能维护电子的粒子性，又能体现电子的波动性。由于概率波给出的是电子出现的概率，所以不要求分割电子，一旦在某处出现，出现的总是整个电子，而不是电子的一部分，维护了它的粒子性。电子的概率分布是由波函数决定的，所以能给出干涉、衍射图样，又体现出了波动性。

若用概率波的概念来分析电子双缝实验，看它是如何克服前面提出的矛盾的。

电子通过双缝时，同时打开两个缝与分别先后打开一个缝对电子来说是有区别的。在前一情形，每个电子均有两种机会，即可以从 A 或 B 通过，而在后一情形即只存在一种机会。因此，应当分别用两种不同的概率波来表示这两种情况，即波函数应是两种不同的数学表达式。分别给出不同的干涉图形，即分别是双缝或单缝的衍射图样。一个表示有机会通过 A、B 两个缝的概率波并不破坏电子的粒子性，它说明每个电子有机会通过缝 A，亦有机会通过缝 B，而没有要求将一个电子分成两半分别通过 A、B。

电子到达接收屏后的图样表示，是电子经双缝衍射的概率波在屏上分布的概率。例如亮条纹处概率大，暗条纹处概率小等。电子到达接收屏时实际上只落在一个点上，至于具体落在哪个点上是按概率分布的。

在大量电子参加双缝实验时，各个电子均以同样的概率波表示，大量电子到达接收屏后必然在概率大的地方电子多（出现亮条纹），在概率小的地方电子少（出暗条纹）。如果电子束非常弱，让电子一个一个地单个通过双缝，实验所得的结果如图 15-5 所示：

(a)、(b) 表示只有几个电子通过双缝后到达胶片的痕迹。可以看到每个电子均是一个点，体现了粒子性，但每个点均正确落在衍射极大处，体现了波动性。(c) 图的电子数已相当多。从 (d) 到 (e) 显示随着电子数的增加，它们按衍射条纹强度分布的规律越来越明显。到了 (f)，电子数已非常多，图形变成连续的干涉条纹而显示不出电子的个体了。这说明一个电子到达波的强度大的地方概率大，强度小的地方概率小。所以，物质波是一种概率波。概率波能将电子的波动性与粒子性很好地结合起来。由此亦可以看出物质波的波函数必须是复数而不是实数，否则物质波即与机械波规律的描述没有本质区别了。

既然 $\Psi\Psi^*$ 代表某时刻在某处的概率密度（单位体积中粒子出现的概率），那它一定是一个有限的确定值。所以波函数 Ψ 必须是有限的、单值的，不可能既是这个值又是那个值。又因为在整个空间出现的总概率为 1，所以必须满足如下的关系式：

$$\iiint \Psi\Psi^* dv = 1 \qquad (15\text{-}51)$$

此式称为"归一化条件"。

图 15-5

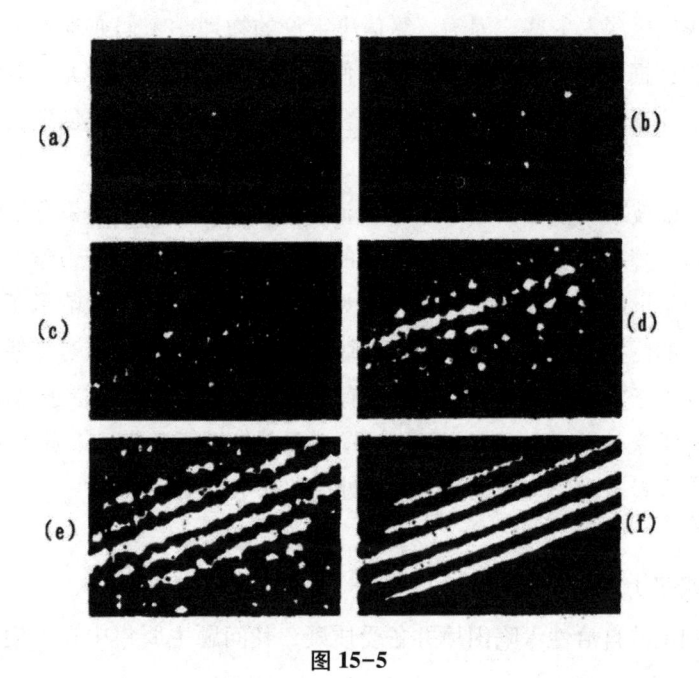

量子力学对波函数的统计解释，要求波函数必须是单值、连续、有限，而且是归一化的，这叫作波函数的标准化条件。

第六节　关于量子力学发展困境的探究

一、量子力学发展的尴尬处境

量子力学将微观粒子的运动状态称为"量子态"。"量子态"在整个量子理论中处于一个极为基础且核心的地位。然而，"量子态究竟是由哪些深层因素决定的"这个问题，却是理论物理学家们百年来一直争论不休的焦点。

"哥本哈根诠释"认为，波函数所描述的量子状态，是物理学可以追究的尽头，其在测量中所表现出来的概率性，无法指望更深层面的机制或原因将其破解。"哥本哈根诠释"自然触怒了笃信决定论的大批物理学家。如爱因斯坦那句"上帝不掷骰子"的口号，以及薛定谔搬出的那只可怜的"小猫"，还有德布罗意1927年提出的"导航波"理论等，这些均是对"哥本哈根诠释"的抵制与宣战。然而，"哥本哈根诠释"的反对派们的抵制与宣战，并未能帮助人们对量子态本质的认识更深入一些。因为，笃信决定论的物理学家们亦拿不出什么"硬核"的实验证据或完备的理论来说服人们。反倒是，量子力学充分利用其理论模型的数学计算能与实验结果很好地符合这一优势，指导人类创造出了无数的科技成果。

虽然，以玻尔为核心的哥本哈根主流学派，包括波恩、海森堡、泡利，与以爱因斯坦、德布罗意、薛定谔为代表的非主流学派，在量子力学原理上的论争历时近一个世纪，至今谁对谁错亦没见个分晓，但这并未影响量子力学对人类科技进步的巨大促进作用。科学家们聪明地绕过了"究竟谁对谁错"的世纪之争，选择忠于实验结论及计算结果。有人调侃道：若要问到量子力学的原理，大多数物理学家会说："闭嘴，乖乖计算"。虽然这话听起来让人觉得有些滑稽，但却是对当今量子力学理论发展之尴尬处境的一个真实写照。

二、量子力学的"症结"

量子理论的自洽性深陷困境并备受质疑，其问题主要集中在人们对"波函数坍缩"过程的诠释上。

自量子力学诞生以来，虽有许多物理学的大咖对"波函数坍缩"的物理过程提出过多种多样的解释，但皆不尽如人意。科学家们一直在探讨："波函数坍缩"究竟是这个世界的自然现象之一，还是仅属于某个现象的一部分，比如"量子退相干"的附属现象。与此同时，亦不乏对"波函数坍缩"过程真实性质疑的声音。有人认为所谓的"坍缩"过程只是对测量过程中体系行为的一种解释而已，它从来没有得到过验证，只是"用起来方便"；亦有人认为"坍缩"只是一种描述，即波函数由叠加态变为经典的本征态要用这种理论去表述。

"波函数坍缩"究竟是一个怎样的过程？它为什么会引起科学家们的长久争论？要弄清这些问题，我们还须对"波函数坍缩"概念的产生有一个大致的了解。

（一）"波函数坍缩"概念的提出

量子力学是描述微观粒子结构、运动与变化规律的一门物理学分支学科，它是在普朗克的量子假说、爱因斯坦的光量子理论与玻尔的原子理论等旧量子论的基础之上，由海森堡、薛定谔、玻恩、费米等一大批物理学家于 20 世纪初共同创立的。

量子力学通过薛定谔提出的波函数方程，揭示出了与经典物理学完全不同的物质运动规律，而这一切实际上均源自微观粒子的波粒二象性，即同时具有类似于经典波与经典粒子的双重性质。

1926年，玻恩对微观粒子的波粒二象性提出了一种统计解释。他认为微观粒子的波动性并不代表实际物质的波动，只是描述粒子在空间中分布的一种几率波。"双缝干涉"实验中电子的波动性只是一定数量的电子在一次实验中的统计结果，或者单个电子在多次重复的相同实验中的统计结果。按照玻恩的解释，微观粒子的波动性实际上意味着微观粒子在某个时刻出现在某处的概率密度，并且他指出波函数在空间中某处的强度（波函数振幅绝对值的平方），正是与微观粒子在该处出现的几率相对应的。

波函数概念的提出及其物理意义（概率密度幅）的明确，使得量子力学彻底摆脱了经典物理学的认识，波函数亦因此成了量子理论最基本的概念。物理学家们以波函数为基础，先后提出了五个"基本假设"，并由此建起了量子力学的理论框架。

量子力学的五个"基本假设"为：

（1）波函数公设。微观体系的运动状态由相应的归一化波函数描述。

（2）微观粒子动力学公设。微观体系的运动状态波函数随时间变化的规律遵从薛定谔方程。

（3）算符公设。量子力学中的可观测量由线性厄密算符来表示。

（4）测量公设。对量子系统的物理量进行测量，会得到该物理量本征值的某一个，且测量后，物理量本征值确定。

（5）全同粒子公设。玻色子系的波函数是对称的，费米子系的波函数是反对称的。

在量子力学的"基本公设"里面，微观系统的运动状态可以完备地用量子态描述。量子态是希尔伯特空间中的一个矢量（态矢量）。这个态矢量为大家最熟悉的一种表达方式，即"波函数"。在量子力学中，一个波函数可以完全定义一个微观粒子的全部运动状态。或者说，知道了量子态，即知道了量子系统的一切信息。

在量子力学中，量子态是一个确定的、连续变化的、由薛定谔方程严格预测的状态函数，即波函数。从数学角度看，薛定谔方程乃是一种波动方程，波函数亦具有类波的性质。由薛定谔方程的演化及计算结果表明，波函数随时间变化而分布在空间广大区域，但当对量子系统的物理量进行测量时，波函数即会发生突变，变为其中的一个本征态或有限个具有相同本征值的本征态的线性组合。

量子力学很好地描述了微观粒子两方面的行为：一是系统的量子态如何随

时间变化，二是对某确定量子态的系统进行观察时会得到何种结果。然而，该理论却有一个特别奇怪的地方，即系统波函数的演化好像被"测量"截断成两种完全不同的模式：当系统不被"观测"时，它的波函数满足薛定谔方程，是确定的、连续的、幺正的（美籍匈牙利数学家冯·诺依曼命名为 U 过程）；当系统被"观测"时，它的波函数即会瞬间地发生随机突变。这种因为"观测"而使波函数从满足薛定谔方程给出的连续的、与时间有因果关系的叠加态形式，瞬间突变成非连续的、概率性的本征态形式的过程，被数学家冯·诺依曼称为"波函数的坍缩"。

（二）"波函数坍缩"乃量子力学的"症结"

人类在探索、征服大自然的过程中，创建了无数的数学形式体系用以描述事物的客观运动规律。然而，数学形式上的描述，只是人们认识事物的一种手段、一种方法，并且在分析研究同一事物的运动变化规律上，往往还可以用不同的数学形式体系来描述。不过，在对同一事物的运动规律采用不同的数学形式体系来描述时，其从整体性、深入性、抽象性等方面综合反映出的客观准确度还是有所区别的。

量子力学是描述微观粒子运动状态的完备理论体系，其理论的完备性主要体现在数学的形式体系上。如量子态、叠加态、本征态、波函数、薛定谔方程、波函数坍缩等概念，它们皆是量子力学数学形式体系中必不可少的元素。

长期以来，量子力学所建立的数学形式体系经受住了无数实验事实的检验，证明该形式体系的数学计算能与实验结果很好地符合，并能对实验结论给出满意的预示。然而，量子力学却因理论的局限性而禁锢了自己的发展空间，以至其理论迟迟得不到实质性的突破。因为，量子力学的理论框架均是以"公理"的形式强行固化的。

量子力学把自己打造成了一个独立的"数学王国"，它不需要新理论的诠释，它视其所描写的微观粒子的性质及运动规律为宇宙最根本的物质属性与运动法则。从目前流行的纯粹的"闭嘴计算"做法来看，量子态好比我们对观测结果做出预测的数学工具，量子力学即是这种工具的使用手册，而"波函数坍缩"则只是工具使用手册中的一环。

"波函数坍缩"好比是量子力学这个"数学王国"与物理世界发生关联的对接口，而物理世界与之对接的则是微观"测量"。物理世界通过"测量"与数学王国的"波函数坍缩"建立联络，从而获取"数学王国"给出的肯定结果。

"测量致波函数坍缩"即像一个阴阳合体的"怪物"，半阴半阳，虚实相随,让人对其"阴阳"两难评说。若认定"波函数坍缩"是一个虚拟的数学演绎环节,没有物理实在对应,那么,"测量"又是从何处获得的真实预期结果呢?若认定"波函数坍缩"是一个真实的物理过程,那么,对此"过程"为何又给不出物理的描述呢?故曰,"测量致波函数坍缩"的纠结,乃量子力学的"症结"甚或死结。

三、量子力学的"病根"

笔者认为,量子力学并非一个完备的理论,其"病根"植埋于人们对"光本性"的肤浅认识上。早在量子力学酝酿时期(1900—1926年),甚至更早,人们对"光本性"的认识即已出现了偏差。

关于"光本性"问题,17世纪的笛卡儿在他的《方法论》的三个附录之一《折光学》中提出了两种假说。一种假说认为,光是类似于微粒的一种物质;另一种假说认为光是一种以"以太"为媒质的压力。虽然笛卡儿更强调媒介对光的影响与作用,但他的这两种假说已经为后来的微粒说与波动说的争论埋下了伏笔。

光的波动说与微粒说之争从17世纪初笛卡儿提出的"两点假说"开始,至20世纪初以光的"波粒二象性"告终,前后共经历了三百多年的时间。在新的事实与理论面前,光的波动说与微粒说之争最终以"光具有波粒二象性"而落下了帷幕。

光具有"波粒二象性",这是物理学史上一个具有非凡意义的科学结论,亦是量子力学诞生的前奏曲。然而,光的"波粒二象性"并不能够完整地描述光的本性,它只能从表象上对光的"波动说"与"微粒说"之争来个折中言和。实质上,光的"波粒二象性"一方面催生了量子力学,同时亦给量子力学的发展深深地埋下了隐患。

首先,科学家们在光量子的内部结构问题上,一直是三缄其口,讳莫如深。因为,光量子的内部结构不仅是人们认识的盲区,更是物理学的禁区。科学家们视光量子为万物的极始、能量的化身,认为它没有静止质量,没有体量大小。

其次,科学家们视光子的"粒子性"与"波动性"同为物质的天然属性,所以,他们不愿深究光子"波动"特性的形成机理,以致人们对"波粒二象性"的认识长期停留在"表象认可"的肤浅层面上。

总之,由于人们深受经典电磁波动(或说光波)理论的影响,以及对电磁量子(或说光量子)本性认识的不彻底,所以在建立量子力学的基础理论时很难摆脱经典波动思想的约束,从而导致"理论"的自洽性深陷困境。这,即是量子力学的"病根"所在。

四、禁锢量子力学发展的枷锁

自量子力学诞生以来，人们始终没有弄清物质波（德布罗意波）的真实面目，尤其是在对"波粒二象性"的认识上，人们总是显得那么迷茫与困惑不堪，好像真遇到了什么"魔障"似的。量子力学的旗手尼尔斯·玻尔说："如果谁不对量子力学感到困惑，说明他不懂量子力学。"直到 1964 年，物理学家理查德·费曼（Richard Feynman）还在康奈尔大学的一个讲座上说道："我想我可以有把握地说，没有人真正理解量子力学。"

我们知道，关于量子力学理论基础的争辩始于物质的"波粒二象性"。物质的"波粒二象性"既是量子力学创建的基础，亦是伴随量子力学发展的一个深深的"隐痛"。

本论认为：量子力学发展困局的产生，是历史的必然。因为，在对微观世界的认识上，人们已被"狭义相对论"及粒子"标准模型"这两大理论所束缚，科学家们对物质"波粒二象性"的产生机制不可能有更深入的解析。"狭义相对论"虽然推翻了旧的时空观念，建立了一套新的时空理论，但它的"光极限""光本原"观点却将宇宙深邃的物质底蕴尘封了起来，以致人们把"光"视为万物的元始及能量的化身；粒子"标准模型"所构建的"交换力"作用模式及基本粒子的"极限结构"模型，不仅误导了人们对基本作用场存在形式的认知，还限制了人们对光子、电子、夸克（强力源）等基本粒子亚结构的探索。（关于物质间的属性力、万有引力、电力及强力的作用机制，本论已在"作用篇"中做了较详细的论述）

所以，在某种程度上讲，"狭义相对论"及粒子"标准模型"理论，即是禁锢量子力学发展的理论枷锁。

第七节　关于突破量子力学发展困局的几点思考

我们知道，量子力学是研究微观粒子（分子、原子、原子核、基本粒子等）运动规律的科学，它是科学家们于 20 世纪 20 年代在总结大量实验事实及旧量子论的基础上建立起来的理论。量子力学不仅是现代物理学的基础理论之一，而且在化学等有关学科及许多近代技术中亦得到了广泛的应用。然而，量子力学在朝着微观世界更深层次的发展方向上却失去了原有的活力，难以再现初始的风采。因为，量子力学已将自身置位于微观理论的最底层面，它容不得更基础的理论出现。若想破解量子力学发展之困局，则必须跨越现行物理学的某些"禁区"，把目光投向物质的更深层次，去探索微观粒子更本质的东西。

一、创建超越物理常规的"电环球"模型

在本章前面的几个小节中，我们已经讨论了电磁量子（或者说光量子）的初步结构及电磁量子波（或者说光量子波）、德布罗意波（物质波）的产生机制。笔者认为，电磁量子波（或者说光量子波）、电子波、质子波、中子波、原子波、分子波等均属于"物质波"，它们的产生机理在本质上是一样的。因为，无论是电磁量子（或者说光量子）还是轻子，还是强力源（即夸克），它们全是由正、负电力源分别结环、聚团、凝核而成。它们有一个共同特点，即均带有一个"电环球"。

本论提出的"电环球"模型，并非笔者的胡乱猜想，它实为宇宙物质演进的必然产物。我们在前面曾经论述过：由物质的基元——"质素"进变到"引力源"，由"引力源"再演进到正、负"电力源"，再经正、负电力源结环、聚团、凝核分别演化出光子、轻子、强力源（或称夸克）等基本粒子。而在由这些巨量的正、负电力源结环、聚团、凝核构成的基本粒子中，由于每个"电力源"均带有一个电力环，所以每个基本粒子亦必然带有巨量的正、负电力环。并且，由这巨量的正、负电力环最终构成了一个以粒子质心为球心，以电力环直径为半径的"电力环球"，简称"电环球"。

基本粒子所带的"电环球"共有三种状态的存在形式：一种状态是"电环球"中的正电力环个数等于负电力环个数；另一种状态是"电环球"中的正电力环个数比负电力环个数多一个；还有一种状态即是"电环球"中的正电力环个数比负电力环个数少一个。像电磁量子、中微子、中性强力源（或说中性夸克）等基本粒子所带的"电环球"，即属于"电环球"中的正电力环个数等于负电力环个数的类型；像带正电的轻子、正强力源（或说正夸克）等基本粒子所带的"电环球"，即属于"电环球"中的正电力环个数比负电力环个数多一的类型；像带负电的轻子、负强力源（或说负夸克）等基本粒子所带的"电环球"，即属于"电环球"中的正电力环个数比负电力环个数少一的类型。

"电环球"实为一切微观粒子所具有的静电场域。只是当"电环球"中的正电力环个数等于负电力环个数时，"电环球"整体对外不显电性，即显示粒子不带电荷；当"电环球"中的正电力环个数比负电力环个数多一的时候，"电环球"整体对外显正电，即显示粒子带一个单位的正电荷；当"电环球"中的正

电力环个数比负电力环个数少一的时候,"电环球"整体对外显负电,即显示粒子带一个单位的负电荷。然而,无论粒子是否带电,或带什么类型的电,"电环球"均会因粒子的质心运动而发生对称破缺,进而产生出一个与粒子运动相关联的"交变电场"(中微子除外)。

"电环球"模型,突破了"狭义相对论"及粒子"标准模型"理论框架的限制,着眼于对基本粒子亚结构物质的特性及运动规律的描写。

二、"电环球"理论模型可消量子力学之"病根"

我们知道:量子力学的"病根"缘于人们对"光本性"的肤浅认识。在"光本性"的认识上,物理学的主流观点是:(1)光子是电磁能量子,是物质间传递能、动量及"电磁力"的一种媒介粒子,是目前人们已探知到的最基本物质;(2)光子是中性粒子,不带净电荷,但具有相互激发、交替产生的"电磁场";(3)光子在与其他物质发生作用时,显粒子性,在传播过程中显波动性,光子具"波粒二象性";(4)光子的静止质量为零,所具能量与其波动的频率成正比;(5)光在真空中的传播速率为常量 c($c=299792458$ 米/秒)。

在探讨光的物理本质的问题上,物理学一直受"相对论"及"标准模型"理论的束缚,得出的结论多有令人困惑及无法自圆其说之处。本论依据光子"电环球"模型,对光本性的解析是:

(1)无论是高能射线、紫外线、可见光,还是红外线、微波、无线电波,它们的承载本体均为"电磁量子"(或称"光量子")。电磁量子是客观实体,是一个由巨量的"电偶对"按 $2n+1$(n 为正整数)的数量变化规律,正、负电性相间交合而构成的"电偶环"。

(2)光量子同其他物质粒子一样,具有唯一的"经典定义质量",不存在"动质量"与"静质量"之分。即是说,粒子的质量不受其运动状态变化的影响。光量子的质量与构成其"电偶环"的"电偶对"个数成正比,与"电偶环"的半径成反比。不同频段的电磁量子质量不同,环半径亦不同:频段较低的电磁量子质量较小,环半径较大;频段较高的电磁量子质量较大,环半径较小。按物质的"粒子性"讲,我们可将高能射线、紫外线、可见光、红外线、微波、无线电波等统称为"电磁辐射"。

(3)高能射线、紫外线、可见光、红外线、微波、无线电波等,它们虽是由不同质量(或说不同环半径)的电磁量子构成的电磁辐射,但其在与外电场发生作用时均显有"波动"的特性,由此,我们亦可将它们统称为"电磁量子波"(或说光量子波)。

(4) 经典电磁场理论对"电磁波"的描述是错误的。例如："在振荡偶极子周围激起变化磁场（涡旋磁场），而变化的磁场又在自己周围激起变化的电场（涡旋电场）。接着新的变化电场又在更远的区域引起新的变化磁场，此后的过程以此类推。这样变化的电场与磁场相互激发，交替产生，由近及远地向四周传播。"这种描述之所以不正确，一是因为磁场本身即是电场的一种特殊表现形式，磁场与电场共为同一场质，不可能有脱离电场的磁场单独存在；二是因为自然界中不存在无"源"的场，那么，由无源的电场及磁场相互激发交替产生的行波即更不存在。经典物理所描述的电磁波，是人们在没有真正弄清电、磁场本质及电磁量子结构的情况下臆想出的一幅电磁波动图景。

(5) 光量子是物质间传递能、动量的一种特殊媒介，但不是传递"电磁力"的"力子"。因为，"电磁力"本身就不是基本作用力，它只是基本作用力——电场力的一种衍生作用形式。电场力的作用媒介是"电力环"。

(6) 光量子同其他物质粒子一样，均带有一个由正、负电力环组成的电力环球，简称"电环球"。光量子的电环球不带净余电荷，呈电中性，但由于光量子的质心运动致使电环球的电性平衡发生破缺，而产生出一个与之相随的"交变电场"。

(7) 光量子的质心运动方向与其"电偶环"的角动量方向保持垂直，而中微子的质心运动方向与其"电偶环"的角动量方向相同或相反，这是光量子能因"电环球的质心运动"而产生"交变电场"但中微子不能的本质原因。

(8) 光的"波动性"与"粒子性"，是两种层级不对等的物理性质。"粒子性"是电磁量子（或说光量子）的天然属性，而"波动性"则只是电磁量子（或说光量子）在所带"交变电场"与外界电场的作用下，空间分布概率按"波动"变化规律呈现的一种物理特性。

(9) 电磁量子波（或说光量子波）是一种广义概念波，其"广义波动"的内涵反映在与电磁量子质心运动相伴生的"交变电场"上。电磁量子在所带"交变电场"的变化周期内质心所运动的距离，可被视为电磁量子波的波长；电磁量子所带"交变电场"的变化频率，可被视为电磁量子波的波动频率；电磁量子在真空中的质心运动速度，可被视为电磁量子波的传播速度，即真空光速 c（$c = 299792458$ 米/秒）。

上述 9 个观点是本论围绕光子"电环球"理论模型展开的论述，它涉及光量子的微观结构、粒子属性、波动特性及其形成机制等多方面。上述观点从更深的层面诠释了光量子的物理本质，从更客观的角度阐述了光的"波粒二象性"。此系列观点可帮助人们摆脱传统理论的束缚，清除量子力学的"病根"。

三、"电环球"理论模型可除量子力学之"症结"

（一）"测量致波函数坍缩"之论点是个假命题

我们说"测量致波函数坍缩"的纠结乃量子力学之"症结"甚或死结，是因为：量子力学虽然能很好地描述微观粒子在两方面的行为（系统的量子态如何随时间变化与对某确定量子态的系统进行观察时会得到何种结果），但该理论却有一个特别奇怪的地方，即系统波函数的演化好像被"测量"截断成两种完全不同的模式：当系统不被"观测"时，它的波函数满足薛定谔方程，是确定的、连续的、幺正的；当系统被"观测"时，它的波函数即会瞬间发生随机突变。这个因为"观测"而使波函数从满足薛定谔方程给出的连续的、与时间有因果关系的叠加态形式，瞬间突变成非连续的、概率性的本征态形式的过程，实属怪异，令人百思不得其解。

"测量"，本是一个纯物理过程，但在量子力学中"测量"过程却是以"公理"的形式存在。这说明，量子力学对这个物理过程的描述是无能为力的。对此，以哥本哈根派为首的解释是：量子力学中的"态矢量"代表的不是物理状态，而是我们认识的状态，因为我们无法直接获取微观粒子的物理状态。因而，量子力学不描述系统的物理变化过程，而是描述我们对系统认识的更新过程。至于独立于我们认知系统的"客观状态"则是毫无意义的。那么，叠加态作为一个认知状态的描述即更没有什么奇怪之处了。

笔者对上述的理解是：量子力学是描述微观粒子运动状态的一种专门的数学形式体系，它的功能及所要达到的目的即是精确地计算出微观粒子在与外界发生某种作用后所处的状态。量子力学所构建的态矢量、叠加态、波函数及波函数坍缩等概念，并不是对微观粒子物理状态的真实描写，它们只不过是能帮助量子力学很好地完成计算任务的数学工具罢了。因此说，"测量导致波函数坍缩"这个在量子力学理论中必不可少的环节，只能以"公设"的形式存在，而不具有真实的物理意义。

依上论述，我们可以很清楚地看出："测量致波函数坍缩"之命题，于真实的物理世界来说即是一个虚假命题。长期以来，人们在这个"假命题"圈里东冲西撞，力图于现行的物理学框架下打开"测量致波函数坍缩"这个死结。其结果很显然，只是徒增一些更荒诞的诠释假说罢了。

（二）粒子电环球的"广义波动"，是打开"测量致波函数坍缩"之结的密钥

我们说"测量致波函数坍缩"是个假命题，是因为："测量"本就是实在的物理过程，而"波函数坍缩"只是一个不具物理意义的数学虚拟环节，这种虚实关联的因果命题不可能是正确的命题。既然如此，那么要问："测量"又是如何从不具物理意义的薛定谔方程中获得确定的预期结果的呢？这个谜底只有待打开微观粒子的"内核"，找出波函数模拟描写的那个物质波的"真身"才有可能知晓。

量子力学原本已经触摸到了微观粒子的"内蕴脉动"，但由于受传统物理戒律的约束，笃信"波粒二象性"乃物质天然之属性，拒绝溯源"波粒二象性"的物理本质，从而导致量子力学体系只有数学的计算及预测能力而不具物理实在意义的问题出现。

量子力学在"经典波动"模型的基础上，引进了"波粒二象性"的观点，从而获得一种可以模拟描写微观粒子运动状态的函数——波函数。并且，还借助一些特殊的数学方法成功建立了描写波函数随时间变化的波动方程，即薛定谔方程。在量子力学中，"波函数"是一个确定的、连续变化的、随时间变化分布在空间广大区域并由薛定谔方程严格预测的状态函数。从数学角度看，薛定谔方程是一种波动方程，波函数亦具有类波的性质。

笔者认为，量子力学的数学计算之所以能与实验结果很好地符合，并对实验结论给出满意的预示，其深层的原因是：

（1）"量子态"（波函数）巧合了微观粒子的质心运动与其亚结构物质的自旋运动之"合成态"。微观粒子的"合成态"是一个广义波动函数，其"广义波动"由粒子的"质心运动"与所带电环球交变电场的"广义振动"共同合成。

（2）微观粒子的"广义波动"没有具体的物理图景显征，但它有实在的物理过程，这是它与量子态（波函数）的本质区别。微观粒子的"广义波动"，乃物质波（或称概率波）之物理原型。

（3）微观粒子的"广义波动"与量子态（波函数）所描写的"波动"虽然在是否具有物理意义的问题上存在区别，但它们的数学表达形式还是相通的。"波函数"是一个随时间、空间变化的函数，它暗合了"广义波动"的变化规律。（关于"广义波动"的变化规律，笔者已在第十五章第三节"物质波"中做了较详细的论述）

（4）当微观粒子在自由空间运动时（粒子不被"观测"时），其对外不显

"波动"行为，但粒子电环球的"交变电场"却照常存在，或说粒子的"广义波动"照常存在。此种情况对应的是量子力学波函数的"特殊情形"，即物质粒子不受外力场的作用，粒子的动量p、能量E不随时间发生改变，粒子的波函数所描述的波为平面波。即有：

$$\Psi(r, t) = \Psi_0 e^{-i2\pi/h \cdot (Et - p \cdot r)}$$

此时的波函数满足薛定谔方程，是确定的、连续的、幺正的，并随时间的变化而分布在空间的广大区域。对这种平面波而言，波函数的平方

$$|\Psi|^2 = \Psi\Psi^*$$
$$= \Psi_0 e^{-i2\pi/h \cdot (Et - p \cdot r)} \cdot \Psi_0 e^{i2\pi/h(Et - p \cdot r)}$$
$$= \Psi_0^2$$

是一常量，表明粒子在空间各点出现的概率是相同的。

（5）当微观粒子与外界电场发生作用（被观测）时，其运动状态一般会发生改变。粒子运动状态的改变不仅与外界的作用电场有关，更与自身携带的"交变电场"在与外电场发生作用时所处的状态（振幅、相位）有关。由于被观测粒子所带"交变电场"的高频率变化，在其与外电场发生作用时，运动状态的改变于一定的时段内会表现出很强的"随机性"（如果作为观测工具的粒子亦在做高速运动，则观测与被观测系统的双方即均带有高频率变化的"交变电场"，那么观测结果会更具"随机性"）。此种情况对应的是量子力学一般情况下的波函数，即在对量子系统的物理量进行测量时，波函数因测量而发生突变，变为其中的一个本征态或有限个具有相同本征值的本征态的线性组合。此时的粒子动量p、能量E不再是常量，波函数不再是平面波。由此，波函数的平方亦不再是常量，即粒子在空间出现的概率密度不再是常量，而有一定的强弱分布。

总而言之，所谓的"测量致波函数坍缩"过程，实际上即是被观测粒子所带"交变电场"与观测系统电场发生作用产生即时测量结果的过程。此测量结果不仅与粒子的动、能量有关，更与粒子所带"交变电场"的相位及振幅变化有关。如果将"波函数"比作粒子电环球"广义波动"的虚拟"替身"，则"波函数坍缩"即好比这个虚拟"替身"的程序动作，那么，因粒子电环球的质心运动而伴生的"广义波"即是波函数所描写的那个物质波的"真身"。

四、"电环球"模型可破解神奇的"量子秘境"

（一）"电子云"的形成机制

人们从电子的"单缝衍射实验"及"双缝干涉实验"中了解到，电子有

"波粒二象性",它不像宏观物体的运动那样有确定的轨道,因此描绘不出它的运动轨迹。人们亦不能预言它在某一时刻究竟出现在原子核外空间的哪个地方,只知道它在某处出现的机会有多少。若把电子在原子核外各区域的分布概率用白点在黑色背景上来描述,白点密集的地方表示电子出现的概率大,白点稀疏的地方表示电子出现的概率小,则电子在原子核周围的分布即像一团"云雾"将原子核包围。

本论认为:电子在原子核周围运动之所以形成不了确定的轨道,原因有二,一是电子绕原子核高速运动,近核点会产生相对论效应的进动;二是电子"电环球"在高速运动中有高频率的"交变电场"伴生(亦是最主要的原因)。伴生的"交变电场"同电子的固有电场相叠加,与原子核电场发生持续、高频率的变力作用,导致电子的运动状态瞬息万变,杂乱无章,即像一团电子"云雾"密罩在原子核周围。这里尚需要补充一点,即:如果用来"观测"的粒子与"被观测"的粒子皆是高速运动的粒子,那么,相互作用的粒子双方即均有伴生的"交变电场",因而使所得的观测结果更显随机性。

然而,与电子运动相伴生的"交变电场"终归是时间及空间的周期性函数,从统计学的意义上讲,电子的整体踪迹仍然是有规律可循的,即电子是按照一定的概率分布规律出现在原子核周围的。

(二)"量子纠缠"的物理本质

量子纠缠(quantum entanglement),或称量子纠结,是一种量子力学现象。在量子力学里,当几个粒子在相互作用后,由于各粒子所拥有的特性已综合成为整体性质,无法单独描述各个粒子的性质,只能描述整体系统的性质,则称这种现象为量子纠缠或量子纠结现象。量子纠缠是关于量子力学理论最著名的预测,它描述了两个粒子相互纠缠,即使相距很远,一个粒子的行为也将会影响另一个的状态。当其中一个被操作(例如量子测量)而状态发生变化时,另一个亦会同时发生相应的变化。

爱因斯坦可以说是量子力学的奠基人之一,但他对概率论及不确定性原理却持反对态度。为了证明量子力学是不完备的,他设计了许多思想实验来考验量子力学。1935年5月,爱因斯坦与他的同事波多尔斯基(Podolsky)、罗森(Rosen)三人合写的一篇论文《量子力学对物理实在性的描述是完备的吗?》发表在《物理评论》上,这篇论文的观点后来以三位作者的首写字母 EPR 而被人们称为 EPR 佯谬。

"EPR 佯谬"的中心意思是:根据量子力学可导出,对于一对出发前有一定关系,但出发后完全失去联系的粒子,对其中一个粒子的测量可以瞬间影响到任意远距离之外的另一个粒子的属性，即使二者不存在任何连接。一个粒子的影响速度竟然可以超过光速，爱因斯坦将其称为"幽灵般的超距作用"，认为这是根本不可能的，以此来证明量子力学是不完备的。薛定谔后来把两个粒子的这种状态命名为"纠缠态"。

在量子力学中，量子态遵从态叠加原理。"EPR"中的量子系统是由两个总自旋为零的粒子构成的，这个系统状态同样符合叠加原理。总自旋为零的状态只能有两种可能：｜↑>A｜↓>B 及 ｜↓>A｜↑>B，因此，AB 系统的状态应当是｜ψ>AB=a｜↑>A｜↓>B+b｜↓>A｜↑>B（｜a｜^{2}+｜b｜^{2}=1），这个特殊的状态称为"纠缠态"。处于纠缠态的粒子，即使空间上分离遥远，但仍然存有内在的量子关联，若对其中一个粒子进行测量，则会瞬时地改变另一个粒子的状态。所谓"幽灵"，即是这种纠缠！一旦两个粒子存在纠缠，它们的量子关联与粒子之间的距离无关，与空间环境无关。这种量子关联源于量子世界（实为量子力学所赋予）的一种基本属性，称为"非局域性"，这便是"幽灵"的渊源。

物理学界对"EPR 佯谬"的解释有两种截然相反的观点：爱因斯坦等人认为，"幽灵"不存在，世界是局域的，量子力学不完备，必须以"隐参数理论"代之；玻尔等人认为，量子世界是非局域的，"幽灵"理应存在，量子力学是完备的，无须引入"隐参数"。世界究竟是局域的还是非局域的，这是个哲学问题，难以断定孰是孰非。直到欧洲核子研究中心的理论物理学家贝尔（Bell），才打破了这个僵局。

贝尔本人实为爱因斯坦的忠实信徒，他认为爱因斯坦更有才能，"隐参数理论"应当是正确的。1964 年，他推导出一个有关"EPR"实验的不等式，即著名的"贝尔不等式"。如果能验证这个不等式被违背，则"隐参数理论"即不成立。1982 年，法国学者阿斯派克特首次在实验上证实"贝尔不等式"被违背，量子力学是完备的，"非局域性"是量子世界的基本性质。由此，关于"EPR 佯谬"这场经历了 60 多年的旷世学术大争论，终于尘埃落定！

事实的真相果真如此吗？非也！

笔者认为：量子力学在其数学形式体系上的完备性，并不代表是对微观世界的真实描写，它所呈现的只是一幅用量子力学的数学体系语言所描绘的"量子态势"图。真实运动的微观粒子并非"能量团"的化身，它有实在的亚物质结构；真实运动的微观粒子，并没有无限向外扩展的"弥散波"相伴，有的是半径为定值的电环球"广义波"与之相随。

量子力学的"非局域性"，只是其在数学形式体系内才适用的一种性质，并非微观粒子的真实本质。"量子纠缠"现象是否存在，或说"贝尔不等式"是否被证伪，并不是判定世界是"非局域性"的还是"局域性"的真正标准。因为，"量子纠缠"并非什么"幽灵般的超距作用"，它只是微观粒子间的一种较为特殊的电场作用形式。

我们从前面相关章节的论述中已经知道："电环球"是每一个基本粒子亚结构物质的一部分，它受粒子质心运动的影响而发生电性平衡破缺，从而产生一个与粒子质心运动密切相关的"交变电场"。此"交变电场"，是以粒子的质心为场源核心，以电力环直径为电场半径，由巨量的正、负电力环所形成的交变电力场域。"交变电场"的变化频率，等于粒子亚结构物质"电偶环"（注意：不是电力环）的自旋频率。

本论在第三章"电、磁作用"中对电力作用机制做过这样的描述：由于电力相互作用是通过两电场之电力环间的瞬时耦合来实现的，所以，两场源间的作用可看作是"超距"的，但作用距离不能大于电场的半径（电力环直径）。这即是说，电力场的"超距"作用在空间上是有边界的，并非无穷遥远。至于电力环直径（电力场作用距离）能否超过1光年，还有待科学的验证。

综上所述，本论有理由认为："量子纠缠"乃粒子间的一种特殊的动态关联，其关联媒介是伴生于粒子质心运动的"交变电场"，而非"静电力场"。"量子纠缠"的"超距"特性，源于电力场的基本作用性质。发生"纠缠"的粒子之间，相耦合的"交变电场"相位差恒定，并在"纠缠"作用距离内（不大于电力场的半径）保持同步的变化。

第十六章

关于反物质、暗物质、引力波、黑洞及宇宙的发展结局等问题的看法

第一节 反物质

一、关于反物质的一般定义

按照通常的说法，正常物质的反状态即是反物质。当正、反物质相遇时，双方即会相互湮灭抵消，发生爆炸并产生巨大能量。

反物质概念是英国物理学家保罗·狄拉克最早提出的。他在1928年，首次从理论上论证了正电子的存在。他预言，每一种粒子均应该有一个与之相对的反粒子，例如反电子，其质量与电子完全相同，而携带的电荷恰好相反。1932年，美国物理学家安德逊在实验室中发现了狄拉克所预言的正电子，即反电子，这是人们认识反物质的第一步。到了20世纪50年代，随着反质子、反中子的相继发现，人们开始明确地意识到，任何基本粒子均在自然界中有相应的反粒子存在。

在物理学中，反物质是一种由反粒子组成的特殊物质。反粒子与粒子有着相同的质量，但所具的电荷及其他一切可以相反的性质皆相反。比如，正电子（电子的反物质）与一个反质子可以构成一个反氢原子。

科学家认为，宇宙诞生之初曾经产生了等量的物质与反物质。后来由于某种原因，大部分反物质转化为物质。再加上有的反物质难以被观测，所以，在我们看来当今世界主要是由物质组成。

下面，笔者即从本论建立的宇宙观体系出发，简要分析一下我们的宇宙与反宇宙，以及我们宇宙中的物质与反物质之间的关系。

二、我们的宇宙与反宇宙

（一）天下同源，宇宙归一

本论在开篇已有论述：宇宙物质最小的组分为质素。质素无任何内部构式，其为物质的极始结构；质素永恒地运动着，并具有恒定不变的最大速率，其运动方向具有"惯性"。此运动为质素的属性运动；质素只在极小尺度内，相互间才显有本原的耦合特性，此为质素的属性作用。

在宇宙"奇点"形成的前期，宇宙质素在某种作用机制下紧缩内收，最终突破极限尺度，使质素本身固有的"耦合属性"直接发生作用。在此期间（实际过程非常短暂），宇宙"奇点"逐步形成，其内域空间趋向于零，质素密度趋向于无穷大。

在宇宙"奇点"形成的过程中，"奇点"内只存有最原始的物质结构——质素，只存有最简单的物质运动形式——质素的"属性运动"，只存有最基本的作用方式——质素的"属性作用"。故曰：天下同源，宇宙归一。

（二）"右旋质元"与"左旋质元"

在宇宙"奇点"形成的过程中，"奇点"内只存在质素的"属性运动"与质素间的"属性作用"。质素在其"属性运动"与"属性作用"的双重制合下，瞬间完成了最原始的结对、聚团组合。

由于质素在宇宙物理背景中是以恒定速率运动，所以，质素间的"属性作用"只能改变质素的运动方向，而改变不了其运动速度的大小。在一定的作用条件下，两质素耦合结对形成一个稳定的组合态。我们把这种最原始的物质组合称为"质元"。

质素在耦合结对形成"质元"时，严格遵循一定的作用条件，即满足一特定的"空间耦合角"，如图 1-1 所示。特定的"空间耦合角"是自然对质素形成"质元"的唯一许可，其他状态下均不可能形成稳定的"质元"组合态。因为，质素间的耦合作用强度，支持不了处在同一平面内的两个恒极速度矢量所构成的圆周运动，质素间只能以特定的"空间耦合角"形成左旋进动组合或右旋进动组合。稳定的"质元"组合态具有固定的质心速度与自旋速度。"质元"的质心运动速度与自旋速度的分解比例，由"空间耦合角"决定，而"空间耦合角"又由质素耦合作用的属性所确定。

本论把右旋进动的"质元"称为"右旋质元"，把左旋进动的"质元"称为"左旋质元"。"右旋质元"的质心速度方向与其角动量方向相同，"左旋质元"的质心速度方向与其角动量方向相反。质素形成"右旋质元"与"左旋质元"的概率相同,并且所有"质元"相对宇宙物理背景具有相同的质心运动速率与自旋运动速率。

由于"右旋质元"与"左旋质元"的自旋方向相反,所以,这两种类型的质元不可能聚在一起形成稳定的结构,更不可能聚在一起演进出新的物质体系。"右旋质元"与"左旋质元"可以在宇宙"奇点"的形成期内共存,但不会有交集。

"右旋质元"与"左旋质元",是宇宙本原物质质素的第一次亦是最本质的一次进变分离,它们将在宇宙暴胀开启后分属于两个宇宙。若把"我们的宇宙"设定为由"右旋质元"构成的宇宙,并称之为"正宇宙",那么,由"左旋质元"构成的宇宙则被称之为"反宇宙"。

(三) 正、反三维基元

在宇宙"奇点"里,质素在其"属性运动"与"属性作用"的双重制合下,产生出了最基本、最原始的物质组合"质元"。然而,质元的形成在宇宙"奇点"形成过程中只是一个短暂的过渡,无数的质元在质素的"属性作用"支持下继续聚团,越聚越多。能够聚团的质元必须是相同的手征类型,且质元的角动量方向与聚团角动量方向之间的夹角皆相等并恒定。否则,质元不可能稳定聚团。如图 2-1 所示。

虽然质元的质心速率比质素的恒极速率要小,但亦是个常量。质元越靠近聚团中心,其角速度越大。当质元越聚越多,聚团的"属性作用"强度越来越大时,在内层旋转的质元即会越来越向聚团的螺旋中心趋近,其角速度亦趋向于无穷大。当靠近螺旋中心的质元高速旋转产生的离心惯势大于聚团的整体吸合作用时,质元即会依次沿聚团的角动量轴线从聚团的进动方向喷射而出(可以证明,质元沿聚团角动量轴线方向出射所受阻力最小)。然而,在宇宙"奇点"内,由聚团进动方向射出的质元,并不能逃出质元团整体聚合的"属性作用"范域。聚团射出的质元只能沿着与其旋转盘面正交的环线回到旋转盘面的另一侧,并与盘内的质元链合,从而构成一种闭合且稳定(动态稳定)的最原始的三维组合。本论把这种物质组合暂称为"三维基元"。如图 2-2 所示。

"三维基元"形成于宇宙暴胀的前端时刻,是宇宙"奇点"内主要的物质组合形式。"三维基元"的核心密度非常之高,所产生的"属性作用"强度亦非常之大,使沿角动量轴线方向喷出的质元不能逃逸,而紧绕其核心链合回旋。

宇宙"奇点"内部的动态平衡最终会被基元量子的微扰打破,"三维基元"的外绕环链半径迅即暴增,其核心密度相应暴减,宇宙"奇点"大爆炸由此而生。

在大暴胀的前瞬，宇宙"奇点"内由右手质元与左手质元分别聚团形成的正、反三维基元，从形成概率上讲，应有同等的数量。从宇宙暴胀开始的这一刻起，正、反"三维基元"便在各自的宇宙时空里，开启了自己的宇宙演化之旅。

本论认为：演进的"正宇宙"（我们的宇宙）与"反宇宙"，在宇宙物理背景中无论是并处，还是天各一方，它们均不会感受到对方的存在。因为，正、反宇宙里的物质能发生相互作用的极端条件，已随宇宙暴胀的开始而消失掉了。

三、我们宇宙里的物质与反物质

（一）第一层级物质——引力源

三维基元是"引力源"的前身。随着三维基元外绕环链半径的激增，三维基元便转换成了"引力源"。如图2-3"引力源结构示意图"所示：三维基元核转为引力源核；核外扩增的环链即为引力环；引力环上的质元即是人们所要寻找的"引力子"的对应物。

"引力源"是宇宙暴胀的首个"天工"之作。我们宇宙里的引力源，皆由"右旋质元"进变而来。由右旋质元构成的引力源有两种类型：一种是右旋进动引力源，简称为右旋引力源；另一种是左旋进动引力源，简称为左旋引力源。虽然这两类引力源源核的角动量方向相反，但由于它们的核外环链均是由右旋进动的质元所构成，因此，在所有引力源的引力环之间皆可发生"内收"耦合作用（其作用机制，已在本论的第二章中做过论述）。或说，所有的引力源之间均可产生引力相互作用。这即是物理学中所说的万有引力的"万有"之因吧。

引力源是物质进变的第一层级，是我们宇宙中最原始、最稳定的物质结构，是一切物质粒子的根基。在这个层级，虽有两种类型的引力源出现，但在所有的引力源之间却只存在"相互吸引"这一种作用形式。这个层级不存在反物质。

（二）第二层级物质——电力源

"电力源"的形成与质元形成"引力源"的过程十分相似。

在宇宙暴胀的最初时刻，宇宙空间甚小，物质密度极大，巨量的"引力源"单质在质素的"属性作用"下，瞬间又结环聚团。在"引力源"的聚团中，越靠近聚团中心，"引力源"角速度越大。当"引力源"越聚越多，聚团的"属性作用"强度越来越大时，内层旋转的"引力源"会越来越向聚团的螺旋中心趋近，其角速度亦越来越大。当靠近螺旋中心的"引力源"，其高速旋转产生的离心惯势大于聚团的整体吸合作用时，"引力源"即会依次沿聚团的旋转轴线从聚团的进动方向喷射而出。然而，在宇宙暴胀的始期，由聚团进动方向射出的"引力源"，仍不能逃出聚团整体聚合的"属性作用"范围，所射出的"引力源"只能沿着与聚团旋转环面正交的环线，回到旋转环面的另一侧，并与聚团内的"引力源"链合，从而构成了第二层次的"三维基元"。

第二层次三维基元是"电力源"的前身。随着宇宙暴胀的继续，第二层次三维基元的外绕环链半径迅即暴增，其核心密度相应暴减，第二层次三维基元便转换成了"电力源"。由此，原第二层次三维基元核即变成了"电力源"核，其核外扩增的环链成了"电力环"，电力环上的"引力源"即成为"电力子"（亦可称为"库子"）。如图3-1"电力源结构示意图"所示。

巨量的"引力源"在聚团形成"电力源"时，亦会产生左旋进动与右旋进动两种组合模式。即"电力源"的质心运动方向与其角动量方向相反，"电力源"的质心运动方向与其角动量方向相同两种形式。我们把质心运动方向与其角动量方向相反的"电力源"称为"左旋电力源"，把质心运动方向与其角动量方向相同的"电力源"称为"右旋电力源"。然而，无论是"左旋电力源"还是"右旋电力源"，电力子的出射或回进方向总是与"电力源"的进动方向保持一致。

在"左旋电力源"与"右旋电力源"中，我们还须进一步将它们分类。因为，无论是"左旋电力源"还是"右旋电力源"，它们均是由"左旋"或"右旋"两类"引力源"聚团而成。为了便于称谓及区分类别，我们把由"左旋引力源"构成的"电力源"统称为"正电力源"，把由"右旋引力源"构成的"电力源"统称为"负电力源"。由此，我们可得到四种类型的"电力源"，即："正电左旋电力源""正电右旋电力源""负电左旋电力源""负电右旋电力源"。

电力源是引力源演进的自然结果。电力源已从引力源仅有"相互吸引"的单一作用性质，进变到具有"同性相斥、异性相吸"的双重作用特性。在这里要特别强调的是：电力源"同性相斥"的物理特性，将成为后续物质演化中所有"斥力"现象产生的源头。正、负电力源的产生，为构建丰富多彩的粒子世界提供了必要而充分的演化条件，将物质的进变推向了一个崭新的阶段。

电力源属第二层级物质，它将引力源的三个空间维度编织于自己的场源结构中，形成更大尺度的时空范域。电力源虽比引力源演进了一大步，但它们仍然同属宇宙暴胀初始端的产物，一旦组合形成，即成为不可逆变且非常稳固的物质结构。因为，此时段的宇宙熵是迅疾暴增且不可逆反的。所以说，在这个层级亦不存在反物质。

（三）第三层级物质——基本粒子

在宇宙暴胀初期，宇宙基元相继进变出了第一层级物质引力源与第二层级物质电力源。此时的电力源，相对于宇宙物理背景仍具有很大的质心运动速度（大于光速）。电力源在宇宙物质团的强聚作用下，又迅即结环、聚团形成新的物质结构。然而，电力源聚团形成新物质结构，并非像质元聚团形成引力源或是引力源聚团形成电力源那样直接。因为，电力源有两类四个分支，即正电左旋电力源与正电右旋电力源，负电左旋电力源与负电右旋电力源，且同电性的电力源不能直接结环、聚团。因此，电力源只能以"电偶对"（正、负电力源结对）的形式进行交叉组合，并且，"电偶对"结环的个数必须是 $2n+1$ 个（n 为正整数）方能获得稳定的新物质结构。（此物理机制在本论的第三章"电、磁作用"中有详细论述）

宇宙物质团的温度与聚合力，随宇宙暴胀而急剧下降。在此期间，电力源以"电偶对"为基元，继续快速结环、聚团，于不同的宇宙环境下相继产生出了如强力源、电轻子、中微子、光量子等新型物质结构。强力源、电轻子、中微子、光量子等，它们同属于第三层级的物质。因为，它们的亚结构皆是由正、负电力源所组成。粒子物理学将强力源（夸克）、电轻子、中微子、光量子等物质粒子，统称为基本粒子。

1. 强力源

强力源的形成过程跟引力源、电力源的形成过程基本相同，但它们的形成环境及结构物质又各不相同。强力源与引力源、电力源对比，相同之处是：有场源核心及场环介质，均属保守作用场。其不同之处是：引力的场源与场环链是由质元组成，电力的场源与场环链是由引力源（电力子）组成，而强力的场源与场环链则是由正、负两类电力源间隔链合组成。如图4-1"强力源结构示意图"所示。

强力源是人们正在探索的一种核子亚结构物质。强力源的源核，对应着"标准模型理论"中称之为"夸克"的物质结构；强力环上的强力子（正、负电力源），对应着"标准模型理论"中称之为"胶子"的物质结构。

强力源是由四种类型的电力源按照一定的组合规则构成的。构建强力源的四类电力源分别是："正电左旋电力源""正电右旋电力源""负电左旋电力源""负电右旋电力源"。这四类电力源在进行自由组合时，只有两种形式的环链组合能够实现。其一即是由"正电左旋电力源"与"负电左旋电力源"交合的环链，其二则是由"正电右旋电力源"与"负电右旋电力源"交合的环链。而其他六种形式的组合，皆因"电性同种相斥"或电力源核"手性方向相反"而无法实现。不言而喻，这两种不同类型的环链，标志着强力源有两类不同性质的场质（此场质与标准模型理论中的胶子相对应）。

电力源环链在形成强力源核时，亦会像引力源核、电力源核形成时那样，产生左旋进动与右旋进动两种模式。不仅如此，它还形成了带有三种不同电性的源核结构。这三种不同电性的源核结构分别是：核内含有一个"破偶"的正电力源；核内含有一个"破偶"的负电力源；核内不含"破偶"的电力源。笔者要特别强调的是：这个"破偶"的电力源不是指某一个固定的电力源，它是相对于源核所含的整个正、负电力源的代数和而言的。这个"破偶"的电力源即是一个"元电荷"，它在强力源核中绕角动量轴高速旋转。其产生的"电场"范围，是"破偶"的电力源"所带电力环在空间的一种扫掠几率分布"，它等效于一定强度的"静态电力场"。此"静态电力场"是带电强力源（或者说带电夸克）具有一个"元电荷"的标识。

2. 电轻子

随着宇宙暴胀的继续，宇宙物质团所具的温度与聚合力进一步降低，形成"强力源"的普适环境迅速消失。来不及形成强力源而只能形成亚核结构的，便是电子、缪子、陶子等基本粒子，这些粒子在标准模型理论中统称为电轻子。电轻子相对于中微子、光量子的环状构式而言，是一种有核致密结构，但相对于强力源结构而言，电轻子又是一种亚核无场环结构。在电轻子的亚核中，有且只有一个"破偶"的负电力源（在反物质正电轻子的亚核中，有且只有一个"破偶"的正电力源），但这个"破偶"的负电力源不是指固定的某一个负电力源，它是相对于亚核所含的整个正、负电力源的代数和而言的。这个"破偶"的负电力源即是一个负"元电荷"，它在亚核中绕角动量轴旋转的速度是迅疾的，其产生的"电场"范围，是"破偶"的负电力源所带电力环在空间的一种动态扫掠密度分布，它等效于一定强度的"静态电力场"。

电轻子的自旋角动量方向，既不像光子那样与其质心运动方向垂直，亦不像中微子那样与其质心运动方向同在一轴线上，而是介于其间。

3. 中微子及光量子

"电偶对"结环因宇宙环境的不同及"耦合角"的变化，还派生出了另两类物质结构。其中之一，即是电偶环的角动量方向与环的质心运动方向在同一直线上的中微子结构；另一类即是，电偶环的角动量方向与环的质心运动方向相互垂直的光量子结构。

中微子电偶环中的"电偶对"个数与光量子电偶环中的"电偶对"个数，均按 2n+1（n 为正整数）的规律交合结构。它们的电偶环均是未"破偶"的电偶环，皆不带"净余"电荷。然而，光量子因它的电偶环的角动量方向与其质心运动方向相互垂直会有"交变电场"伴生，而中微子因它的电偶环的角动量方向与环的质心运动方向在同一直线上则不会有"交变电场"伴生。所以，光量子除了受属性作用及引力作用外，还会受电场力的作用。而中微子只会受到属性作用及引力作用。这亦是中微子不容易被探测的原因。

关于强力源（夸克）、电轻子、中微子、光量子等基本粒子的其他物理特性，笔者已在"作用篇"中做过较详细的讨论，这里不再赘述。不过，有一个疑惑暂令笔者百思不得其解。这个疑惑即由"正电左旋电力源"与"负电左旋电力源"交合的环链，及由"正电右旋电力源"与"负电右旋电力源"交合的环链，这两种不同类型的环链分别构成的电偶环，在电轻子、中微子及光量子的结构上，自然界为何只显现出了一种"交合环链"的性质？

（四）第三层级物质中的反粒子

我们知道，正常物质的反状态即是反物质。当正、反物质相遇时，双方即会相互湮灭抵消，发生爆炸并产生巨大能量。物理学把由反粒子组成的特殊物质称为反物质。反粒子与粒子有着相同的质量，但所具的电荷及其他一切可以相反的性质皆相反。

比照反物质的一般定义，对强力源（即夸克）、电轻子、中微子及光子等物质结构的反粒子特性进行简要分析，可进一步加深我们对反物质世界的了解。

1. 强力源的反粒子

强力源的反粒子，本论称其为反强力源，标准模型理论称其为反夸克。笔者在第四章"强力作用"中曾论述过，强力源有两种性质的场环，有两类手性的源核自旋，有三种电性的源核结构，还有三代的质量。因这些不同的性质，宇宙中共有 36 种强力源产生。而在这 36 种强力源中，有 18 种是"反强力源"。

正粒子与反粒子是相对存在的。它们之间除存在一些相反的物理特性外，关键还在它们相撞后的"湮灭归原"上。强力源同引力源、电力源不一样。引力源、电力源是宇宙暴胀的即时"作品"，它们不可被复制，亦不可能被轻易解体，它们是宇宙中最稳定的物质结构，所以他们没有反粒子。而强力源是宇宙暴胀稍后期的"作品"，它的结构稳定性相对引力源、电力源来说要差很多个数量级。或者说，强力源的解体能量要比引力源、电力源的解体能量低很多个数量级。

强力源、电轻子、中微子及光量子，它们的亚结构物质均为电力源。而电力源又不可能以单质的形式存在，它只能以电偶对的形式结环或聚团。所以，当正、反强力源相撞时，其场源结构即"湮灭"成了光量子环结构。当然，强力源结构的巨大能量即被转换成了光量子能量而被释放。反之，当光量子的能量足够高时,比如伽马射线,与核场近距作用亦可产生正、反强力源对。

2. 电轻子的反粒子

电轻子有电子、缪子、陶子等粒子,它们除了质量不一样,其他性质均相同。它们的反粒子分别是正电子、正缪子、正陶子。以电子与正电子为例:电子与正电子可由破偶的电偶环分别聚团而得。一个能量足够分出两个电子的光子电偶环,在核场近距的作用下,可破偶分裂出两个质量相等,但电性相反、角动量亦相反的正、负电子。在其聚团中,含有一个负电力源的为电子,含有一个正电力源的为正电子。反过来,一个电子与一个正电子在合适的条件下对撞,正、负电子团解聚,归原重组为两个或两个以上的光子电偶环,这即是所谓的电子"湮灭"。此"湮灭"重组机制,笔者已在第三章第四节"电磁作用"中做过较详细的论述。

3. 中微子的反粒子

中微子的反粒子即反中微子。反中微子电偶环与中微子的电偶环,同光子的电偶环一样,均是未破偶的电偶环,对外皆不显电性(反中微子与中微子没有与粒子质心运动相伴生的交变电场),没有正、负之分。但是,反中微子电偶环与中微子的电偶环,同光子的电偶环有不一样的地方,即是:反中微子电偶环的角动量方向与其质心运动方向相同,中微子电偶环的角动量方向与其质心运动方向相反,它们有右旋进动与左旋进动之分。

4. 光子的反粒子

光子的反粒子即是其本身。因为,构成光子的电偶环呈电中性(不考虑因光子的质心运动而伴生的交变电场),没有正电与负电之分。并且,电偶环的角动量方向与其质心运动方向垂直,不会有左旋进动与右旋进动之分。

5. 物质与反物质的失衡

我们知道,由第三层级物质中的基本粒子强力源、电轻子、中微子及光量子,可以构建粒子世界及宏观世界的一切。同理,由这些基本粒子的反粒子,亦可构建出一个反粒子的世界。然而,我们宇宙的演进法则并没有允许这样,它偏向了我们所称谓的"正物质"世界。我们暂还不知道是什么原因抑制住了反粒子的演进,亦不知道是从什么时候起物质与反物质的比例开始发生变化。对此,有许多科学家正在努力地寻找答案。

本论认为:自宇宙暴胀开始,引力源与反引力源即分道扬镳,互无关联,各在自己的宇宙里继续演进。引力源与反引力源分属于我们的宇宙与反宇宙,它们将宇宙奇点的物质对分为二。

在我们的宇宙里,引力源、电力源均是宇宙暴胀初始期的产物,它们的产生过程皆是不可逆过程。虽然，引力源有对等数量的两种模式出现，即左旋进动引力源与右旋进动引力源，但由于它们之间不存在相互"湮灭"的机理，所以，它们仍可以"和谐"共处。

引力源演化到电力源，已进变出四种类型的电力源，即正电左旋电力源、正电右旋电力源、负电左旋力源、负电右旋力源。从进变概率上讲，这四种类型的电力源数量亦应相等。虽然，在这四种类型的电力源中，既有正、负电性的对立，亦有空间手性的反相，但在它们之间仍无可能发生"湮灭"。因为，能使电力源解体的宇宙能量已经消退。既然如此，这四种"势均力敌"的电力源还得携手并进。只不过它们的协作方式变得有点特别，即是以"电偶对"的方式交合结环，共存并进。至此，我们宇宙中电性相反及空间手性相对的物质之间并未出现比例失衡的现象，它们以相同的占比进入第三物质层级。

第三层级的物质是强力源、电轻子、中微子及光量子等基本粒子，它们的亚结构物质全是以"电偶对"形式交合的正、负电力源。在此层级中，粒子与反粒子对撞发生"湮灭"的条件已经成熟，即在当下的宇宙环境里，激发粒子与反粒子解体归原所需的能量，大自然完全能够满足。

在第三物质层级中，正反粒子对的"湮灭"与"诞生"是一个可以互逆的过程。如：正、反强力源对撞，或正、反电子对撞，均会"湮灭"成所谓的纯能量（实为光子电偶环）；反之，高能光子电偶环（如伽马射线）在与核场近距作用中，会"诞生"出正、反强力源对或正、反电子对。然而，在这正、反粒子对不断"湮灭"与"诞生"的互逆过程中，由于基本粒子与反粒子的形成会必然地受到多种"电偶环"模式的影响，其影响甚或要追溯到我们宇宙的根基物质"右旋进动质元"，从而导致我们的"正物质"粒子在世上的存量越来越多，"反物质"粒子留世的越来越少。由此，正、反物质结构在第三物质层级中失去了平衡。

第二节 暗物质

一、暗物质概念的产生

暗物质（dark matter）是科学家们从理论上提出的可能存在于宇宙中的一种不可见的物质。科学家们认为，暗物质可能是宇宙物质的主要组成部分，但又不属于构成可见天体的任何一种已知的物质。大量天文学观测中发现的疑似违反牛顿万有引力定律的现象，可以在假设暗物质存在的前提下得到很好的解释。现代天文学通过天体的运动、牛顿万有引力的现象、引力透镜效应、宇宙的大尺度结构的形成、微波背景辐射等观测结果，表明暗物质可能大量存在于星系、星团及宇宙中，其质量远大于宇宙中全部可见天体的质量总和。结合宇宙中微波背景辐射各向异性观测及"标准宇宙学模型"，可确定宇宙中暗物质占全部物质总质量的85%，占宇宙总质能的26.8%。

最早提出"暗物质"可能存在的是天文学家卡普坦（Jacobus Kapteyn）。卡普坦于1922年提出可以通过星体系统的运动间接推断出星体周围可能存在的不可见物质。1932年，天文学家奥尔特（Jan Oort）对太阳系附近星体运动进行了暗物质研究。然而，未能得出暗物质存在的确凿结论。1933年，天体物理学家兹威基（Fritz Zwicky）利用光谱红移测量了"后发座星系团"中各个星系相对于星系团的运动速度。利用位力定理，他发现星系团中星系的"速度弥散度"太高，仅靠星系团中可见星系的质量产生的引力是无法将其束缚在星系团内的。由此认为，星系团中应该存在大量的暗物质，其质量为可见星系的至少百倍以上。史密斯（S. Smith）在1936年对"室女座星系团"的观测亦支持这一结论。不过这一概念突破性的结论在当时未能引起学术界的重视。1939年，天文学家巴布科克（Horace W. Babcock）通过"仙女座大星云"的光谱研究，显示星系外围的区域中星体的旋转运动速度远比通过"开普勒定律"预期的要大，对应于较大的质光比。这暗示着该星系中可能存在大量的暗物质。暗物质存在的一个重要证据，来自1970年鲁宾（Vera Rubin）及福特（Kent Ford）对"仙女座大星云"中星体旋转速度的研究。他们利用高精度的光谱测量技术，可以探测到远离星系核区域的外围星体绕星系旋转速度与距离的关系。按照牛顿万有引力定律，如果星系的质量主要集中在星系核区的可见星体上，星系外围的星体的速度将随着距离而减小。但观测结果表明，在相当大的范围内星系外围的星体的速度是恒定的。这意味着星系中可能有大量的不可见物质并不仅仅分布在星系核心区，且其质量远大于发光星体的质量总和。

暗物质的存在已经得到了人们的广泛认同，然而，人们对暗物质属性却了解甚少。已知的暗物质属性仅仅局限在以下几方面：

（1）暗物质参与引力相互作用，所以应该是有质量的，但单个暗物质粒子的质量大小还不能确定。

（2）暗物质应是高度稳定的，由于在宇宙结构形成的不同阶段皆存在暗物质的证据，暗物质应该在宇宙年龄（百亿年）时间尺度上是稳定的。

（3）暗物质不参与电磁相互作用，以至于暗物质不发光；暗物质亦不参与强相互作用，否则"原初核合成"的过程将会受到扰动，"轻元素丰度"将发生改变，导致与当前的观测结果不一致。

（4）通过计算机模拟宇宙大尺度结构形成得知，暗物质的运动速度应该是远低于光速，即属"冷暗物质"，否则我们的宇宙无法在引力的作用下形成观测到的大尺度结构。

综合这些基本属性，可以得出结论：暗物质粒子不属于我们已知的任何一种基本粒子。这对当前极为成功的"粒子物理标准模型"构成挑战。

纵览科学家们探寻暗物质的艰难历程，静心思虑，笔者认为：人类正被万有引力的"迷雾"所困，我们面前出现的许多秘境，多为万有引力的"魔法"所致。唯有破解万有引力的本性，方能还世界一个真实面目。

二、万有引力的近场与远场性质

（一）万有引力的近场及远场作用表示式

本论已在第二章"引力作用"中，构建并论证了万有引力的全域作用表示式。如式（2-22）

$$f = GMm/r^2$$

及式（2-27）

$$f = GMm/\{r^2[1+(4R^2/r^2-1)^{1/2}\theta_v/2]^3 - r^2\}$$

式（2-22）$f=GMm/r^2$，是万有引力近场作用非矢量形式的数学表示式。式中的 M、m 分别代表相互作用的两物体的质量，r 代表两物体间的作用距离。式中的 G 是一个复合物理常量，且有

$$G = 3G'/(4\pi)$$
$$= 3k_j a^* f_s /(8\pi R^2 m_0^2)$$

其中：a^* 为引力环链上质元之间的距离；f_s 为环链耦合时，质元间产生的瞬时耦合作用；k_j 为引力环耦合次数与"引力环结点"密度成正比关系的比例系数；m_0 为引力源核的质量；R 为引力环的半径（引力场半径的一半）。

式（2-27）

$$f = GMm/\{r^2[1+(4R^2/r^2-1)^{1/2}\theta_v/2]^3 - r^2\}$$

是万有引力远场作用非矢量形式的数学表示式。式中 θ_v 代表"引力微分角"，是极小量。对"点粒子"引力场而言，在一般宇宙环境下 θ_v 是个恒量。

万有引力近场非矢量形式的数学表示式

$$f = GMm/r^2$$

的适用范围，是$r<2R\sin\theta_v$。由于θ_v代表"引力微分角"，是极小量，所以有$r<2R\theta_v$。R与θ_v均是待确定的常量。(θ_v与星体质量成反比)

万有引力远场非矢量形式的数学表达式

$$f=GMm/\{r^2[1+(4R^2/r^2-1)^{1/2}\theta_v/2]^3-r^2\}$$

的适用范围，是$2R\sin\theta_v \leqslant r<2R$。

万有引力远场非矢量数学表示式还有一种表达形式，即式（2-25）

$$f=G_\theta Mm/\{\sin^2\theta[(1+\cot\theta\cdot\theta_v/2)^3-1]\}$$

其中

$$G_\theta = 3G'/(16\pi R^2)$$
$$= 3k_j a^* f_s/(32\pi R^4 m_0^2)$$

式（2-25）的适用范围是$\theta \geqslant \theta_v$。($\theta_v$与星体质量成反比)

式（2-22）与式（2-27）是"点粒子引力场"的全域作用表达式。我们根据式（2-22）、（2-25）及（2-27），可作出引力与距离的全场域关系变化示意图，如前文图2-9"f-r关系变化示意图"及辅图2-10"f-θ关系变化示意图"。

（二）万有引力性质分析

万有引力产生于两引力源之间的相互作用。两引力源之间的相互作用，则是通过两引力源所带引力环间的瞬时耦合作用（属性作用）来实现的。两单个引力源间的瞬时作用力表达式（2-6）为：

$$f_r = a^* r/(2R^2) \cdot f_s$$

式中，r为A、B两引力源核间的距离；R为引力环链的半径；a^*为环链上质元之间的距离；f_s为环链耦合时，质元间产生的瞬时耦合作用。一般宇宙环境下，R、a^*、f_s均可作为常量。关于式（2-6）的详细推导过程，请见第二章"引力作用"。

我们从式（2-6）中可以看出：两单个引力源间的瞬时作用力，其大小与两源间的距离成正比。即是说，当两源间的距离r趋近于零时，所产生的引力亦趋近于零；当两源间的距离r增大时，所产生的引力亦变大；当两源间的距离r等于引力环的直径$2R$时，两源间产生的引力最大（若$r>2R$，两引力环间则不可能发生耦合，即不会有引力产生）。

我们知道，宇宙空间中并不存在引力源的单质结构。早在宇宙暴胀的初始期，引力源即已被组合到电力源中，而电力源又被组合到了各种基本粒子中。无论是一个光量子或中微子，还是一个电轻子或强力源，它们皆聚有巨量的引力源，从而形成"点粒子引力场"。从单个引力源与单个引力源的作用，到点粒子引力场与点粒子引力场的作用，其作用性质已发生了根本性的改变。如：单个引力源间的引力，其大小与引力源间的距离成正比。而点粒子引力场间的引力，其大小在 $r<2R\theta_v$ 的作用距离内，则是与距离的平方成反比，但在 $2R\sin\theta_v \leqslant r<2R$ 的作用范围内，其大小却又是按

$$f=GMm/\{r^2[1+(4R^2/r^2-1)^{1/2}\theta_v/2]^3-r^2\}$$

的规律变化。

总而言之：

（1）当作用距离 r 小到可与引力源聚团的微分尺度相比拟时，点粒子引力场的宏观效应便消退，引力的产生即回到单引力源间的作用机制上来。即是说，在作用距离趋向于零时，引力并非趋向于无穷大，而是趋向于零。

（2）在作用距离 r 大于引力源聚团的微分尺度并小于 $2R\theta_v$ 时，引力的计算符合牛顿的万有引力公式。

（3）当作用距离 $r \geqslant 2R\sin\theta_v$ 时，引力的大小由远场非矢量形式的数学表达式(2-27)计算，其引力值开始大于牛顿万有引力公式的计算结果。当作用距离 r 非常接近 $\sqrt{2}R$（但小于 $\sqrt{2}R$）时，引力会有一极小值出现。当作用距离 r 等于或大于 $\sqrt{2}R$ 时，引力开始变大。当作用距离 $r=2R\sin(\pi/2-\theta_v)$ 时，引力达到最大值。当作用距离 $r \geqslant 2R$ 时，由于相互作用的场源间距离已超出最大半径的"引力环结点"球面层，从而导致引力断崖式地消减，直降到零（此变化规律只是对点粒子引力场而言）。

三、万有引力的几种远场作用效应

我们在第二章"引力作用"中曾经论述过，引力环的直径（点粒子引力场的半径）是个待定常量，可能有数万光年，或是数十万光年，甚至上百万光年。虽然，宇宙中各星系团的直径差别很大，但每个粒子引力环的直径（点粒子引力场的半径）均相等。

引力的远场作用效应，最突出的是反映在星系的大尺度空间上，如"星系旋转曲线反常"效应，"星系引力透镜"效应，"宇宙网络结构"效应，等等。

（一）"星系旋转曲线反常"效应

自1933年，天体物理学家兹威基利用光谱红移测量了"后发座星系团"中各个星系相对于星系团的运动速度。利用位力定理，他发现星系团中星系的"速度弥散度"太高，仅靠星系团中可见星系的质量产生的引力是无法将其束缚

在星系团内的。由此认为，星系团中应该存在大量的暗物质，其质量为可见星系的至少百倍以上。到史密斯在1936年对"室女座星系团"的观测，亦支持这一结论。再到1939年，天文学家巴布科克通过"仙女座大星云"的光谱研究，显示星系外围的区域中星体的旋转运动速度远比通过"开普勒定律"预期的要大，对应于较大的质光比，这暗示着该星系中可能存在大量的暗物质。直至1970年鲁宾及福特对"仙女座大星云"中星体旋转速度的研究。他们利用高精度的光谱测量技术，可以探测到远离星系核区域的外围星体绕星系旋转速度与距离的关系。按照牛顿万有引力定律，如果星系的质量主要集中在星系核区的可见星体上，星系外围的星体的速度将随着距离而减小。但观测结果表明，在相当大的范围内星系外围的星体的速度是恒定的。这意味着星系中可能有大量的不可见物质并不仅仅分布在星系核心区，且其质量远大于发光星体的质量总和。等等。

以上观测到的现象，均为"星系旋转曲线反常"效应。其效应的产生机理，皆由引力的远场作用特性所致。而在没有弄清万有引力的本性之前，人们只能把这种引力的"反常"现象归因于"暗物质"的存在。

（二）星系的"引力透镜"效应

科学家们将星系的"引力透镜"效应与"网络结构"效应，均作为暗物质存在的旁证。实则，这些"效应"的产生，皆由引力的"远场作用规律"所导致。

所谓的引力透镜效应，是指当光线经过大质量天体附近，由于引力的作用使光线发生弯曲而产生的一种光学现象。引力透镜是强引力场中一种特殊的光学效应。假设地球与一颗遥远的天体之间刚好有一个强引力场天体，三者差不多在一条直线上。中间天体的强引力场使远方天体的光不能沿直线到达地球，而使地球上观测到的像偏离了它原本所在的方向，其效果类似于透镜对光线的折射作用，所以称其为引力透镜效应。

引力透镜效应按照牛顿引力定律来讲，应该是离天体（或是星系团中心）越远，引力对光线的偏折作用越弱，则越难产生引力透镜效应。然而，天文观测的结果显示恰恰相反，在越靠近星系团外围的地方，引力对光线的偏折作用越强，引力透镜效应越明显。其实，"引力透镜"效应的机理同"星系旋转曲线反常"效应的一样，皆由引力的"远场作用"特性所导致。

（三）星系的"网络结构"效应

我们知道，宇宙星体、星系间的大尺度构建所依靠的是万有引力。而星系的"网络泡沫"结构，则是万有引力在宇宙大尺度空间中的一个杰作。星系的

"网络泡沫"结构,全面反映了万有引力的"近场与远场特性"在宇宙大尺度结构中所起到的关键性作用。

对简化的引力场模型"点粒子引力场"而言,万有引力在作用距离 $r<2R\theta_v$ 时($2R\theta_v$ 有可能超过1光年,但 θ_v 与 M 成反比),将按 $f=GMm/r^2$ 的近场作用规律构建各种类型的星体、星云及小型星系。

当作用距离从 $r\geqslant 2R\theta_v$ 开始,引力便会放缓减小的速度,偏离

$$f=GMm/r^2$$

的预期,从而进入引力的远场作用模式

$$f=GMm/\{r^2[1+(4R^2/r^2-1)^{1/2}\theta_v/2]^3-r^2\}$$

当中。在此过程中,引力放缓减小的速度(相对于近场作用模式而言),直至一极小值。此极小值对应的作用距离,在 $r=\sqrt{2}R$(即引力场半径的 $\sqrt{2}/2$ 倍)点的附近。引力在达到极小值后,则会随着作用距离的增加而缓慢变大。在引力极小值对应的作用距离点的前后,有一段漫长的空间区域,这个区域被视为引力的"低谷区"。引力的"低谷区"是星系在宇宙大空间尺度上形成"网络泡沫"结构的一个非常重要的因素。

当作用距离接近引力场的半径时,引力场强会迅速增大。当作用距离 $r=2R\sin(\pi/2-\theta_v)$ 时,引力将达到最大值。而于实际的星系结构中,会在星系团的边缘形成一个引力的"极大值带"。万有引力的这个远场作用性质,是其"隔空加力"的物理机制,亦是星系在宇宙大空间尺度上形成"网络丝带"的一个关键因素。

总之,由于对万有引力本质认识的不足,从而导致人们对宇宙结构的曲解,即像科学家为解释引力的几种"远场作用效应"而推定宇宙中有很多暗物质存在那样。本论认为:所谓的暗物质根本不存在,它只是人们的一种臆想推定产物。

第三节 引力波

在物理学中,引力波是指时空弯曲中的涟漪,通过波的形式从辐射源向外传播,这种波以引力辐射的形式传输能量。换句话说,引力波即是物质与能量的剧烈运动及变化所产生的一种物质波。

1916年,爱因斯坦基于广义相对论预言了引力波的存在。引力波的存在是广义相对论洛伦兹不变性的结果,因为它引入了相互作用的传播速度有限的概念。相比之下,引力波的存在与牛顿的经典引力理论相悖,因为牛顿的经典理

论假设物质相互作用的传播速度是无限的。

目前，关于"引力波"理论的各种解释，均是基于爱因斯坦的广义相对论而给出的，但本论不敢苟同。因为，本论提出的引力场模型，是从根本上否定爱因斯坦的引力时空几何理论的。

本论认为：

（1）引力场并非由物体质量及能量引起的所谓"时空曲率场"，亦不是由引力源发射的"引力子"所组成的"力子弥散场"，它只是由巨量引力源所带引力环在大尺度空间形成的一个球形闭合场域。引力场是一个有边界、有大小的保守作用场。

（2）引力场的场质，是由与引力源核连在一起的引力环所组成。由于引力环与引力源核之间的特殊链接，及引力环之间发生作用必须满足"三个条件"等因素的限制，场源的小幅度或者说小空间的扰动（包括引力源在微空间中的高速旋转），对场中的引力环状态均不会产生什么影响。然而，当场源有大幅度或者说大空间尺度的扰动或者振动时，即会牵动场中的引力环产生较明显的波动。人们所观察到的"双黑洞合并"所产生的引力波即属于这种情况。

（3）引力相互作用的速度与引力环（或说引力场）传递引力源的扰动或振动的速度，是两个不同的物理概念。因为：引力相互作用是通过两引力源所带引力环之间的瞬时"属性耦合"来实现的，半径相等的引力环完全耦合必然是同时的，所以，与两引力环分别相链接的两引力源获得"引力"亦必然是同时的。即是说，两引力源获得引力是没有先后顺序的，或者说引力相互作用是"超距"的。而对引力源的扰动或振动的传递，则是依靠引力环上的质元的接力传递来实现的。虽然，质元间的传递速度有可能比光速快很多（因为质元比光量子所处的物质层级更原始），但亦不可能是"超距"的。

总之，引力波并非什么时空的"涟漪"，它只是一种引力源的大幅度、较高频的扰动或振动在引力场质中被传递的现象。

第四节　黑洞

一、关于黑洞的一般说法

"黑洞"是广义相对论中，宇宙空间存在的一种密度极大、体积特小的天体。德国天文学家卡尔·史瓦西通过计算得到了爱因斯坦引力场方程的一个真空解，这个解表明，如果把大量物质集中于空间一点，其周围将存在一个连光都无法逃脱的事件"视界"。这种不可思议的天体被美国物理学家约翰·阿奇博尔德·惠勒命名为"黑洞"。

　　黑洞的产生过程类似于中子星与白矮星的产生过程。当一颗恒星衰老时，它的热核反应即将耗尽其中心的核能源，由中心产生的能量已不足以与外壳的重压抗衡，星核开始坍缩，直到形成体积更小、密度更大的星体，从而构成新的能态平衡球面。在这过程中，质量小一些的恒星主要演化成白矮星，质量比较大的恒星则有可能形成中子星。根据科学家的计算，中子星的总质量不能大于3.2倍太阳的质量，如果超过了这个值，将再没有什么力能与自身重力相抗衡了，从而引发新一轮的大坍缩。这样，物质将不可阻挡地向着中心点坍缩，直至成为一个体积特小、密度极大的星体。当星体的半径坍缩到小于史瓦西半径（史瓦西半径——任何具重力的质量之临界半径，与其质量成正比，如太阳的史瓦西半径约为3千米，地球的史瓦西半径约为9毫米）时，巨大的引力就使得连光亦无法向外射出，从而切断了恒星与外界的一切联系，这样黑洞诞生了。

二、关于黑洞的几个不同观点

　　有人说：黑洞的性质同宇宙奇点的性质相类似。笔者认为这种说法不妥。因为，黑洞内的物质组成同宇宙奇点内的物质组成完全不在一个层级上，且内在的运行机制根本不同。如：

　　（1）宇宙奇点内，质素在其"属性运动"与"属性作用"的双重制合下，产生出了最基本、最原始的物质组合"质元"。然而，质元的形成亦只是宇宙暴胀前瞬的一个短暂过渡。无数的质元在质素的"属性作用"下继续演进，形成一种最稳定且最原始的立体物质组合——"三维基元"。"三维基元"是引力源的前身，亦形成于宇宙暴胀的前端，是宇宙"奇点"内主要的物质组合形式。随着宇宙"奇点"的不断收缩，其内部的动态平衡终被基元量子的扰动打破，"三维基元"的外绕环链半径迅即暴增，其核心密度相应暴减，宇宙大爆炸由此而产生。宇宙奇点暴胀是一个不可逆的过程，不可复制再现。

　　（2）黑洞内，虽然物质的密度亦非常之高，但与宇宙奇点相比还是不值一提。黑洞所包含的物质层级是变化的，是由表层向核心逐一降低的。从黑洞外层到黑洞中心，先是原子解体转为核子状态，后由核子状态继续解体为基本粒子态（夸克、轻子、光量子态）。物质粒子在向黑洞中心旋进的过程中，所受温度及压强会变得越来越高。与此同时，由于粒子的回转半径越来越趋向于零，其所具的离心惯势亦会趋向于无穷大。最终，基本粒子在这特高能的作用环境下，会进一步解体为基本粒子的亚结构物质——正、负电力源。然而，瞬间正、负电力源又可能会结构出新的基本粒子。解体的基本粒子亚结构物质电力源，不受"光速恒定"机制的约束，所具速度大于光速，能突破黑洞的"视界"。但，其在脱离黑洞的"视界"边缘时，必定会结构成新的物质粒子。因为，"电力源"在一般自然环境下，不可能以游离态的单质形式存在。

黑洞的角动量轴线方向，是黑洞物质极限外溢的主要通道，此通道喷射出的物质能量要高于其他部位"蒸发"出的物质能量。即是说，沿黑洞自旋轴线喷出的正、负电力源更容易形成高能粒子流，而在黑洞"视界"球面的其他部位"蒸发"散出的正、负电力源，形成的多是能量较低的电磁辐射。

按照广义相对论的推论，黑洞的时率（时间的流逝速度）应该趋向于零，但笔者的观点却与之相反。笔者认为，黑洞的时率虽然远不及宇宙奇点的时率大，但要比一般星体所具的时率大得多。即黑洞内的时间流逝要比一般星体上的时间流逝快得多。

从"时空篇"论述中我们可以了解到：宇宙基元物质相对宇宙物理背景的速度是恒定的。基元物质的运动可分解成两种形式，即物系的质心运动与内禀自旋运动。这两种形式的运动是正交互补的，其速率的大小是基元物质的恒定速率在这两个方向上的投影分量。物系的时率与其内禀自旋运动速率正相关联，即物系的内禀自旋速率越大，其所具时率越大，时间过得越快；物系的时率与其质心运动速率反相关联，即物系的质心运动速率越大，其所具时率越小，时间过得越慢。若假定"奇点"静止在宇宙物理背景之中，从理论上讲，"奇点"的内禀自旋速率即等于基元物质的恒定速率，那么，"奇点"所具时率必为最大。而对于由宇宙暴胀所产生的各种物系（包括黑洞）来说，因其相对的质心运动速率均不为零，所以其所具时率均要小于"奇点"的时率。换言之，"奇点"内的时间流逝最快。

我们还知道，质量一定的物系，其所具的总能量是一定的，且总能量等于内禀能与质心动能之和。物系的时率与其所具的内禀能量呈正相关联，与所具的质心动能量呈反相关联。黑洞相对于绕其运行的其他星体而言，单位物质所具的内禀能量显然要大于其他星体单位物质所具的内禀能，或者说黑洞单位物质所具的质心动能显然要小于绕其运行的其他星体单位物质所具的质心动能。因此说，黑洞内的时间流逝要比一般星体上的时间流逝快，而不是慢，更不是时间流逝趋于静止。总之，影响物系时率大小的关键因素并非引力的场势，更非所谓的"时空曲率"，而是物系自身运动形式的变化（物系内禀能与质心动能之间的相互转化)。

至于光子的"引力红移"现象,并非对"引力越强的地方时间过得越慢"之结论的证明,它只是反映了光子的"视在动能"在引力做负功的情况下不断地向内禀能转化,从而导致光子的频率不断降低的事实。

第五节 宇宙三问

一、宇宙的诞生背景

（一）宇宙大爆炸理论

说到宇宙的诞生,人们首先想到的是"宇宙大爆炸"。宇宙诞生于宇宙"奇点"的大暴胀,这是宇宙大爆炸理论的核心观点。宇宙大爆炸理论是现代宇宙学的一个主流学派,它能较满意地解释宇宙学的一些根本问题。宇宙大爆炸理论虽然在20世纪40年代才提出,但20年代即有了萌芽。20世纪20年代时,若干天文学者均观测到,许多河外星系的光谱线与地球上同种元素的谱线相比,均有波长变化,即红移现象。

到了1929年,美国天文学家哈勃总结出星系谱线红移与星系同地球之间的距离成正比的规律。他在理论中指出：如果认为谱线红移是多普勒效果的结果,则意味着河外星系均在离开我们向远方退行,而且距离越远的星系远离我们的速度越快。这正是一幅宇宙膨胀的图像。

1932年勒梅特首次提出了现代宇宙大爆炸理论：整个宇宙最初聚集在一个"原始原子"中,后来发生了大爆炸,碎片向四面八方散开,形成了我们的宇宙。美籍俄国天体物理学家伽莫夫第一次将广义相对论融入宇宙理论中,提出了热大爆炸宇宙学模型：宇宙开始于高温、高密度的原始物质,最初的温度超过几十亿度,随着温度的继续下降,宇宙开始膨胀。

大爆炸理论是关于宇宙形成的最有影响的一种学说,大爆炸理论诞生于20世纪20年代,在40年代得到补充与发展。20世纪40年代美国天体物理学家伽莫夫等人正式提出了宇宙大爆炸理论。该理论认为,宇宙在遥远的过去曾处于一种极度高温与极大密度的状态,这种状态被形象地称为"原始火球"。所谓原始火球亦即是一个无限小的点。火球爆炸,宇宙即开始膨胀,物质密度逐渐变稀,温度亦逐渐降低,直到今天的状态。这个理论能自然地说明河外天体的谱线红移现象，亦能圆满地解释许多天体物理学问题。直到 20 世纪 50 年代，人们才开始广泛注意这个理论。

20 世纪 60 年代，彭齐亚斯与威尔逊发现了宇宙大爆炸理论的新的有力证据，他们发现了宇宙背景辐射，后来他们证实宇宙背景辐射是宇宙大爆炸时留下的遗迹，从而为宇宙大爆炸理论提供了重要的依据。他们亦因此获 1978 年诺贝尔物理学奖。

20 世纪科学的智慧与毅力在霍金的身上得到了集中的体现。他对于宇宙起源后 10^{-43} 秒以来的宇宙演化图景做了清晰的阐释。宇宙的起源：最初是比原子还要小的奇点，然后是大爆炸，通过大爆炸的能量形成了一些基本粒子，这些粒子在能量的作用下，逐渐形成了宇宙中的各种物质。至此，大爆炸宇宙模型成为最有说服力的宇宙图景理论。然而，至今宇宙大爆炸理论仍然缺乏大量实验的支持，而且我们尚不知晓宇宙开始爆炸及爆炸前的图景。

（二）产生宇宙奇点的物理背景

宇宙诞生于宇宙奇点的大暴胀。关于宇宙奇点是由什么物质组成，是怎样被引爆，以及大爆炸所需的能量由何而来等问题，笔者已在"作用篇"中给予了较详细的论述。下面我们所要讨论的是与产生宇宙奇点密切相关的物理背景问题。

1. 本原物质与宇宙物理背景的关系

笔者在开篇即已提出：宇宙奇点是由宇宙的本原物质聚集而成。何为本原物质？本论在第一章"物质的属性作用"中，已将本原物质取名为"质素"，并对本原物质结构及其属性给予了三个最基本的"假定"。此"假定"为：一、宇宙物质最小的组分为质素。质素无任何内部构式，其为物质的极始结构。二、质素永恒地运动着，并具有恒定不变的最大速率，且运动方向具有"惯性"。此为质素的"属性运动"。三、质素只在极小尺度内，相互间才显有本原的耦合特性。此为质素的"属性作用"。

以上"假定"并非笔者的随意胡诌，它是本论根据人类在长期生活实践中探索、总结得出的基本哲理及物质运动规律而提出的设想。本论所依据的几条基本哲理及物质运动规律是：一、宇宙是物质的。二、物质在永恒地运动着，运动是物质的固有属性与存在方式。三、运动的物质与物质的运动构成宇宙的全部。四、宇宙物质守恒。五、宇宙物质的能量守恒。

其实，我们的宇宙并非完全自洽的，它存在于一种神秘的物理背景之中。这种宇宙物理背景，非我们人类现代的时空理念所能表述。然而，这种宇宙物理背景仍为一种客观存在，它使宇宙本原物质——质素获得了如"三个基本假定"所表述的几个固有属性。此宇宙物理背景，亦是本论建立"三个基本假定"

所依赖的物理参考系。

　　本论提出的"三个基本假定"并非对物理学的终结，它只是为深入研究宇宙而搭建的一个过渡性"平台"。按照人类常规性的思维逻辑，人们不禁要问：本原物质真的就没有内部结构了吗？笔者的回答是：应该有。笔者认为：所谓的本原物质——质素，可能是由宇宙物理背景构建的一种"背景流线结"。此"结"是物质的一种特殊存在形式，它不同于经典的物质构式。如果将"质素结"继续分解，所得到的或许不再是更小的、相互独立的量子单元，而是与宇宙物理背景整体紧密关联的"背景流线"。

　　何为"背景流线"？它是本论对宇宙物理背景的一种喻意式的描述。"背景流线"仿如宇宙物理背景的基底，因其具有某种特殊的物理属性，所以，由"背景流线"交织的"质素结"，不仅具有沿某初始方向不变（受到其他"质素结"影响的除外）的恒定极大速率（相对于我们宇宙的其他物质运动速率而言），而且"质素结"之间在超短距离内还会相互趋近。"质素结"是宇宙"背景流线"的自然结构，其所具属性（比如对质素的"三个假定"）皆由"背景流线结"赋予。

　　2. 本原空间与宇宙物理背景的关系

　　前面说过，宇宙物理背景赋予了本原物质运动的基本属性，使本原物质——质素具有恒定不变的最大速率，并永恒地运动着。如果没有宇宙物理背景平台的支持，质素及其的"属性运动""属性作用"均将不复存在。

　　宇宙物理背景是一种特殊的客观存在，它不仅产生了本原物质结构——"质素结"，还造就了本原物质赖以"生存"的活动平台——空间。宇宙物理背景实乃物质运动的"本原空间"，它相对于我们的"经验空间"而言，亦可称其为"绝对空间"。笔者认为，不具有任何物理性质的所谓"真空"是毫无意义的，亦是不可能存在的。因为，这种不具任何物理性质的"真空"是不可能被任何物理实在感知的。总之，空间亦是物质的一种存在形式。

　　3. 关于"宇宙奇点"形成的猜想

　　我们知道，宇宙奇点是由宇宙的本原物质——质素聚集而成，而质素又是宇宙"背景流线"交织的一种极微式结构，且质素间只有在超短距范围内才能发生耦合作用。那么，这些微小的、巨量的质素又是如何聚集成一个"密实"无比的宇宙奇点呢？笔者认为："宇宙物理背景"并非一切事物的归宿，它可能被更广义的客观存在所包含。从更广义的物理背景角度来看，每个"质素结"的形成属于"背景"中的微观事件，而对于能使巨量"质素结"聚集并形成宇宙奇点的"神功魔力"，则还须从更广义的物理背景中溯源。这才真叫"人外有人，天外有天"！

二、宇宙的"如梦人生"

（一）人们对"如梦人生"的感慨

世人常说：人生如梦，如梦人生。对此箴言警句，有人感慨：光阴似箭，日月如梭；人生短促，岁月匆匆。亦有人感叹：世事无定，一切皆如过眼烟云；珍惜每个今天，当下才是最真。事实确亦如此。天地万物皆在永不停息的动态中循环运转，在动态中生生不已。宇宙间的万事万物时时刻刻均在发生变化，世间不会有真正的"永恒"存在。生命如莲，次第开放，人生犹如一次旅行，漫步在时空的长廊。

生命虽然神奇，让人捉摸不透，但它终究只是宇宙物质的一种高级组合形式；人生固然玄妙，让人感慨万千，但它亦只是宇宙无穷变化之一瞬间。笔者感之：人生恍若一梦境，朦胧飘忽掩本真。既实还虚本自然，个中精妙借天问。

（二）宇宙的"时空之旅"

宇宙的演化历程与人的一生，皆是物质系统运动变化的一段过程。人生，虽然只是宇宙无穷变化之一瞬间，但宇宙恢宏而精妙的演化历程与短促而丰富的人生仍然有得一喻比：

宇宙的"时空之旅"，是从纯真奇小的"神婴"开始。它，历经沧桑巨变，洗礼最高"涅槃"，凝聚天地"真炁"，化身"世界"入凡。

物质运动是宇宙的"灵魂"，没有它，宇宙将不复存在；时间空间是宇宙的"脊梁"，没有它，宇宙将是一团"烂泥"。

宇宙的它，施展神功仙力，创造了无数的宇寰珍奇。如引力源、电力源又强力源，又如光子、轻子还强子，还如离子、原子再分子。

宇宙最杰出的作品当属"生命系统"工程。"生命系统"是一个包含遗传信息的能自我生产其本身结构并能进化发展的自组织系统。"生命系统"工程宏伟而精妙，为宇宙的演化增添了无尽的光彩及活力。

宇宙创造了无数的天体及星系。若说"黑洞"是其在高温高压环境下的极端作品，那么，几十乃至上百亿光年的星系"网络丝带"，则是其在大空间尺度上的豪放手笔。

宇宙的"时空之旅"在继续……星体、星系新老更替，新陈代谢乃千古不变的铁律。

宇宙的"时空之旅"在继续……宇宙的身躯在不断地扩展，导致其"体温"逐步下降,"体态"日渐变虚。它,或许会慢慢地变"老",因为,"熵增定律"的魔咒永远无法除去。

宇宙的"时空之旅"在继续……它犹如一段很长很长的梦,在宇宙物理背景中无尽地演绎、演绎……

三、宇宙可否回轮

俗话说:"天下没有不散宴,是梦终有醒来时。"宇宙的"时空之旅"既然有起始,则必然有终了。如果说宇宙诞生于"奇点"大爆炸,那么它的结局又会是怎样的呢?

(一) 传统观点给出的"三种猜测"

很长一段时间内,根据广义相对论的简单推导以及宇宙在膨胀这一条件,科学家普遍认为宇宙有三种可能的结局。因为,一方面,物质与能量产生的引力将所有东西拉近;另一方面,我们的宇宙存在初始膨胀速率,其作用是将所有东西分离。大爆炸是引力与膨胀速率相互角逐的起点。根据传统的观点,哪一方会在宇宙中占据优势?这个问题的答案将决定宇宙的命运。以下是宇宙三种可能的结局。

(1) 大挤压,宇宙最终坍缩回去。虽然最初的膨胀很迅速,但是大量物质与辐射将所有的东西均拉回到一起。如果宇宙中的总物质与能量达到一定的值,那么宇宙在膨胀到最大值后,会转为收缩状态,宇宙最终将会坍缩。

(2) 宇宙永远膨胀下去,最终以"大冻结"结尾。所有的初始条件均与上面的讨论相同,除了宇宙中总的物质与能量不足以逆转膨胀。宇宙会永远膨胀下去,膨胀速率会一直下降,但始终大于零。

(3) 宇宙的膨胀速率趋近于零。这就像是上面两种情况的临界点。如果多了一个质子,宇宙即会坍缩;少一个质子,宇宙即会永远膨胀下去。在这样的临界状态中,宇宙亦是永远膨胀的,但却是以理论上的最低速率膨胀。

为了知道哪一种情况是正确的,我们只需要去测量宇宙是如何膨胀的,以及膨胀速率是如何随着时间改变的,物理即会决定剩下的结局。这是现代天体物理最重要的目标之一。通过测量宇宙的膨胀速率,我们得知了如今宇宙结构的变化方式;而测量膨胀速率随时间的变化,我们即能知道宇宙结构的演变。

(二) "暗能量主导论"给出的五种可能

根据科学家的最新测算,正常物质与暗物质的总和占宇宙物质—能量密度的 31.5%,剩余的暗能量占 68.5%。如果是暗能量主导宇宙的膨胀,那么,这对于宇宙的命运又会意味着什么？科学家认为，取决于暗能量如何或者是否随着时间演化，将有以下五种可能的情况发生。

（1）暗能量是一种主导宇宙膨胀的宇宙学常量。根据现有的数据，这是目前认同度较高的观点。宇宙膨胀时，物质的密度会降低；而暗能量代表的是空间自有的能量。因此，宇宙膨胀时，暗能量密度保持不变，使得膨胀速率永远是正值，这会导致宇宙指数膨胀。

（2）暗能量是动态的，随着时间会变得越来越强。暗能量看上去是一种新的能量形式，它属于空间自身的性质，这说明它的能量密度应该是一个常量。但是它亦可能随着时间改变。一种可能增强，这会导致宇宙膨胀速率随着时间加速。遥远的天体不仅是在加速远离我们，它们远离的加速度亦会越来越大。更糟糕的是，那些受万有引力束缚在一起的天体，比如星系团、独立的星系、太阳系甚至原子，均会在某一刻因为暗能量增强而分离。在宇宙的最后一幕，亚原子粒子与空间本身会被撕裂。这种"大撕裂"是第二种可能。

（3）暗能量随着时间衰减。暗能量还可能怎么改变？除去增强，它亦可能减弱。如果它降到了零，这可能会回到最初讨论的可能性（大冻结）上去。宇宙会继续膨胀，但是没有足够的物质与其他形式的能量让它坍缩回去。如果暗能量衰减到零之后继续下降，变成了负值，那么，它会指向另一种可能：大挤压。宇宙会被空间自有的能量填满，由于数值变为负，会引起相反的效应，导致空间坍缩。虽然形成这一景象所需的时间尺度比宇宙目前的年龄大很多，但它还是会发生。

（4）暗能量可能转变为其他形式的能量，使宇宙重生。如果暗能量不会减少，保持常量或者甚至增加，还有另一种可能性：暗能量不会永远保持这种形式；相反，暗能量可能会转变成物质或者辐射。这与宇宙暴胀结束时的情形相似。如果暗能量能够在那个节点维持常量，它会制造出一个低温、低密度版本的大爆炸模型。在这种情况下，只有中微子与光子能够自我生成。但如果暗能量增强，它可能会使宇宙变为类似暴胀的状态，紧随其后的是一次真正的热大爆炸。这是使宇宙重生的最直接的办法之一，新的循环宇宙有机会像我们的宇宙一样演化。最简单的暴胀模型是我们从山顶出发，这时暴胀开始；最后经过下坡到达谷底，这时暴胀结束，引发热大爆炸。如果在谷底的值不为零，仍然是一个正数，则可能会量子隧穿到能量更低的状态上，这样会给我们如今的宇宙带来严重后果。

（5）暗能量与真空零点能相关，可能衰变，从而摧毁我们的宇宙。这是宇宙所有可能结局中最具破坏性的一种。

(三) 笔者关于"宇宙大结局"的几点新想法

1. "引力时空几何化"是一个虚拟的理论模型

笔者关于"宇宙大结局"的几点与现代物理学、天文学主流观点不同的想法，是基于本论所提出的"引力理论"同爱因斯坦的"引力时空理论"有本质的区别，及与所谓的"暗物质、暗能量"理论相悖等方面而提出的。

本论认为："质素"是我们宇宙（亦包括反宇宙）的最本原物质，它的"实在"性质、"运动"属性及"作用"属性皆由宇宙物理背景（本原空间）提供。宇宙物理背景（本原空间）是一种特殊的客观存在，人类现在很难用已掌握的物理知识来清楚地表述它。

宇宙物理背景（本原空间）在我们宇宙中所呈现出的物理性质，皆体现于质素的"属性运动"与"属性作用"上。这即是说，我们宇宙中的一切"事物"，从根本上讲，皆是质素在其"属性运动"与"属性作用"的双重制合下所衍生的"事件"。由于质素的"属性作用"性质限定了质素的作用距离（远小于 10^{-18} 米），所以，即使是巨量物质聚集在一起，亦不可能单凭物质的"属性作用"而对宇宙物理背景（本原空间）直接产生"远程"的影响。或者说，即便是大质量的天体，亦不可能使宇宙物理背景（本原空间）在大尺度上发生改变。

笔者认为：爱因斯坦提出的关于引力的"时空几何化"理论，并不能正确地描述引力的作用机制。引力的"时空几何化"，是爱因斯坦通过所谓的"等效原理"（笔者已在第十四章"关于相对论若干问题的再解析"中证明此"原理"不成立），将狭义相对论中的"洛伦兹变换"移植到"万有引力"的理论框架中而得到的一种结果。实质上，万有引力来源于相耦合的两引力环链间的质素的"属性作用"（详细论证见第二章"引力作用"），它与宇宙物理背景（本原空间）没有直接的关联，与时间更不相干。即是说，"引力时空曲率"并不存在，"引力时空几何化"只是广义相对论虚拟的一幅愿景。所谓的"时空弯曲"，只在狭义相对论所描述的相对性时空中有实际意义。

由巨量引力源聚集在一起所形成的引力场确有"曲率"，且"曲率半径"与"引力环"的直径相等。本论在第二章"引力作用"中早有论述：引力场的"曲率半径"等于"引力环"的直径。引力场的"曲率"与引力场的"曲率半径"成反比，即与"引力环"的直径成反比。且有，"引力常量"与"引力环"的直径成反比，与引力场的"曲率"成正比。

2. 引力源的演进是一个不可逆的过程

笔者在前面的相关章节中曾有论述：宇宙奇点内，质素在其"属性运动"

与"属性作用"的双重制合下，前期演变出了第一物质层级的"三维基元"。由质素到质元，再到"三维基元"，此演进过程是宇宙暴胀的前奏曲。三维基元是引力源的前身，随着三维基元外绕环链半径的激增，三维基元便转换成了"引力源"。

宇宙暴胀是伴随着"引力源"的产生而开始的。引力源环链半径急剧增扩的过程，既是宇宙空间暴胀的过程，亦是"奇点"能量向外释放的过程（主要是"奇点"内物质的极高速内禀自旋运动向大尺度空间多种形式运动的转化），还是"宇宙熵"急剧增大的过程。在宇宙演化过程中，引力源不可能依靠宇宙自身的作用机制将已运行在大尺度空间的引力环链收回到引力源核内。即便是特大质量的"黑洞"，亦不可能将引力源收缩回到宇宙暴胀初始的状态。所以说，引力源的演进是一个不可逆的过程。

3. 宇宙不可"回轮"

宇宙的"一生"好比人世的一遭，有始亦有终。宇宙从"物理大背景"中诞生，历经沧桑巨变，演绎着无穷宇寰故事，幻变出无尽自然奇观！

宇宙育有种类繁多、不可尽数的天体，它们生生灭灭，更迭不息。然而，天体的生灭更替只是宇宙进变历程中的一个微循环，其在整体上并不能逆转宇宙熵增"炁"散的总运势。因为，宇宙物质的基元组合——引力源，其进变是一个不可回逆的过程。

我们在第二章"引力作用"中曾经论述过：引力常量与引力环链的半径（或说直径）成反比。在宇宙暴胀初始，引力环链半径非常小，引力常量特别大，引力耦合强度甚高。随着宇宙暴胀的继续，引力环链半径急剧增大，引力常量迅即变小，引力耦合强度快速降低。宇宙膨胀处于相对平缓期时，引力环链半径增加甚微，引力常量的变化很难被观测到。

在不同的宇宙膨胀期，引力环扩张的速率虽有很大的差别，但引力环半径持续增大的趋势是不可逆转的。因为，随着宇宙物质平均密度的持续降低及"宇宙熵"值的持续增加，引力环半径会持续变大，引力常量逐渐变小，引力作用不断弱化。直至引力源核内的质元密度减小到不足以维持源核结构的存在时（本论第二章有论述：引力环链上增扩的质元是从引力源核的质元中得到的补充），引力源将会自行解体。引力源解体到质元，而质元只是一过渡组合，最终均将回归到物质的本原——质素。

巨量的质素（初步估计在 10^{180} 个以上）在宇宙物理大背景某种机制的影响下，获得了宏观聚集的初始条件，后又在质素"属性作用"的支持下，开始形成宇宙"奇点"。宇宙"奇点"里的质素，在宇宙暴胀初始即因"左旋质元"

与"右旋质元"等概率的产生,而被平分在了两个互不干涉的正、反宇宙中(正、反宇宙即使是平行共存于物理大背景中,之间亦不会有任何交集)。正、反宇宙里的质素分别在各自的宇宙里,由超密巨集到分散小聚,从而开启了各自漫长无际、幻变无穷的"时空旅行"。

质素虽然"潇潇洒洒"地在宇宙时空里走上了一遭,但终将还是要回归到宇宙的物理大背景当中。我们若要追寻宇宙的"前缘后世",即还须把眼光放在更广义的宇宙物理背景当中。有道是:

宙宇无回轮,时空旅单程。
是虚亦为实,虚实两相存。

苍寰炁散尽,归元融"背景"。
质素复何往,自有新"使命"。

参考文献

[1] 爱因斯坦. 狭义与广义相对论浅说 [M]. 杨润殷, 译. 北京: 北京大学出版社, 2006.

[2] 爱因斯坦. 相对论的意义 [M]. 郝建纲, 刘道军, 译. 上海: 上海科技教育出版社, 2016.

[3] 褚圣麟. 原子物理学 [M]. 北京: 人民教育出版社, 1983.

[4] 大栗博司. 强力与弱力: 破解宇宙深层的隐匿魔法 [M]. 逸宁, 译. 北京: 人民邮电出版社, 2016.

[5] 邓乃平. 懂一点相对论: 空间和时间的故事 [M]. 北京: 中国青年出版社, 1979.

[6] 丁俊华, 祁有龙. 物理（工）[M]. 沈阳: 辽宁大学出版, 1999.

[7] 费恩曼, 莱顿, 桑兹. 物理学讲义 [M]. 郑永令, 华宏鸣, 吴子仪, 等译. 上海: 上海科技教育出版社, 2014.

[8] 郭光灿, 高山. 爱因斯坦的幽灵: 量子纠缠之谜 [M]. 北京: 北京理工大学出版社, 2018.

[9] 郭硕鸿. 电动力学 [M]. 北京: 高等教育出版社, 1984.

[10] 霍夫曼. 量子史话 [M]. 马元德, 译. 北京: 科学出版社, 1979.

[11] 霍金. 时间简史: 从大爆炸到黑洞 [M]. 许明贤, 吴忠超, 译. 长沙: 湖南科学技术出版社, 2002.

[12] 刘辽, 赵峥. 广义相对论 [M]. 北京: 高等教育出版社, 2004.

[13] 卢米涅. 黑洞 [M]. 卢炬甫, 译. 长沙: 湖南科学技术出版社, 2004.

[14] 马瑟. 幽灵般的超距作用: 重新思考空间和时间 [M]. 梁焰, 译. 北京: 人民邮电出版社, 2017.

[15] 麦卡琴. 终极理论. 谢琳琳, 伍义生, 杨晓冬, 译. 重庆: 重庆出版社, 2014.

［16］斯莫林. 时间重生：从物理学危机到宇宙的未来 ［M］. 钟益鸣, 译. 杭州：浙江人民出版社, 2017.

［17］斯莫林. 物理学的困惑 ［M］. 李泳, 译. 长沙：湖南科学技术出版社, 2008.

［18］泰勒. 自然规律中蕴蓄的统一性 ［M］. 暴永宁, 译. 北京：北京理工大学出版社, 2004.

［19］薛晓舟. 相对论初步 ［M］. 商丘：河南人民出版社, 1982.

［20］姚启钧. 光学教程 ［M］. 北京：人民教育出版社, 1983.

［21］赵景员, 王淑贤. 力学 ［M］. 北京：人民教育出版社, 1981.

［22］赵凯华, 陈熙谋. 电磁学 ［M］. 北京：人民教育出版社, 1982.

［23］周世勋. 量子力学教程 ［M］. 北京：高等教育出版社, 1984.

［24］周衍柏. 理论力学教程 ［M］. 湖南：人民教育出版社, 1981.